零基础学 Python 程序设计

任昱衡 编著

电子工业出版社

Publishing House of Electronics Industry

北京 · BEIJING

内 容 简 介

本书由浅入深，全面系统地介绍了 Python 语言的相关内容。本书提供了大量实例，帮助读者加深对知识点的理解。除第 22 章外各章都提供了习题，用于帮助读者巩固学习。

本书分为 4 篇。第 1 篇为基础语法，介绍了 Python 语言的环境搭建和基本语法知识、数据类型、程序的控制结构、代码的调试；第 2 篇为高级语法，介绍了如何对复杂数据进行处理，如对集合、字符串、列表、元组、字典的处理，文件的存储，以及如何定义函数、类和导入使用模块；第 3 篇为应用技术，介绍了使用 Python 绘制图形、格式化时间、产生随机数、对文件和目录的处理；第 4 篇为案例开发，介绍了使用 Python 语言实现 Flappy Bird 游戏。

本书涵盖了 Python 语言的全部语法内容，并且从最基本的语法、数据、语句开始，由易到难逐步介绍 Python 相关知识，使读者轻松学会 Python 语言及其应用。本书适合想全面学习 Python 语言的工作人员、技术开发人员阅读，也适合参加 Python 语言等级考试的读者使用。

图书在版编目（CIP）数据

零基础学 Python 程序设计 / 任昱衡编著. —北京：电子工业出版社，2021.11
ISBN 978-7-121-42185-3

Ⅰ．①零… Ⅱ．①任… Ⅲ．①软件工具－程序设计 Ⅳ．①TP311.561

中国版本图书馆 CIP 数据核字（2021）第 203994 号

责任编辑：雷洪勤　　文字编辑：底　波
印　　刷：三河市华成印务有限公司
装　　订：三河市华成印务有限公司
出版发行：电子工业出版社
　　　　　北京市海淀区万寿路 173 信箱　邮编　100036
开　　本：787×1 092　1/16　印张：28　字数：716.8 千字
版　　次：2021 年 11 月第 1 版
印　　次：2022 年 9 月第 3 次印刷
定　　价：89.80 元

凡所购买电子工业出版社图书有缺损问题，请向购买书店调换。若书店售缺，请与本社发行部联系，联系及邮购电话：（010）88254888，88258888。

质量投诉请发邮件至 zlts@phei.com.cn，盗版侵权举报请发邮件至 dbqq@phei.com.cn。

本书咨询联系方式：leihq@phei.com.cn。

前　言

从 1990 年 Python 语言诞生到现在，已有 30 多年的历史了。自从 2004 年以后，Python 语言的使用率呈线性增长。现在，Python 语言已经成为最受欢迎的程序设计语言之一。因为 Python 语言能够把其他语言制作的模块很轻松地联结在一起，所以人们把它称为"胶水语言"。

作者结合自己多年的 Python 语言开发经验和心得体会，花费了一年多的时间编写本书。希望各位读者能在本书的引领下迈入 Python 语言开发大门，成为一名开发高手。本书最大的特色是以从简单到复杂的思路，并结合详细的讲解使读者更容易掌握其内容。本书全面、系统、深入地介绍了 Python 语言的开发技术，并以大量实例贯穿于讲解之中，最后还详细介绍了 Python 语言应用和案例开发。学习完本书内容后，读者应该可以具备独立进行编程开发的能力。

本书特色

1. 配大量多媒体教学视频，学习效果好

作者专门录制了大量的配套多媒体语音教学视频，以便让读者更加轻松、直观地学习本书内容，提高学习效率。读者购买本书，可以在华信教育资源网站免费下载对应的视频和代码源文件。网址：http://www.hxedu.com.cn。

2. 内容全面、系统、深入

本书涵盖 Python 语言的各个知识点，如语法知识、数据类型、Python 各种语句、数据运算、函数、类、模块等。

3. 讲解方式由浅入深，循序渐进，容易学习

本书从 Python 环境搭建开始，逐步深入到基础语法、基本数据、基本语句等内容，再到各种数据的运算、处理、使用等内容，最后到函数、类、模块的应用等内容。本书采用由易到难逐步提升的方式进行讲解。

4. 贯穿大量的实例和技巧

为了方便读者掌握 Python 语言各个语法点的应用，本书添加了 436 个实例。针对学习和开发中常遇到的问题，本书还穿插了注意事项和使用技巧。这些内容可以帮助读者更快速地掌握书中的内容。

5. 符合不同读者需求

本书充分考虑 Python 语言自学人员及参加计算机等级考试读者的需求。从讲解方式上，由易到难，适合入门级读者阅读；从知识点覆盖上，完全包含计算机等级考试大纲的要求，满足参加计算机等级考试读者的需求。

本书内容及体系结构

第1篇 基础语法（第1~8章）

本篇主要内容包括：Python 语言的环境搭建、Python 语言基础、基本数据类型、数据的运算、程序的控制结构和代码调试等。通过本篇的学习，读者可以掌握 Python 语言的基础语法，并且可以编写一些小的程序，实现简单功能。

第2篇 高级语法（第9~17章）

本篇主要内容包括：集合、字符串、列表、元组、字典、文件、数据存储、函数、类、模块等。通过本篇的学习，读者可以对大量综合性数据进行处理，并且实现复杂的功能。

第3篇 应用技术（第18~21章）

本篇主要内容包括：图形绘制、随机数、时间处理、文件的高级处理和目录的处理、Pygame 游戏编程。通过本篇的学习，读者可以掌握图形绘制、时间运算、文件处理等应用功能。

第4篇 案例开发（第22章）

本篇主要内容包括：开发 Flappy Bird 游戏。通过本篇的学习，读者可以实现一个 Flappy Bird 的游戏案例。

学习建议

- ❏ 坚持编程：编程需要大量的练习。如同学习英语一样，只有不停地练习，才能掌握编程语言的使用方法。
- ❏ 多问：不懂就问，遇到问题就要积极地向别人请教。这样才可以让学到的知识更加扎实。
- ❏ 多看：需要多看一些好的程序。如同写作文一样，多看才可以了解好的编程结构。
- ❏ 多想：在编程时，需要思考使用哪种编程结构更好，或者看到好的程序时想想为什么要这样写。

本书读者对象

- ❏ Python 语言初学者。
- ❏ 参加计算机等级考试的读者。
- ❏ 想全面学习 Python 语言开发技术的人员。
- ❏ Python 语言专业开发人员。
- ❏ 利用 Python 语言做开发的工程技术人员。
- ❏ Python 语言的开发爱好者。
- ❏ 大中专院校学生。
- ❏ 社会培训班学员。

目　　录

第 3 篇 应 用 技 术

第 4 篇　案 例 开 发

第1篇 基础语法

第1章 初识 Python

Python 是一种跨平台的、开源的、免费的计算机编程语言。编程语言（Programming Language）是一种计算机和人都能识别的语言，它可以实现人与机器之间的交流和沟通。由它编写的程序为手机和计算机赋予各种功能。近几年，Python 发展迅猛，广泛应用到各个领域中，如游戏开发、人工智能、数据分析等。

本章要求

❑ 了解 Python
❑ 掌握搭建 Python 开发环境的方法
❑ 熟悉 Python 自带的 IDLE 工具
❑ 学会在交互模式下运行代码
❑ 学会在文件模式下运行代码

1.1　Python 简介

Python 发音（英[ˈpaɪθən]）类似于派生，翻译过来为"蟒蛇"。但 Python 语言的名称由来并非是根据"蟒蛇"而命名的，而是取自英国 20 世纪 70 年代首播的电视喜剧《蒙提・派森的飞行马戏团》（*Monty Python's Flying Circus*），Python 标识如图 1.1 所示。

1.1.1　Python 的发展

图 1.1　Python 标识

Python 语言诞生于 1990 年，由荷兰人吉多・范罗苏姆（Guido van Rossum）设计并领导开发。1989 年圣诞节期间，Guido 考虑启动一个项目以打发圣诞节前后的时间，所以决心开发一个新的脚本解释程序，因此，在次年诞生了 Python 语言。

Python 语言的诞生是个偶然事件。但是经过多年不断的发展，这个偶然事件变成了计算机技术发展过程中的一个大事件。

2000 年 10 月 16 日，Python 2.0 版本正式发布，开启了广泛应用的新时代。

2008 年 12 月 3 日，Python 3.0 版本正式发布，这个版本在语法层面和解释器内部做了很多重大改进。这些改进使得 Python 3.x 系列版本代码无法向下兼容 Python 2.0 系列版本语法。因此，所有基于 Python 2.x 系列版本编写的代码都必须经过修改后才能被 Python 3.x 系列版本解释器运行。

经过多年的发展，Python 已经成为非常流行的热门编程语言。2021 年 3 月，Python 语言在 TIOBE 编程语言排行榜中排名第 3，如图 1.2 所示。

Mar 2021	Mar 2020	Change	Programming Language	Ratings	Change
1	2	^	C	15.33%	-1.00%
2	1	v	Java	10.45%	-7.33%
3	3		Python	10.31%	+0.20%
4	4		C++	6.52%	-0.27%
5	5		C#	4.97%	-0.35%
6	6		Visual Basic	4.85%	-0.40%
7	7		JavaScript	2.11%	+0.06%
8	8		PHP	2.07%	+0.05%
9	12	^	Assembly language	1.97%	+0.72%
10	9	v	SQL	1.87%	+0.03%
11	10	v	Go	1.31%	+0.03%
12	18	^	Classic Visual Basic	1.26%	+0.49%
13	11	v	R	1.25%	-0.01%
14	20	^	Delphi/Object Pascal	1.20%	+0.48%
15	36	^	Groovy	1.19%	+0.94%
16	14	v	Ruby	1.18%	+0.13%
17	17		Perl	1.15%	+0.24%
18	15	v	MATLAB	1.04%	+0.05%
19	13	v	Swift	0.95%	-0.28%
20	19	v	Objective-C	0.91%	+0.17%

图 1.2　2021 年 3 月 TIOBE 编程语言排行榜前 20 名

1.1.2　为什么学习 Python

每个程序员都需要学习一门编程语言。目前流行的编程语言有 Python、Java、C、C++等。无论用任何编程语言来开发程序，都是为了让计算机工作，如下载一个 MP3、编写一个文档等。而计算机工作的 CPU 只认识机器指令，因此，尽管不同的编程语言差异极大，但最后都要"翻译"成 CPU 可以执行的机器指令。

不同的编程语言完成同一个任务，编写的代码量差距也很大。例如，完成同一个任务，C语言要写 1000 行代码，Java 只需要写 100 行代码，而 Python 可能只要 20 行代码。由此可以看出，Python 是最简单的编程语言。因此，我们建议将 Python 作为入门编程语言进行学习。

1.1.3　Python 有哪些特点

Python 是一种被广泛使用的高级通用脚本编程语言，具有以下几个区别于其他语言的特点。

- ❏ 简单易学：语法简洁，实现相同功能，Python 的代码行数仅相当于其他语言的 1/10~1/5。
- ❏ 免费开源：Python 是开源软件，可以自由地阅读它的代码。
- ❏ 通用性：Python 是一个通用语言，可用于编写各领域的应用程序。

❑ 丰富的库：Python 被称为 "胶水语言"，能够轻松地与其他语言（C 或 C++）结合在一起，具有丰富的库。

❑ 与平台无关：作为脚本语言，Python 程序可以在任何安装解释器的计算机环境中执行。因此，用该语言编写的程序可以不经修改地实现跨平台运行。

1.1.4　Python 是分版本的

Python 自发布以来，主要经历了 3 个版本的变化，分别是 1994 年 1 月正式发布的 Python 1 系列版本（已停止维护），2000 年 10 月 16 日发布的 Python 2 系列版本（已停止维护）和 2008 年 12 月 3 日发布的 Python 3 系列版本（目前已经更新到 3.9.x）。在官方网站中可以看到相关版本，如图 1.3 所示。

Python version	Maintenance status	First released	End of support	Release schedule
3.9	bugfix	2020-10-05	2025-10	PEP 596
3.8	bugfix	2019-10-14	2024-10	PEP 569
3.7	security	2018-06-27	2023-06-27	PEP 537
3.6	security	2016-12-23	2021-12-23	PEP 494
2.7	end-of-life	2010-07-03	2020-01-01	PEP 373

图 1.3　Python 相关版本

图 1.3 中每列含义如下。

❑ Python version：版本号。

❑ Maintenance status：当前版本的状态。其中，bugfix 表示仍在修复各类 bug；security 表示安全可靠的版本；end-of-life 表示停止维护与更新的版本。

❑ First released：第一个版本发布时间。

❑ End of support：版本停止更新时间。

❑ Release schedule：该版本的发布时间表。

可以看出，目前 Python 的主流版本为 Python 2.x 和 Python 3.x。其中，Python 2 在 2020 年 1 月 1 日停止维护与更新。现在的版本主要是 Python 3.x。

1.1.5　Python 能做什么

Python 作为一种功能强大、简单易学的编程语言广受好评。那么 Python 可以解决哪些问题呢？下面列出部分内容。

1. Web 应用开发

在服务器端开发领域，Python 提供了丰富的 Web 开发框架。程序员可以快速完成网站开发任务。国内的豆瓣、搜狐、知乎和国外的 Google、Dropbox 等网站都大量使用 Python。

2. 系统网络运维

在运维工作中，存在大量重复性的工作。使用 Python 可以开发管理系统、监控系统，让计算机自动完成大量的工作。

3. 科学与数字计算

Python 还被广泛地运用于科学和数字计算中，如生物信息学、物理、建筑、地理信息系统、图像可视化分析、生命科学等。

4. 图形界面开发

Python 可以编写桌面图形用户界面，也可以扩展到 Windows 系统中，如 Tk 库、PyQt 库等。

5. 3D 游戏开发

Python 提供了大量优秀的 3D 渲染库和游戏开发框架，用于开发各类游戏，如 Sid Meier's Civilization（文明）。

6. 爬虫

随着大数据的兴起，用于数据采集的爬虫被广泛应用。大量的数据分析挖掘公司都以网络爬虫的方式获取不同来源的数据，并为其所用。Python 提供了大量的库，可以轻松实现各类爬虫功能。

1.2　搭建 Python 环境

"工欲善其事，必先利其器"，在正式学习 Python 之前，首先需要搭建好开发环境。熟悉开发环境是学习一门语言的第一步，只有这样才能高效地运用。Python 是跨平台的，可以在多个操作系统中运行。Python 开发环境常用系统如表 1-1 所示。

表 1-1　Python开发环境常用系统

操 作 系 统	说　　明
Windows	推荐使用 Windows 7 或以上版本 Python 3.5 及以上版本不能在 Windows XP 系统上使用
Mac OS	从 Mac OS X 10.3 开始已经包含 Python
Linux	各类 Linux 都内置 Python 环境

1.2.1　如何识别 Windows 系统位数

Windows 系统的位数分为 32 位和 64 位，Python 提供了不同的安装包。因此，在下载安装 Python 之前，首先需要了解一下自己使用的 Windows 系统位数。下面介绍如何识别 Windows 7 和 Windows 10 的系统位数。

1. 识别 Windows 7 系统位数

右键单击桌面上的"计算机"图标，选择"属性"选项，打开"系统"窗口，如图 1.4 所示。从该图中的系统类型可以看出，该系统是 64 位操作系统。

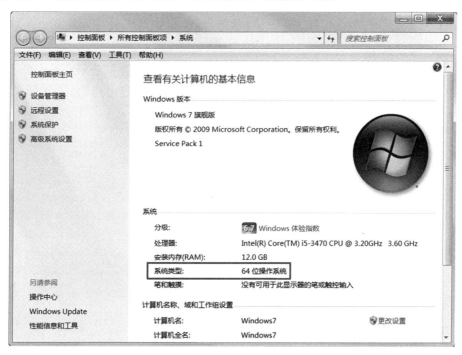

图 1.4　识别 Windows 7 系统位数

提示： 如果桌面上没有"计算机"图标，可以右键单击桌面空白处，选择"个性化"命令，在弹出的窗口左栏中选择"更改桌面图标"选项，弹出"桌面图标设置"对话框，如图 1.5 所示。

图 1.5　桌面图标设置

勾选"计算机"前面的复选框后，单击"确定"按钮，把"计算机"图标添加到桌面上。

2. 识别 Windows 10 系统位数

右键单击左下角的 Windows 图标，选择"系统"命令，打开"系统"窗口，如图 1.6 所示。从该图中的系统类型可以看出，该系统是 64 位操作系统。

图 1.6　识别 Windows 10 系统位数

1.2.2　下载 Python 软件包

识别 Windows 系统的位数以后，就可以下载正确的软件包了。Python 是解释型编程语言，需要一个解释器才能运行代码。所以，下载 Python 软件包实质上是下载 Python 解释器，具体下载步骤如下。

（1）通过网址 https://www.python.org/，进入 Python 官方网站，如图 1.7 所示。

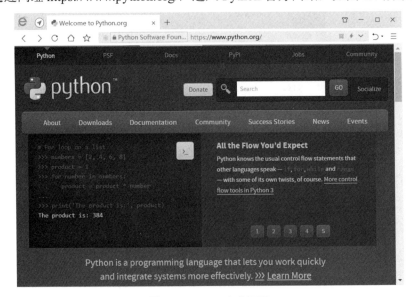

图 1.7　Python 官方网站

（2）将鼠标指针移动到 Downloads 菜单上，显示出下载的相关菜单选项，如图 1.8 所示。

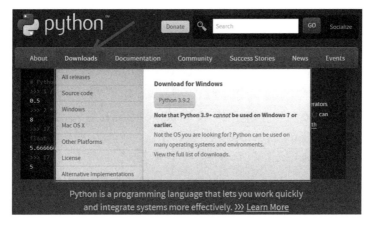

图 1.8　下载的相关菜单选项

左侧部分是下载的相关菜单选项，其含义如下。

❑ All releases：显示可下载的所有发布的 Python 版本。

❑ Source code：显示可下载的 Python 源代码版本。

❑ Windows：显示 Windows 系统可用的 Python 版本。

❑ Mac OS X：显示苹果系统可用的 Python 版本。

❑ Other Platforms：显示其他平台可用的 Python 版本。

右侧部分直接提供了下载按钮（Python 3.9.2），该 Python 版本是当前最新的版本。如果用户使用的是 32 位 Windows 操作系统，直接单击该按钮进行下载。否则，需要从左侧提供的菜单选项中选择对应的操作系统进行下载。

（3）这里下载 64 位 Windows 操作系统软件包。选择左侧部分的 Windows 菜单选项，进入到详细的下载列表中，如图 1.9 所示。

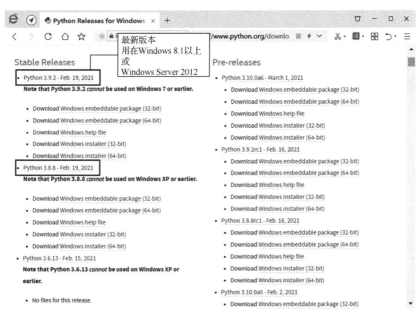

图 1.9　Windows 系统的 Python 下载列表

图 1.9 分为 2 列，Stable Releases 列表示 Python 的稳定版本，Pre-releases 列表示 Python 的预览版本。每列中都提供了不同 Python 版本的下载链接，最顶端的为目前最新的 Python 版本。链接中不同的信息含义如下。

❑ Windows embeddable package (32-bit)：32 位 Windows 系统的压缩包，需要解压使用。

❑ Windows embeddable package (64-bit)：64 位 Windows 系统的压缩包，需要解压使用。

❑ Windows installer (32-bit)：用于 32 位 Windows 系统的安装包。

❑ Windows installer (64-bit)：用于 64 位 Windows 系统的安装包。

（4）由于我们使用的是 64 位 Windows 7 操作系统，所以这里选择安装 Python 3.8.8 版本。在该版本下单击"Windows installer (64-bit)"链接进行下载即可。

（5）下载完成后，得到一个名称为 python-3.8.8-amd64.exe 的可执行文件。

1.2.3　安装 Python

成功下载安装文件后就可以使用该文件安装 Python 了，具体安装步骤如下。

（1）双击可执行文件 python-3.8.8-amd64.exe，显示安装向导对话框，如图 1.10 所示。

图 1.10　安装向导对话框

（2）勾选"Add Python 3.8 to PATH"前面的复选框，单击"Customize installation"按钮，显示设置安装选项对话框，如图 1.11 所示。

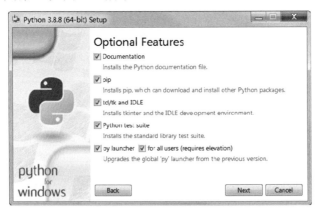

图 1.11　设置安装选项对话框

（3）使用默认设置，单击"Next"按钮，显示高级选项对话框，如图 1.12 所示。在该对话框中可以通过单击"Browse"按钮来设置安装路径，其他使用默认设置即可。

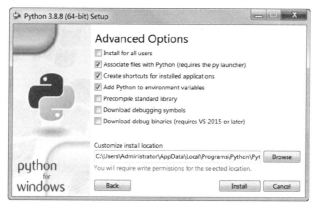

图 1.12　高级选项对话框

（4）单击"Install"按钮，开始安装 Python，并显示安装进度。安装完成后，显示安装成功对话框，如图 1.13 所示。

图 1.13　安装成功对话框

（5）完成安装后，单击"Close"按钮关闭对话框。

1.2.4　验证 Python 是否安装成功

如果成功安装了 Python，就可以启动了。因此，可以通过启动 Python 来验证是否安装成功。启动 Python 有以下两种方式。

1. 通过命令启动验证

（1）按下"Win+R"快捷键，打开"运行"对话框。在"打开"文本框中输入"python"，如图 1.14 所示。

（2）单击"确定"按钮。如果系统中成功安装了 Python，则将运行 Python 解释器，显示如图 1.15 所示的界面。从图中可以看到 Python 的版本为 3.8.8，表示已经成功安装了 Python。

图 1.14　Windows "运行"对话框

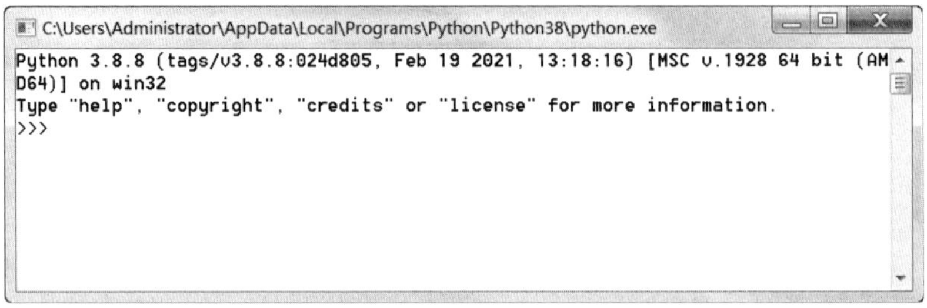

图 1.15　通过命令成功启动 Python

2. 通过程序菜单项启动验证

（1）如果系统中成功安装了 Python 3.8.8，则在"开始"菜单的"所有程序"中会出现 Python 3.8 的菜单项。选择该菜单选项会看到其他分组，如图 1.16 所示。

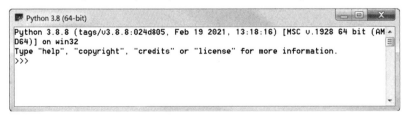

图 1.16　Python 3.8 的菜单项

（2）选择分组中的"Python 3.8(64-bit)"选项，会成功运行 Python 解释器，如图 1.17 所示。

图 1.17　通过程序菜单项成功启动 Python

1.3　Python 开发工具

开发工具用来辅助程序员进行程序开发，提高开发效率。Python 自带了一款简洁的集成开发环境 IDLE，它有助于对 Python 代码的编写与调试。下面介绍 IDLE 的基本使用方法。

1.3.1　Python 自带开发工具 IDLE

Python 集成开发和学习环境（Integrated Development and Learning Environment，IDLE）是集成在 Python 安装包中的。安装 Python 时，会自动安装 IDLE。程序员可以直接使用 IDLE 开发工具。

1.3.2　IDLE 启动方式

启动 IDLE 开发工具有两种方法：菜单选项启动和执行文件启动。下面依次介绍这两种启动方法。

1. 菜单选项启动

（1）单击 Windows 系统的"开始"菜单图标，然后选择"所有程序"命令，找到安装的 Python（这里为 Python 3.8），并展开其菜单选项，如图 1.18 所示。

图 1.18　Python 的菜单选项

（2）选择"IDLE(Python 3.8 64-bit)"选项，即可启动 IDLE 开发工具，如图 1.19 所示。

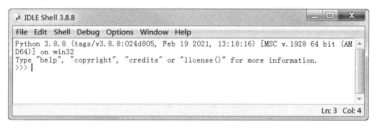

图 1.19　通过菜单选项启动 IDLE

2. 执行文件启动

在安装 Python 的第 3 个步骤中，可以设置安装的路径。本书使用的是默认路径 C:\Users\Administrator\AppData\Local\Programs\Python\Python38。

（1）根据路径进入到 Python38 文件夹，然后依次进入 Lib 中 idlelib 文件夹，执行该文件夹中的 idle.pyw 文件，如图 1.20 所示。

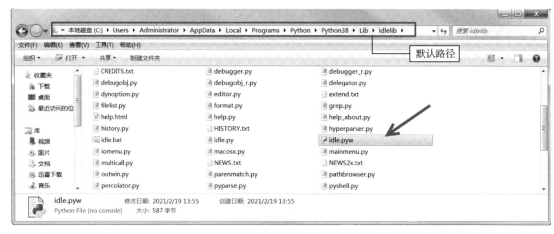

图 1.20　在安装路径中查找 IDLE

（2）单击 idle.pyw 文件，也可以启动 IDLE 开发工具，如图 1.21 所示。

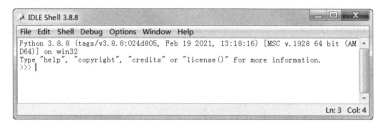

图 1.21　通过执行文件启动 IDLE

1.3.3　Python 的交互模式

启动 IDLE 打开的是 Shell 程序窗口，也就是 Python 的交互模式界面。在该界面中，可以执行简单的 Python 代码。程序员在提示符（>>>）后面输入代码，按下回车键（Enter）后，立刻得到代码的执行结果。Python 的交互模式界面由 5 部分构成，如图 1.22 所示。

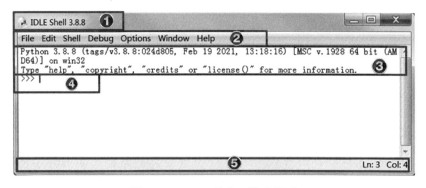

图 1.22　Python 的交互模式界面

每部分的含义如下。

❑ ①标题栏——用于显示当前使用的 Python 版本信息。

❑ ②菜单栏——可以使用的功能菜单选项。

❑ ③Python 信息部分——用来显示版本相关信息。

❑ ④Python 提示符——表示 Python 已经准备好了，等待用户在右侧输入 Python 代码。

❑ ⑤状态栏——用来显示当前鼠标光标在代码中的行数和列数。

程序员通过 Python 的交互模式界面可以完成创建、运行、测试和调试 Python 程序等功能。这些功能大多数是通过菜单选项完成的。下面介绍常用的菜单选项。

1. File（文件）菜单选项

选择 File 菜单选项显示出其包含的子菜单项，如图 1.23 所示。

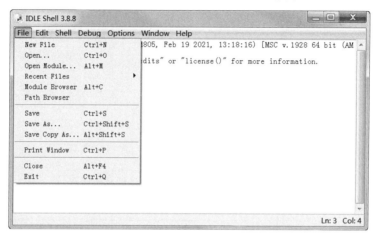

图 1.23 File 菜单选项包含的子菜单项

其每个子菜单项功能及快捷键如表 1-2 所示。

表 1-2 File菜单选项的子菜单项功能及快捷键

子 菜 单 项	快 捷 键	功 能
New File	Ctrl+N	创建新文件
Open	Ctrl+O	打开文件
Open Module	Alt+M	打开模块
Recent Files		选择最近打开的文件
Module Browser	Alt+C	类浏览器，查看当前文件中的类层次
Path Browser		路径浏览器，查看当前文件及其涉及的库的路径
Save	Ctrl+S	保存文件
Save As	Ctrl+Shift+S	另存为
Save Copy As	Alt+Shift+S	保存副本
Print Window	Ctrl+P	打印窗口内容
Close	Alt+F4	关闭窗口
Exit	Ctrl+Q	退出 IDLE

2. Edit（编辑）菜单选项

选择 Edit 菜单选项显示出其包含的子菜单项，如图 1.24 所示。

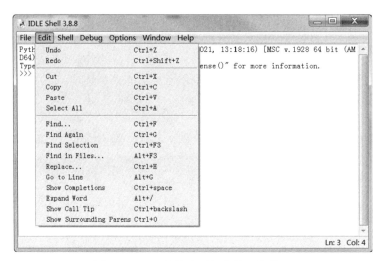

图 1.24　Edit 菜单选项包含的子菜单项

其每个子菜单项功能及快捷键如表 1-3 所示。

表 1-3　Edit菜单选项的子菜单项功能及快捷键

子 菜 单 项	快 捷 键	功　　能
Undo	Ctrl+Z	撤销上一次的修改
Redo	Ctrl+Shift+Z	重复上一次的修改
Cut	Ctrl+X	剪切
Copy	Ctrl+C	复制
Paste	Ctrl+V	粘贴
Select All	Ctrl+A	全选
Find	Ctrl+F	在当前文档中查找
Find Again	Ctrl+G	再次查找
Find Selection	Ctrl+F3	在当前文档中查找选中的文本
Find in Files	Alt+F3	在文本中查找
Replace	Ctrl+H	在当前文档中替换指定文本
Go to Line	Alt+G	将光标跳转到指定行
Show Completions	Ctrl+space	显示自动完成列表
Expand Word	Alt+/	自动补全单词
Show Call Tip	Ctrl+backslash	显示当前语句的语法提示
Show Surrounding Parens	Ctrl+0	显示与当前括号匹配的括号

3. Shell 菜单选项

选择 Shell 菜单选项显示出其包含的子菜单项，如图 1.25 所示。

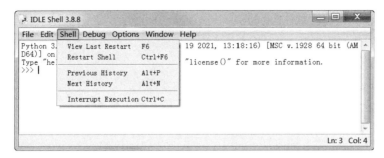

图 1.25　Shell 菜单选项包含的子菜单项

其每个子菜单项功能及快捷键如表 1-4 所示。

表 1-4　Shell菜单选项的子菜单项功能及快捷键

子 菜 单 项	快 捷 键	功　　能
View Last Restart	F6	最后重启
Restart Shell	Ctrl+F6	重新启动 Python Shell
Previous History	Alt+P	浏览上一条历史命令
Next History	Alt+N	浏览下一条历史命令
Interrupt Execution	Ctrl+C	中断执行

1.3.4　Python 的文件模式

在交互模式中，代码执行后，当再次执行该代码时，还需要重新输入代码。而在 Python 的实际开发中，程序员往往要编写很多代码，并且对代码进行调试和运行。在交互模式中，这显然是实现不了的。这时就需要用到文件模式。在该模式中，程序员可以将大量的代码保存在文件中，随时进行修改与保存。需要使用时读取文件，即可执行代码。

在交互模式中，选择 File→New File 选项，打开一个 Python 文本编辑器，如图 1.26 所示。

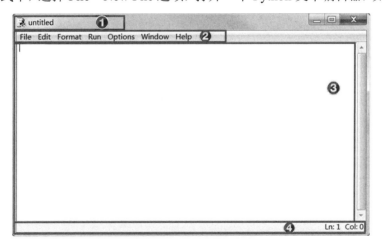

图 1.26　Python 文本编辑器

Python 文本编辑器各部分含义如下。

❑ ①标题栏——显示 Python 代码文件的标题。

❑ ②菜单栏——可以使用的功能菜单选项。

❑ ③编写 Python 代码部分——用户在此输入 Python 代码。

❑ ④状态栏——用来显示当前鼠标光标在代码中的行数和列数。

程序员在编写 Python 代码时，难免出现代码不合适的情况，需要对代码进行修改。该文本编辑器提供了相关菜单选项，方便程序员在修改代码时使用。下面介绍相关菜单选项。

1. Format（格式）菜单选项

选择 Format 菜单选项显示出其包含的子菜单项，如图 1.27 所示。

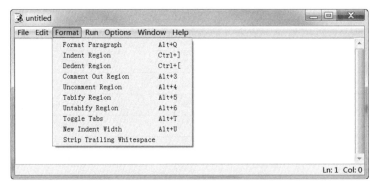

图 1.27 Format 菜单选项包含的子菜单项

其每个子菜单项功能及快捷键如表 1-5 所示。

表 1-5 Format菜单选项的子菜单项功能及快捷键

子 菜 单 项	快 捷 键	功　　能
Format Paragraph	Alt+Q	对选中代码进行段落格式整理
Indent Region	Ctrl+]	缩进选中的代码
Dedent Region	Ctrl+[	取消选中代码的缩进
Comment Out Region	Alt+3	注释选中的代码
Uncomment Region	Alt+4	取消选中代码的注释
Tabify Region	Alt+5	将选中代码的空格替换为 Tab
Unabify Region	Alt+6	将选中代码的 Tab 替换为空格
Toggle Tabs	Alt+T	打开或关闭制表位
New Indent Width	Alt+U	重新设定制表位缩进宽度，范围是 2～16，宽度为 2 时相当于 1 个空格
Strip Trailing Whitespace		移除代码尾部的空格

2. Run（运行）菜单选项

选择 Run 菜单选项显示出其包含的子菜单项，如图 1.28 所示。

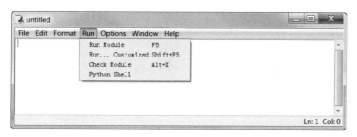

图 1.28　Run 菜单选项包含的子菜单项

其每个子菜单项功能及快捷键如表 1-6 所示。

表 1-6　Run菜单选项的子菜单项功能及快捷键

子 菜 单 项	快 捷 键	功 能
Run Module	F5	运行当前程序
Run... Customized	Shift+F5	如果脚本后面跟了若干其他命令，则需要使用此命令
Check Module	Alt+X	对当前程序进行语法检查
Python Shell		打开 IDLE 主窗口

1.4　第一个 Python 程序

作为一名程序员，学习编程语言的第一步就是编写最简单的 Hello 程序，输出"Hello World"。下面介绍在两种模式下如何运行实现简单的 Hello 程序。

1.4.1　交互模式运行

在交互模式中，程序员输入一条代码，按"Enter"键后，Python 会立即执行这条代码，给出执行结果。所以，交互模式一般用于编写少量代码。下面介绍如何在交互模式中编写并运行。具体方法如下。

1.　通过 Python 解释器运行

【实例 1-1】通过 Python 解释器编写并执行 Hello 程序。

（1）通过"Win+R"快捷键，打开"运行"对话框。在"打开"文本框中输入"python"，并单击"确定"按钮，启动 Python 解释器，如图 1.29 所示。图中的>>>是 Python 提示符，表示进入交互模式。

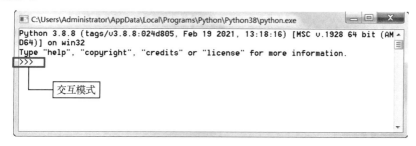

图 1.29　Python 解释器

（2）在 Python 提示符的右侧输入 Python 代码：

print("Hello World")

按"Enter"键后，执行代码，输出结果如图 1.30 所示。

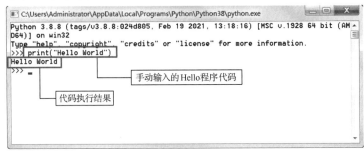

图 1.30　输出结果（实例 1-1）

2. 通过开发工具 IDLE 运行

上述在 Python 解释器中编写 Python 代码时，代码颜色是纯白的，没有颜色区分。这样不方便程序员对代码语句的阅读和区分。在 IDLE 中编写代码，可以使用不同的颜色区分代码，更加方便阅读。

【实例 1-2】通过开发工具 IDLE 实现简单的 Hello 程序。

（1）选择"开始"→"所有程序"命令，找到 Python 3.8 菜单组，选择其中的"IDLE(Python 3.8 64-bit)"选项，启动 IDLE 开发工具，如图 1.31 所示。

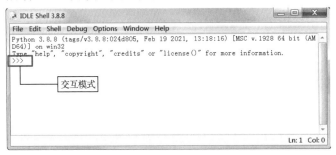

图 1.31　IDLE 开发工具

（2）在>>>的右侧输入 Python 代码：

print("Hello World")

输入代码后，可以看到代码有了颜色区分。其中，print 为紫色，Hello World 为绿色，()为黑色，如图 1.32 所示。

图 1.32　输入的 Python 代码有了颜色区分

（3）按"Enter"键后，执行代码，输出结果如图 1.33 所示。输出结果的颜色为蓝色。

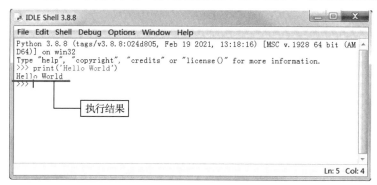

图 1.33 输出结果（实例 1-2）

1.4.2 文件模式运行

文件模式也称为批量模式。在这种模式下，程序员可以将多条 Python 代码写在文件中。当执行这个文件时，文件中的所有代码都会被执行。文件模式是最常用的开发方式。采用文件模式编写代码，需要以下 3 个步骤。

（1）新建一个.py 的文件，用于在该文件中存放 Python 代码。

（2）打开新建的文件，编写 Python 代码，并保存在该文件中。

（3）使用"python"命令执行.py 文件中的所有代码。

下面仍然以实现最简单的 Hello 程序为例进行讲解，使其一次执行多条 Hello 程序。

1. 通过 Python 命令运行

在系统中安装了 Python 以后，就可以使用 Python 命令运行.py 文件。

【实例 1-3】使用 Python 命令实现 Hello 程序。

（1）使用文件编辑器新建一个文档，并写入 5 行 Hello 程序的代码 print("Hello World")，保存文件，将其命名为 hello.py，如图 1.34 所示。

图 1.34 新建的.py 文件

（2）通过"Win+R"快捷键，打开"运行"对话框，在"打开"文本框中输入"cmd"，如图 1.35 所示。

图 1.35　Windows 运行命令界面

（3）单击"确定"按钮，弹出系统的命令窗口，如图 1.36 所示。

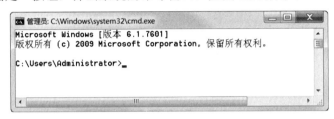

图 1.36　系统的命令窗口

（4）在界面中可以输入"python"命令来执行 hello.py 文件，其格式为：

python 文件路径

由于本例中的 hello.py 文件存放路径为 C:\Users\Administrator\Desktop，因此，使用的命令如图 1.37 所示。

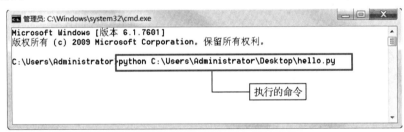

图 1.37　使用"python"命令执行.py 文件

（5）按"Enter"键后，成功运行 Hello 程序，其执行结果如图 1.38 所示。该执行结果显示成功运行了 hello.py 文件的 Python 代码。

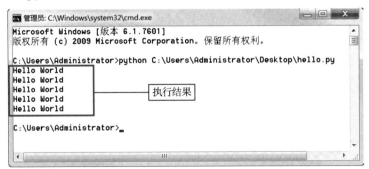

图 1.38　Hello 程序执行结果（实例 1-3）

提示：在上述输入.py 文件名及路径时，如果名称或路径比较长，那么可以直接把文件拖到 python+空格的后面即可。

2. 通过 IDLE 开发工具运行

IDLE 开发工具本身就提供了新建、保存、打开并运行.py 文件功能。因此，不需要像上述方法那样一步步地操作。

【实例 1-4】使用 IDLE 开发工具编写代码，并保存到文件中，进行执行。

（1）启动 IDLE，选择 File 菜单选项，弹出子菜单项。选择子菜单项 New File，打开文本编辑器。在文本框中编写实现 Hello 程序的代码，如图 1.39 所示。文件没有名称，默认为 untitled，表示未命名。

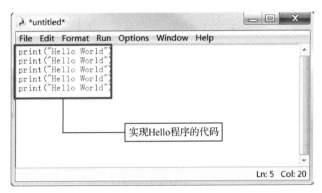

图 1.39　编写 Hello 程序代码

（3）保存文件。选择 File→Save 选项，或者使用"Ctrl+S"组合键，弹出"另存为"对话框，如图 1.40 所示。

图 1.40　"另存为"对话框

（4）这里将文件保存在桌面，并命名为 hello。文件的扩展名默认为.py，不需要输入。单击"保存"按钮，对话框自动关闭，返回到文本编辑器。此时，文件被成功保存了，标题栏有了文件名信息，如图 1.41 所示。

图 1.41　成功保存文件

（5）运行 hello.py 文件。选择 Run→Run Module 选项，或者使用快捷键"F5"，代码被成功执行，在 IDLE 窗口中显示了执行结果，如图 1.42 所示。

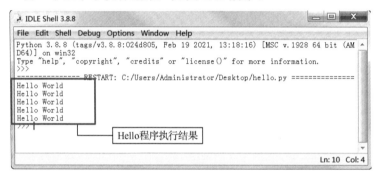

图 1.42　Hello 程序执行结果（实例 1-4）

（6）如果要查看或修改.py 文件的代码，只要选择 File→Open 选项，弹出"打开"对话框。在该对话框中选择要打开的.py 文件即可，如图 1.43 所示。

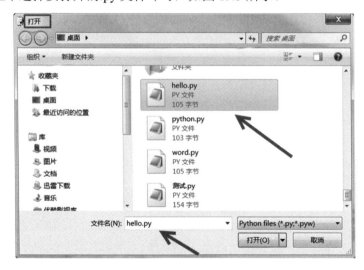

图 1.43　选择要打开的.py 文件

1.5　小　　结

通过本章的学习，程序员需要知道以下内容。

❏ Python 有三个系列版本，分别为 1.x、2.x 和 3.x。现在，1.x 和 2.x 都不被官方支持，只有 3.x 被支持。

❑ IDLE 是 Python 自带的开发工具，在安装 Python 时被自动安装。

❑ 在交互模式下，可以进行简单代码的执行。

❑ 代码程序适合在文件模式下执行，即执行.py 文件。

1.6　习　　题

一、选择题

1. 下面不属于 Python 特性的是（　　　）。

　　A．简单易学　　　　B．开源、免费　　　　C．与平台无关　　　　D．低级语言

2. IDLE 交互模式中的"＞＞＞"符号是（　　　）。

　　A．运算操作符　　　B．程序控制符　　　　C．命令提示符　　　　D．文件输入符

二、填空题

1. Python 自带的开发工具是_____。

2. Python 脚本的扩展名是_____。

三、操作题

运行下面的代码，查看代码的执行结果。

```
print("   *   ")
print("  ***  ")
print(" ***** ")
print("*******")
```

第 2 章　Python 语言基础

无论做什么都需要将基础打好。这好比练功夫一样，需要先把马步扎好。学习编程语言也是如此，程序员需要先掌握编程语言的各种语法和基础知识。本章详细讲解 Python 的各项基础语法。

本章要求

- ❑ 了解 Python 的语法特点
- ❑ 学会如何正确地定义变量名
- ❑ 了解 Python 中有哪些保留字
- ❑ 掌握如何使用 input()输入内容
- ❑ 掌握如何使用 print()输出内容
- ❑ 掌握如何使用 eval()进行处理
- ❑ 了解 Python 中的运算符

2.1　Python 语法特点

不同的编程语言其语法特点也不相同。学习 Python 需要了解它的语法特点，如代码缩进和注释，下面分别进行介绍。

2.1.1　代码缩进

为了展现层次结构，代码需要按照一定的规则进行缩进。Python 采用严格的"缩进"来表示程序的格式框架。缩进是在每一行代码开始前空出一定的空白区域，用来表示代码之间的包含和层次关系。

1. 如何表示缩进

编写代码时，缩进可以使用 Tab 键或空格键实现。使用空格键的话，一般采用 4 个空格。而一个 Tab 键等效于 4 个空格键，作为一个缩进量。以此类推，2 个缩进量可以使用 2 次 Tab 键或 8 个空格键。通常情况下建议使用空格键进行缩进。

2. 缩进的使用

在编写 Python 代码时，并不是所有的代码都需要缩进。因为缩进是用来表示包含于所属关系的。为了方便讲解，这里将没有使用缩进的代码称为非缩进代码。

【**实例 2-1**】print()这样的简单代码不表示所属关系，不能使用缩进，如图 2.1 所示。

当编写的代码为分支、循环、函数、类等代码时，常常会用到缩进，用来表示所属关系。

【**实例 2-2**】下面的分支代码使用了缩进，如图 2.2 所示。

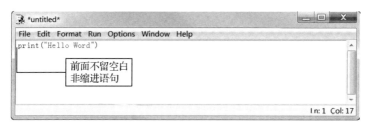

图 2.1　非缩进语句

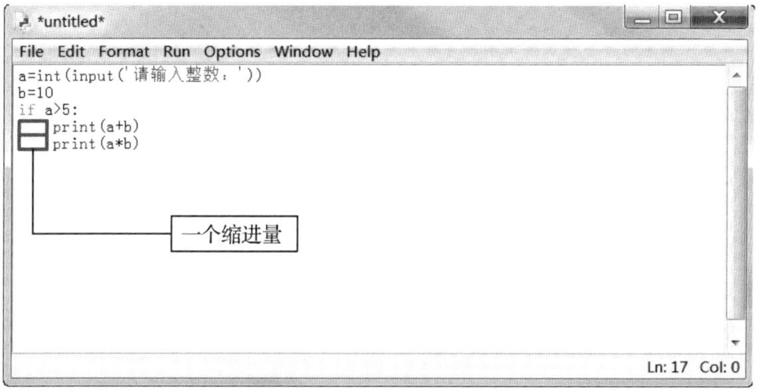

图 2.2　包含缩进的代码

图中共有 5 行代码，前 3 行代码前面不留空白（顶到左边编写），为非缩进代码；后 2 行代码前面留有空白，为缩进代码，并且使用了相同的缩进（一个缩进量）。这里的缩进表达了所属关系。相同缩进的代码属于之前最邻近的一行非缩进代码。所以，这里的缩进代码包括以下两行：

```
print(a+b)
print(a*b)
```

它们从属于之前最邻近的一行非缩进代码：

```
if a>5:
```

3. 多层缩进

上述代码中使用的一个缩进量，也可以称为单层缩进。程序员编写代码时，代码会进行嵌套使用，这时需要多个缩进量，称为多层缩进。

【实例 2-3】下面的代码使用了多层缩进，如图 2.3 所示。

图 2.3　多层缩进

图中，代码 print(a-b)前面有两个缩进量，因此：

print(a-b)

从属于代码：

if 30>a>15:

代码 if 30>a>15:与代码 print(a+b) 前面有一个缩进量，因此：

print(a+b)
if 30>a>15

同时从属于代码：

if a>5:

提示：在所属关系中，缩进量相同的代码为同一级别，缩进量多的代码，隶属于比它的缩进量少一个缩进量的相邻代码。

4. 缩进量不合理会抛出异常

Python 对代码的缩进量有严格的要求。同一个级别代码的缩进量必须相同。如果使用错误的缩进量，则会抛出异常。

【实例 2-4】以下代码使用了错误的缩进量，如图 2.4 所示。

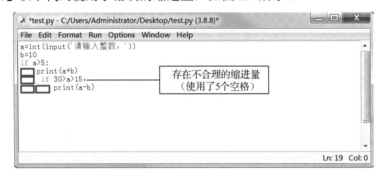

图 2.4　不合理的缩进量

其中，代码 print(a+b)和 if 30>a>15:为同一级别，但使用的缩进量不同。当执行代码时，抛出异常，并在出现错误的地方显示红色，如图 2.5 所示。图中的 unexpected indent 表示缩进量错误。

图 2.5　缩进量错误抛出异常

5. 设置缩进单位

在 IDLE 中，默认以 4 个空格作为缩进的基本单位。IDLE 也提供了设置缩进单位的功能。在菜单栏中，选择 Options→Configure IDLE 选项，弹出"Settings"对话框，如图 2.6 所示。在图中的左下方会看到一个滑动条，默认滑动块位于数字 4 处，表示 4 个空格。用户根据自己的需求，拖动滑动块到想要设置的位置，然后单击"Ok"按钮保存设置。

图 2.6　"Settings"对话框

2.1.2　代码注释

在语文课本中，古诗文、文言文均有一定的标注，用来对特定的句子进行说明，以方便读者更好地理解。代码的注释也是如此，用来对代码进行说明，提高代码 8 的可读性，方便自己或其他人日后理解代码的功能。在执行代码时，注释的内容会被 Python 解释器忽略，不会被执行。

Python 提供的注释可以实现两个功能，分别用于为代码备注信息、将代码注释掉。下面分别介绍这两个功能。

1. 代码备注信息

Python 中的代码可以是单独的一行，也可以是多行的代码，共同完成一项任务或作用。同样，注释信息可以为单行代码进行注释，也可以为多行代码进行注释。

（1）单行注释。

单行注释使用"#"作为其符号，"#"后面的内容均为注释的信息，直到换行结束。其语法如下：

```
#注释的内容
```

单行注释可以放在要注释代码的前一行，如图 2.7 所示。

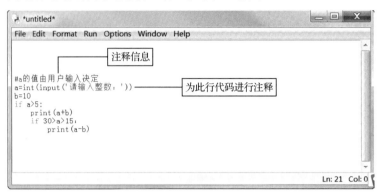

图 2.7　注释信息放在代码的前一行

单行注释也可以放在要注释代码的右侧，如图 2.8 所示。

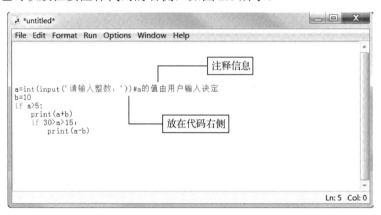

图 2.8　注释信息放在代码的右侧

（2）多行注释。

多行注释是将注释的内容放在一对三个单引号（''' '''）或三个双引号（""" """）之间。这时，注释的内容可以分为多行编写。其语法如下：

```
'''
    注释内容1
    注释内容2
    注释内容3
    ……
'''
```

或者

```
"""
    注释内容1
    注释内容2
    注释内容3
    ……
"""
```

通常，多行注释用来标明作者、版权信息、功能等，如图 2.9 所示。

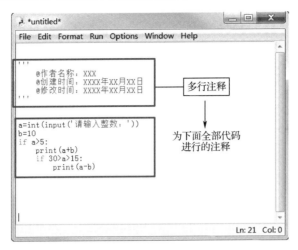

图 2.9　多行注释

2. 将代码注释掉

将代码注释掉是指使用"#"放在代码的左端。这样，右侧的代码就不会被执行了。例如，在下面代码中，注释掉了最后两行代码，代码颜色变为红色。如图 2.10 所示。

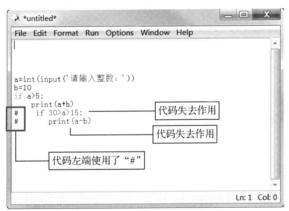

图 2.10　成功注释掉代码

IDLE 也提供了相关菜单选项，可以对选中行的代码进行注释和取消注释。

【实例 2-5】下面通过菜单选项，对代码进行注释。

（1）选中对应的代码，如图 2.11 所示。其中，阴影部分为选中要被注释掉的代码。

图 2.11　选中要被注释掉的代码

（2）在菜单栏中，选择 Format→Comment Out Region 选项，将代码注释掉，如图 2.12 所示。最后两行代码的左端出现了"##"，代码变为红色。

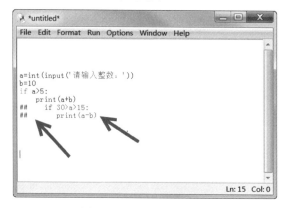

图 2.12　成功注释掉代码

【实例 2-6】通过菜单选项，还可以取消对代码的注释。

（1）选中要取消注释的代码，如图 2.13 所示。其中，阴影部分为选中要取消注释的代码。

（2）在菜单栏中选择 Format→Uncomment Region 选项，选中的代码没有了注释，如图 2.14 所示。

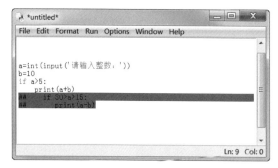

图 2.13　选中要取消注释的代码

图 2.14　成功取消了注释

2.2　变　　量

在变量（Variable）这个词中，"变"是变化的意思，"量"表示数据。变量是指变化的数据。在 Python 中，变化的数据使用变量来表示。

2.2.1　理解 Python 中的变量

变量表示的是变化的数据，这种数据往往是事先不知道的。由于未知，所以不能直接书写，只能使用变量来进行指代。例如，张三去看病，邻居问他干什么去？他说，去找医生。因为能为他看病的人，目前不知道叫什么名字，可能是李四也可能是王五。这里，就使用"医生"来指代了可以为他看病的人。"医生"相当于 Python 语言中的变量名，能为张三看病的人（李四、王五）相当于变量值，其对应关系如图 2.15 所示。

因此，为了方便描述这些未知的数据，需要为变量起一个名字，这就是变量名。

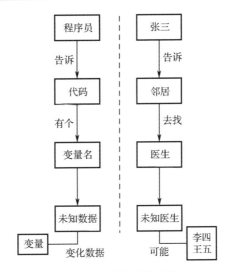

图 2.15　理解变量示意

2.2.2　变量的命名

为了方便地使用数据，需要为指代的数据起一个名字，这个过程被称为命名。任何名字都有自己命名的规则，Python 中的变量名也不例外，也要遵循一定的规范。

1. 标识符

在编程语言中，所有的名字都被称为标识符。它是计算机语言中允许作为名字的有效字符的集合。在 Python 语言中，程序员可以使用大写字母、小写字母、数字、下画线和汉字等字符的组合进行命名。而这些组合起来的连续字符就是标识符，如图 2.16 所示。

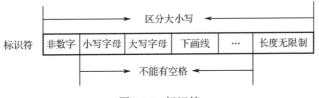

图 2.16　标识符

Python 标识符的命名规则如下。

☐ 首字母不能是数字，可以是字母或下画线。
☐ 名字中间不能有空格。
☐ 不能使用特殊符号@、%、$等。
☐ 区分大小写。
☐ 长度没有限制。

2. 保留字

保留字（Keyword）也被称为关键字，指的是被编程语言内部定义并保留使用的标识符。通常，程序员可以选择任何喜欢的名字对变量进行命名。但是，在命名过程中，不能使用与保留字相同的标识符。Python 中共有 35 个保留字，如表 2-1 所示。

表 2-1 保留字

and	as	assert	await
async	break	class	continue
def	del	elif	else
except	false	finally	for
from	global	if	import
in	is	lambda	None
nonlocal	not	or	pass
raise	return	True	try
while	with	yield	

如果想查看 Python 中有哪些保留字，可以执行以下代码：

```
>>> import keyword
>>> keyword.kwlist
```

代码执行后，显示所有的保留字，具体内容如下：

```
>>> keyword.kwlist
['False', 'None', 'True', 'and', 'as', 'assert', 'async', 'await', 'break', 'class', 'continue', 'def', 'del', 'elif', 'else', 'except', 'finally', 'for', 'from', 'global', 'if', 'import', 'in', 'is', 'lambda', 'nonlocal', 'not', 'or', 'pass', 'raise', 'return', 'try', 'while', 'with', 'yield']
```

3. 命名错误抛出异常

程序员在编写程序时，如果没有按照上述的规则进行命名，都会抛出异常错误信息。

【实例 2-7】在命名时，没有按照规则进行命名，将抛出错误信息。

（1）以数字开头命名，抛出的错误信息如图 2.17 所示。

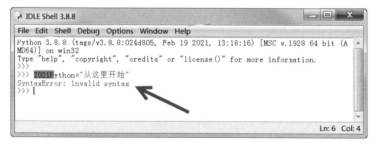

图 2.17 以数字开头命名抛出的错误信息

（2）使用保留字 if 命名，抛出的错误信息如图 2.18 所示。

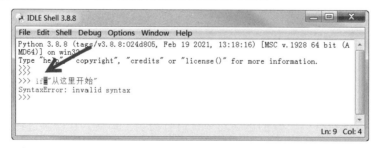

图 2.18 以保留字命名抛出的错误信息

2.2.3　声明变量

在编程语言中，一个变量名指代一个数据。声明变量是程序员告诉代码，这个变量代表了哪个数据的过程。为了简化编程，Python 不要求明确地进行变量声明。程序员只要在给变量进行赋值时，就完成了变量声明。所以，申明变量只需要遵循变量的以下命名规则。

❑ 变量名必须是一个有效的标识符。

❑ 变量名不能使用 Python 中的保留字。

❑ 建议选择有意义的单词作为变量名。

2.3　基本输入与输出

在第 1 章编写第一个程序时使用了 print()，用来在屏幕上输出信息。该函数就是 Python 的基本输出函数。除了该函数，Python 还提供了输入函数 input() 和数据处理函数 eval()。其中，eval() 用来对输入的信息进行处理。下面依次介绍这些函数。

2.3.1　输入函数 input()

input() 是 Python 的一个内置函数，用来接收用户的键盘输入。无论用户输入什么内容，input() 都会在输入信息内容本身的基础上添加引号形式返回结果。在使用 input() 时，可以包含一些提示性文字，用来提示用户。该函数的语法格式如下：

```
input(<提示性文字>)
```

其中，<提示性文字> 是可选的。

注意：input() 会将用户输入的任何数据类型保存为'输入内容的本身'形式，其中，'表示单引号。如果用户输入的内容本身就包含了单引号或双引号。那么执行结果会在此基础上再加一个单引号。例如，输入"68.68"，其结果为"'68.68'"。

【实例 2-8】 使用 input() 接收用户的输入信息，查看结果。

（1）例如，用户输入的是整数 60，结果如下：

```
>>> input('请输入：')
请输入：60
'60'
```

输出信息的 60 外边有了单引号（'）。

（2）例如，用户输入的是小数 6.6，结果如下：

```
>>> input('请输入：')
请输入：6.6
'6.6'
```

输出信息的 6.6 外边也有了单引号（'）。

（3）例如，用户输入的是单词 'python'，结果如下：

```
>>> input('请输入：')
请输入：'python'
"'python'"
```

从输出信息中可以看到，输入的信息为'python'，输出结果又在这个基础上加了双引号，即'"python"'。

2.3.2 数据处理函数 eval()

input()会将用户输入的所有数据都按照"输入内容"形式保存，这会导致后续处理不方便。因此，需要使用 eval()去掉输入内容外侧的单引号或双引号。其语法格式如下：

```
eval(x)
```

其中，当 x 为"输入内容"形式时，将去掉输入内容外侧的单引号或双引号；当 x 为"算术运算"时，将返回运算结果。

【实例 2-9】使用 eval ()对"输入内容"形式的信息进行处理，查看结果。

（1）当输入内容为字符时，如"60"。对其进行处理，结果如下：

```
>>> eval("60")
60
```

输出结果去掉了 60 外侧的双引号，变成了整数 60。

（2）当输入内容为算术运算时，如"2+3"。对其进行处理，结果如下：

```
>>> eval("2+3")
5
```

输出结果为 2+3 的计算结果 5。

由于 eval()可以对"输入内容"形式的数据进行处理，即去掉外侧的双引号。而 input()的结果就是"输入内容"形式。因此，eval()与 input()常常一起使用。

【实例 2-10】使用 eval()与 input()对输入信息进行处理。

（1）例如，输入的是整数 60。结果如下：

```
>>> eval(input('请输入：'))
请输入：60
60
```

输入的是整数 60，输出结果也为整数 60。

（2）例如，输入的是"输入内容"形式，如"60"。结果如下：

```
>>> eval(input('请输入：'))
请输入："60"
'60'
```

输入的是"输入内容"形式"60"，输出结果为'60'。

2.3.3 输出函数 print()

print()是 Python 的基本输出函数，用来在屏幕上输出信息。根据输出内容的不同，有以下两种使用方法。

1. 输出单个信息

输出单个信息的语法格式如下：

```
print(待输出的信息)
```

其中，待输出的信息可以为多种形式的内容。

【**实例 2-11**】使用 input()输出信息各种内容，查看结果。

（1）如果对整数 60 进行输出，结果如下：

```
>>> print(60)
60
```

输出的还是整数 60。

（2）如果对加法运算 2+3 进行输出，结果如下：

```
>>> print(2+3)
5
```

输出的是 2+3 的计算结果。

（3）如果对"输入内容"形式的数据'60'进行输出，结果如下：

```
>>> print('60')
60
```

输出结果是 60，去掉了两侧的单引号，但是它不是整数 60。

2. 输出多个信息

输出多个信息的语法格式如下：

```
print(待输出的信息 1,待输出的信息 2,…,待输出的信息 n)
```

其中，多个输出信息之间使用逗号（,）进行分隔。输出后，每个待输出信息之间使用了空格进行分隔。

【**实例 2-12**】使用 print()同时输出多条信息，代码如下：

```
>>> print(2021,'学习 Python','从现在做起')
2021 学习 Python 从现在做起
```

其中，要输出的信息 2021 是一个整数；"学习 Python"和"从现在做起"为"输入内容"形式的数据。输出后，去掉了输入内容两侧的引号。

2.4　运　算　符

运算符是一些特殊符号，主要用于数据计算、比较运算、逻辑运算等。Python 运算符主要包括算术运算符、赋值运算符、位运算符、比较（关系）运算符、逻辑运算符等。本节简要介绍这些运算符，具体使用在后面的章节中进行讲解。

2.4.1　算术运算符

算术运算符用于处理四则运算。Python 的算术运算符及其作用如表 2-2 所示。

表 2-2　算术运算符及其作用

算术运算符	作　　用
+	加法运算
−	减法运算
*	乘法运算
/	除法运算

续表

算术运算符	作　用
%	求余运算
//	整除运算
**	幂运算

2.4.2　赋值运算符

赋值运算符主要用来为变量赋值，将运算符右侧的常量或变量的值赋给运算符左侧的变量中。Python 的赋值运算符及其作用如表 2-3 所示。

表 2-3　赋值运算符及其作用

赋值运算符	作　用
=	直接赋值
+=	增强加法赋值
-=	增强减法赋值
*=	增强乘法赋值
/=	增强除法赋值
%=	增强求余赋值
//=	增强整除赋值
**=	增强幂赋值

2.4.3　位运算符

位运算符是把整数看作二进制数来进行计算。Python 的位运算符及其作用如表 2-4 所示。

表 2-4　位运算符及其作用

位 运 算 符	作　用
&	位与运算
|	位或运算
^	异或运算
~	相反运算
<<	左移位运算
>>	右移位运算

2.4.4　比较运算符

比较运算符是对数值、变量或表达式的结果进行比较。如果比较关系成立，则返回 True；如果比较关系不成立，则返回 False。Python 的比较运算符及其作用如表 2-5 所示。

表 2-5　比较运算符及其作用

比较运算符	作　用
==	等于，比较两个对象是否相等
!=	不等于，比较两个对象是否不相等
>	大于
<	小于
>=	大于或等于
<=	小于或等于

2.4.5　逻辑运算符

逻辑运算符是对真和假两种布尔值进行运算，运算结果仍然是一个布尔值。Python 的逻辑运算符及其作用如表 2-6 所示。

表 2-6　逻辑运算符及其作用

逻辑运算符	作　用
and	逻辑与运算
or	逻辑或运算
not	逻辑非运算

2.5　表　达　式

表达式是由运算符和参与运算的数据组成的式子。参与运算的数据可以为数值本身，也可以为变量。表达式运算后得出的结果类型由参与的数据和运算符共同决定。其中，运算符不是必需的。因此，单独的一个值可以是一个表达式，单独的变量也可以是一个表达式。

【实例 2-13】以下代码都是表达式：

```
60
2+3
3>2
C=A+B
```

2.6　常　用　语　句

Python 中常用的语句有赋值语句、空语句、分支语句、循环语句。使用这些语句就可以编写简单的 Python 程序了。

2.6.1　赋值语句

赋值语句是 Python 语言中最简单、最常用的语句。使用等号（=）来实现。

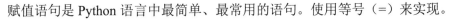

【实例2-14】以下代码都是赋值语句：

```
A=2+3
B="Python"
C=a+b
```

2.6.2 空语句

一个完整的代码包含了多个语句，每个语句代表完成一个动作。在编写代码时，某些动作还没有想好，但此刻既需要把代码结构定下来，又不希望影响其他已完成的语句。为了解决这个问题，Python 提供了空语句 pass，用来表示不做任何事情，但它又是代码中的一个语句，相当于占位符。

【实例2-15】下面的代码中使用了空语句 pass：

```
A=3
B=6
print(A+20)
pass
print(B*5)
```

说明：前 2 行代码为赋值语句；第 3 行代码为输出语句，用来输出变量 A 与整数 20 的相加结果；第 4 行代码表示空语句；第 5 行代码为输出语句，用来输出变量 A 与整数 5 的相乘结果。

2.6.3 其他语句

除了上述赋值语句、空语句，还包括 if 语句、if-else 语句、if-elif-else 语句、for 语句、while 语句、break 语句、continue 语句等。这些将在后面的章节中进行讲解。

2.7 小　　结

首先，本章对 Python 的语法特点进行了介绍，接着介绍了变量，包括变量的命名规则、Python 中的保留字等。然后，讲解了基本输出函数 print()和输入函数 input()，以及数据处理函数 eval()，又介绍了 Python 提供的各种运算符。最后，介绍了表达式和常用语句。本章相关知识点如下。

- ❏ Python 程序中，使用缩进来表示程序的格式框架，也用来表示代码之间的包含和层次关系。一个缩进量使用一个 Tab 键或 4 个空格键。
- ❏ 注释主要用来对代码进行说明。方便在检查代码时，能够快速了解该段代码或该行代码的作用。
- ❏ 变量命名要遵循命令规则。命名时，需要注意的是，不能以数字开头、中间不能有空格、不能使用保留字。
- ❏ 接收用户的输入信息，使用 input()。
- ❏ 在屏幕上输出信息，使用 print()。
- ❏ 空语句是指在代码的一行中，只使用 pass。

2.8　习　　题

一、选择题

1. 下面不是 Python 的保留字是（　　　）。
   A．False　　　　　B．and　　　　　　　C．if　　　　　　　D．true

2. 以下变量名不合法的是（　　　）。
   A．C52　　　　　　B．_My　　　　　　　C．520　　　　　　D．My_520

二、填空题

1. 注释的作用：_____和_____。

2. 可以使用_____函数输出信息、使用_____函数接收输入信息。

三、简答题

加法计算题。接收用户输入的两个数，对这两个数进行相加运算，并输出计算结果。

第 3 章　基本数据类型

人与人之间是通过语言来进行交流和沟通的，将自己要表达的信息传达给别人。而计算机不能识别人类语言，只能通过数据来传达信息。因此，数据是计算机信息的表现形式和载体。计算机可以完成很多操作，但每个操作都在处理一条或多条数据。本章将介绍计算机中数据的相关信息。

本章要求

❑ 了解 Python 中的数据
❑ 掌握基本数据类型
❑ 学会转义字符的使用
❑ 掌握不同数据类型之间的转换

3.1　认 识 数 据

在学习 Python 中的数据之前，需要先来认识数据。本节将介绍数据的形式、寻找数据及数据的分类。

3.1.1　数据的形式

在计算机系统中，各种字母、数字符号的组合、语音、图形、图像等统称为数据。因此，数据无处不在，其形式多种多样。根据用户使用计算机要完成的目的不同，数据形式也不同。大致分为以下 3 种形式。

❑ 文件形式：指数据以文件形式展现出来，如下载的电影、歌曲、电视剧等。
❑ 网络数据：当浏览网页、观看网络广播时，这些信息是以网络数据的形式进行传达的。
❑ 应用程序：指通过应用程序完成某些操作而产生的数据，如玩游戏、使用遥控控制设备等。

3.1.2　寻找数据

计算机能够执行多种操作都是按照人们传达给它的信息完成的。要想让计算机按照我们的意愿去完成某些操作，就需要将正确的信息传达给计算机。也就是说，需要将正确的数据传达给计算机。由于我们让计算机做的事情不同，所以寻找这些数据的难易程度也会不同。

1. 显而易见的数据

显而易见的数据指的是计算机按照传达的信息完成某一操作，即在信息中包含的数据。

例如，一斤鸡蛋 4.2 元，10 元能买多少斤鸡蛋？在这个例子中，只需要将计算机能够识别的数据 1（斤）、4.2（元）和 10（元）告诉它即可，而 1、4.2 和 10 就是操作中显而易见的数据，如图 3.1 所示。

2. 隐藏的数据

隐藏的数据指的是传达给计算机的信息中只包含部分数据，另一部分数据则隐藏在各种生活常识中，需要我们告知计算机。例如，人民币 100 元能兑换多少美元？在这个例子中，100 是一个直接可以看得到的数据，要进行计算需要知道汇率。而信息中没有给出汇率，因此汇率就是隐藏的数据，而汇率是生活常识。如图 3.2 所示，其中 0.1457 为隐藏数据。

价格	斤数
4.2	1
10	?

图 3.1　显而易见的数据

人民币	今日汇率	美元
100	0.1457	?

图 3.2　隐藏的数据

3. "不存在"的数据

"不存在"的数据指的是将信息传达给计算机，而这里的信息是隐藏在各种实施的底层中的，属于"不存在"的数据。例如，使用遥控器打开电视机。在这个例子中，打开电视机这个操作是通过无线信号传递信息的。

3.1.3　数据的分类

通过上述讲解，我们可了解数据的基本来源，而这些数据的形式又是多种多样的。为了方便使用数据，下面将对数据进行分类。

1. 是否已知

数据有已知的，也有隐藏的。根据数据是否已知，分为已知数据和未知数据。

（1）已知数据

已知数据是指不能发生变化的数据值，Python 中常量包含的数据值就是已知数据。

（2）未知数据

未知数据是指数据值可以动态变化，Python 中变量所指定的值就是未知数据，该数据可以通过赋值的方式进行修改。

2. 数据类型

根据数据的形式，这里将数据类型分为以下 3 种。

（1）数字类型

表示数字或数值的数据类型称为数字类型。Python 提供了 3 种数字类型：整数、浮点数和复数。

（2）文本类型

文本类型是指计算机中的文本信息的数据。Python 中的字符串就是文本类型数据。

（3）状态类型

用来表示数据状态的数据类型称为状态类型。该类型数据只分为两种，如开或关、真或假等。

3.2 数字类型——整数

Python 中的整数（Integer）与数学中的整数概念一致。人们生活中常用到的数字，如-2、-1、0、1、2 等这样的数都称为整数。整数常常用来计数，如记录成绩的分数、网站的访问量等。在 Python 中，使用数字类型表示这些记录的数值（分数、访问量）。Python 提供了三种数字类型，分别是整数类型、浮点数类型、复数类型。本节首先讲解整数类型。

3.2.1 十进制整数

在 Python 中，依据进制的不同，整数的表示形式有多种。进制分为二进制、八进制、十进制、十六进制。因此，整数类型包括二进制整数、八进制整数、十进制整数、十六进制整数。下面首先介绍十进制整数的表示形式。

十进制是日常生活使用的进制类型，如人们算数采用的就是十进制。十进制由数字 0~9

图 3.3 十进制表示

构成，基数为 10，进位规则是"逢十进一"。在 Python 中，进制之间的运算结果默认是以十进制表示的，但不能以 0 开始，如图 3.3 所示。

【实例 3-1】书写有效的十进制整数，并通过输出进行验证。

（1）书写的十进制整数如下：

```
600
800
2021
-2030
```

（2）在交互模式中，输入并执行这些十进制整数后查看结果，具体内容如下：

```
>>> 600
600
>>> 800
800
>>> 2021
2021
>>> -2030
-2030
```

输出结果与编写的十进制整数完全一样。

3.2.2 二进制整数

二进制整数的表现形式是以 0b 或 0B 开始的。它们由数字 0 和 1 组成，基数为 2，进位规则是"逢二进一"。二进制表示如图 3.4 所示。

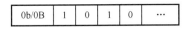

图 3.4 二进制表示

【实例 3-2】 书写有效的二进制整数，并通过输出进行验证。

（1）书写的二进制整数如下：

0b10110
0b110101
0b110011

（2）在交互模式中，输入并执行这些二进制整数后查看结果，具体内容如下：

>>> 0b10110
22
>>> 0b110101
53
>>> 0b110011
51

输出结果显示了这些二进制整数对应的十进制整数形式。这也说明了编写的二进制整数是有效的，也再次说明了默认是以十进制整数显示的。

助记：二进制整数以 0b 开始，这里的 b 取自于二进制对应的英文单词 binary 中的首字母，该单词发音语法为[baɪnəri]。

1. 二进制整数转换为十进制整数

上述实例中的执行结果，是二进制整数自动转换为十进制整数。我们也可以使用权相加法，手动计算二进制整数如何转换为十进制整数。

例如，二进制整数 0b1011010 转换为十进制整数，转换方法如图 3.5 所示。

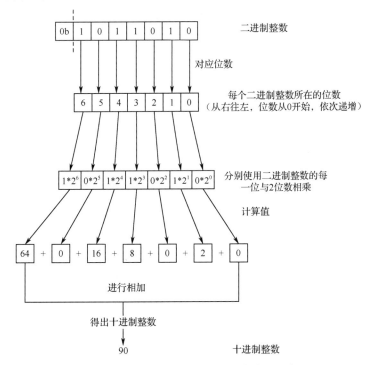

图 3.5 二进制整数转换十进制整数的方法

2. 十进制整数转换为二进制整数

十进制整数转换为二进制整数采用"除 2 取余，逆序排列"的方法。具体步骤是：用 2 整除十进制整数，可以得到一个商和余数，商写在下面，余数写在商的右边；再用 2 去除商，又会得到一个商和余数，商写在下面，余数写在商的右边；以此类推，除到商为 0 时，就不用往下除了。这个时候将余数从下到上排列出来，得到的数就是二进制整数。

例如，将十进制整数 23 转换为二进制整数，转换方法如图 3.6 所示。

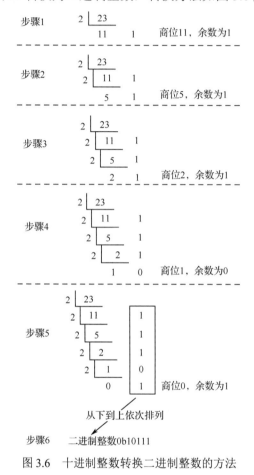

图 3.6 十进制整数转换二进制整数的方法

3.2.3 八进制整数

八进制整数的表现形式是以 0o（第一位为数字 0，第二位为小写字母 o）或 0O（第一位为数字 0，第二位为大写字母 O））开始的。它们由字符 0 到 7 来组成，基数为 8，进位规则是"逢八进一"。八进制表示如图 3.7 所示。

| 0o/0O | 0 | 1 | … | 7 |

图 3.7 八进制表示

【实例 3-3】书写有效的八进制整数，并通过输出进行验证。

（1）书写八进制整数如下：

```
0o135246
0o112233
0o123456
```

（2）在交互模式中，输入并执行这些八进制整数后查看结果，具体内容如下：

```
>>> 0o135246
47782
>>> 0o112233
38043
>>> 0o123456
42798
```

输出结果为八进制整数对应的十进制整数形式。

助记：八进制整数以0o开始。这里的o取自于八进制对应的英文单词octal中的首字母，该单词发音语法为[ɒktl]。

在程序开发中，经常需要把二进制整数和八进制整数进行互相转换。下面详细讲解这两种进制的转换方式。

1. 二进制整数转换为八进制整数

二进制整数转八进制整数是将二进制整数从右往左，每3位二进制整数合并为一组；将其转换为八进制整数作为其中的一位；最后，将所有的八进制整数按顺序连在一起。

二进制整数 0b111101001 转换为八进制整数，转换方法如图3.8所示。图中的二进制整数是9位，进行合并时正好每3位合并为1组。转换为的八进制整数为751，在Python中写为0o751。

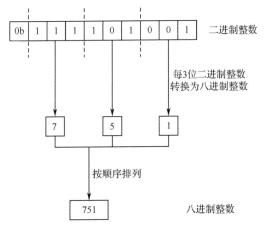

图 3.8　二进制整数转换八进制整数的方法（无须补齐）

当二进制整数的位数不是3的倍数，每3位二进制整数进行合并时，会导致有些位数不足3位，这就需要使用0进行补齐。例如，7位二进制整数 0b1011100 转换为八进制整数，转换方法如图3.9所示。图中转换为的八进制为134，在Python中书写为0o134。

2. 八进制整数转换为二进制整数

八进制整数转二进制整数是将八进制整数的每一位都转换为3位二进制整数，最后将其连在一起就成了最终的二进制整数。八进制整数 647 转换为二进制整数，转换方法如图3.10所示。该图中转换为的二进制整数为110100111，在Python中写为0b110100111。

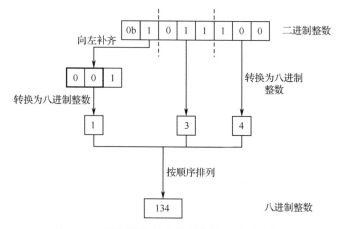

图 3.9　二进制整数转八进制整数（需要补齐）

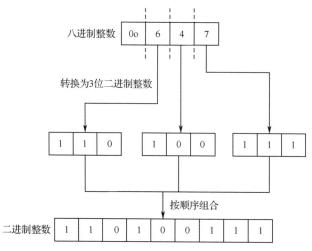

图 3.10　八进制整数转二进制整数转换方法（无须补齐）

往往八进制整数中的每一位不可能都正好转换为 3 位的二进制整数，对于不足 3 位的二进制整数需要向左使用 0 进行补齐。例如，八进制整数 0o315 转换为二进制整数，如图 3.11 所示。图中转换为的二进制整数为 011001101，在 Python 中书写为 0b11001101。

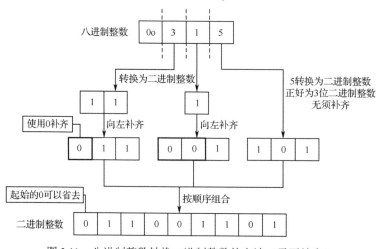

图 3.11　八进制整数转换二进制整数的方法（需要补齐）

为了方便用户能够快速进行转换，这里提供了二进制整数与八进制整数之间的转换关系对照表，如表 3-1 所示。

表 3-1　二进制整数与八进制整数之间的转换关系

二进制整数	八进制整数
000	0
001	1
010	2
011	3
100	4
101	5
110	6
111	7

3.2.4　十六进制整数

十六进制整数的表现形式是以 0x（第一位为数字 0，第二位为小写字母 x）或 0X（第一位为数字 0，第二位为大写字母 X）开始的。它们由数字 0～9 和字母 a（A）到 f（F）组成，基数为 16，进位规则是"逢十六进一"。十六进制表示如图 3.12 所示。

0x/0X	0	1	…	9	a/A	…	f/F

图 3.12　十六进制表示

【实例 3-4】书写有效的十六进制整数，并通过输出进行验证。

（1）书写八进制整数如下：

```
0x123
0x1abc2
0x3c5f
```

（2）在交互模式中，输入并执行这些十六进制整数后查看结果，如下：

```
>>> 0x123
291
>>> 0x1abc2
109506
>>> 0x3c5f
15455
```

输出结果为十六进制整数对应的十进制整数形式。

助记：十六进制整数以 0x 开始。这里的 x 取自于十六进制对应的英文单词 hexadecimal 中的第三个字母，该单词发音语法为[heksəˈdesɪml]。

1. 二进制整数转换为十六进制整数

二进制整数转十六进制整数是将二进制整数从右往左，每 4 位二进制整数合并为一组，将其转换为十六进制整数作为其中的一位。最后将所有的十六进制整数按顺序连在一起得到最终的十六进制整数。

二进制整数 0b101011001110 转换为十六进制整数，转换方法如图 3.13 所示。图中的二进制数是 12 位，进行合并时正好每 4 位合并为 1 组。转换为的十六进制整数为 ACE，在 Python 中书写为 0xACE。

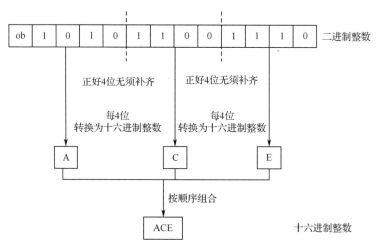

图 3.13　二进制整数转十六进制整数转换方法（无须补齐）

当二进制整数的位数不是 4 的倍数，每 4 位二进制整数进行合并时，会导致有些位数不足 4 位，这时就需要使用 0 进行补齐。例如，10 位二进制整数 0b1011001101 转换为十六进制整数，转换方法如图 3.14 所示。图中转换为的十六进制整数为 2CD，在 Python 中书写为 0x2CD。

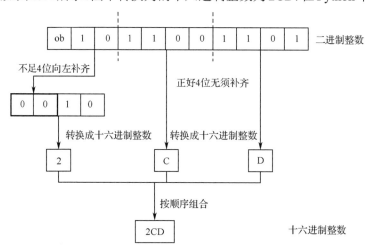

图 3.14　二进制整数转十六进制整数转换方法（需要补齐）

2. 十六进制整数转换为二进制整数

十六进制整数转二进制整数，将十六进制整数中的每一位转换为二进制整数，然后按顺序组合起来就是最终的二进制整数。

十六进制整数 0xF2 转换为二进制整数，转换方法如图 3.15 所示。图中转换为的二进制为 11110010，在 Python 中书写为 0b11110010。

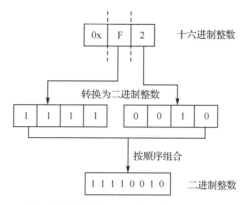

图 3.15 十六进制整数转二进制整数转换方法（无须补齐）

往往十六进制整数中的每一位不可能都能正好转换为 4 位的二进制整数，对于不足 4 位的二进制整数需要向左使用 0 进行补齐。例如，八进制整数 0x258 转换为二进制整数，如图 3.16 所示。图中转换为的二进制整数为 001001011000，在 Python 中写为 0b1001011000。

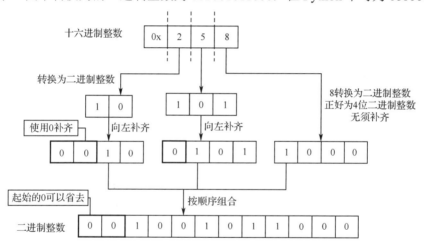

图 3.16 十六进制整数转二进制整数转换方法（需要补齐）

为了方便读者进行转换，这里给出二进制整数和十六进制整数的转换关系，如表 3-2 所示。

表 3-2 二进制整数与十六进制整数的转换关系

二进制整数	十六进制整数
0000	0
0001	1
0010	2
0011	3
0100	4
0101	5
0110	6
0111	7
1000	8

二进制整数	十六进制整数
1001	9
1010	a/A
1011	b/B
1100	c/C
1101	d/D
1110	e/E
1111	f/F

3.3　数字类型——浮点数

　　浮点数也称小数，与数学中的实数概念一致。它由整数部分和小数部分组成，也是人们生活中常用到的数字。例如，2.6、654.264、8.0 等这样的数都称为浮点数。下面介绍浮点数的相关知识。

3.3.1　表示形式

　　我们日常生活中经常听到一些小数。例如，0.5 有时为了方便经常被叫作 ".5"（点 5）。对于这种叫法我们都可以理解。但在 Python 中，小数不是那么随意表示的，需要遵循严格的形式。在 Python 中，小数的书写形式有两种，小数形式和指数形式。

1. 小数形式

整数	小数点（.）	小数

图 3.17　小数形式

Python 中小数由 3 部分组成，整数部分、小数点和小数部分，如图 3.17 所示。

图中的 3 部分都不能省略。当小数部分为 0 时，也不能省略。例如，68.0 是小数，但 68 是一个整数。

【实例 3-5】书写有效的小数，并通过输出进行验证。

（1）书写的小数如下：

```
60.8
0.0
80.0
```

（2）在交互模式中，输入并执行这些小数后查看结果，如下：

```
>>> 60.8
60.8
>>> 0.0
0.0
>>> 80.0
80.0
```

输出结果与编写的小数完全一样。

2. 指数形式

指数形式是指使用科学计数法形式表示小数。科学计数法使用字母 e 或 E 作为幂的符号，以 10 为基数。形式如下：

```
<a>E<b>
```

其中，a 表示小数，b 表示次幂，为整数。例如，小数 123000.0 可以表示为 1.23E5。

【实例 3-6】书写有效的指数，并通过输出进行验证。

（1）书写的指数如下：

```
1.23456E3
123456e2
123456e-2
```

（2）在交互模式中，输入并执行这些指数后查看结果，如下：

```
>>> 1.23456E3
1234.56
>>> 123456e2
12345600.0
>>> 123456e-2
1234.56
```

输出结果表示，自动将指数转换为了浮点数。

3.3.2 浮点数的精确度问题

由于计算机内部的存储问题，不是每个小数都可以精确表示的，所以小数存在精确度问题。在 Python 中，浮点数的数值范围和小数精度受不同计算机系统的限制。为了更清楚地了解浮点数的精确程度，Python 提供了对应的功能，可以详细列出系统支持的浮点数各项参数，通过这些参数可以了解精确程度。

【实例 3-7】下面通过代码查看浮点数各项参数。

（1）需要使用的代码如下：

```
import sys
sys.float_info
```

（2）在交互模式中，输入并执行以上代码后查看结果，如图 3.18 所示。

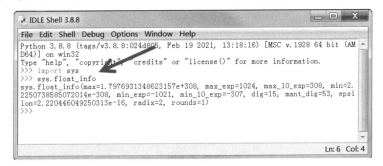

图 3.18　查看浮点数各项参数

输出结果的各项参数含义如下。

❏ max: 浮点数类型所能表示的最大值。

❑ max_exp: 基数（radix）为 2 时最大值的幂。

❑ max_10_exp: 科学计数法表示下最大值的幂。

❑ min: 浮点数类型所能表示的最小值。

❑ min_exp: 基数（radix）为 2 时最小值的幂。

❑ min_10_exp: 科学计数法表示下最小值的幂。

❑ dig: 能准确计算的浮点数最大个数。

❑ mant_dig: 科学计数法表示中系数（<a>）的最大精度。

❑ epsilon: 计算机所能分辨的两个相邻浮点数的最小差值。

【实例 3-8】验证浮点数的精确度。在在交互模式中，输入浮点数 1.234567890123456789，并查看执行结果，如下：

```
>>> 1.234567890123456789
1.2345678901234567
```

输入的浮点数为 1.234567890123456789，共 19 位，执行结果为 1.2345678901234567，共 17 位。

3.4　数字类型——复数

复数与数学中的复数概念类似。在 Python 中，复数可以看作二元有序实数对(a,b)，形式为 a+bj。其中，a 为实数部分；b 为虚数部分；j 是一个后缀，称为虚数单位，只能用在虚数部分。复数必须包含虚数部分。当 a 为 0 时，实数部分可以省略；当 b 为 1 时，1 不能省略，必须写成 1j。

【实例 3-9】书写有效的复数，并通过输出进行验证。

（1）书写的复数如下：

```
12.3+4.5j
60j
1.2+1j
```

（2）在交互模式中，输入并执行这些复数后查看结果，如下：

```
>>> 12.3+4.5j
(12.3+4.5j)
>>> 60j
60j
>>> 1.2+1j
(1.2+1j)
```

3.5　文本类型——字符串

计算机经常要存储和处理文本信息，这些文本信息也被称为文本数据。文本信息在程序中使用字符串类型来表示。下面介绍在 Python 中如何表示文本数据。

3.5.1　表示方法

字符串是由字符组成的序列。在 Python 中，字符串是一个常量，常量的值是不会发生变化的。字符串采用引号将一个字符或多个字符括起来。引号可以是单引号（'...'）、双引号（"..."）和三引号（"""..."""）或（'''...'''）。使用不同的引号表示的字符串含义也不同。下面依次介绍每种字符串的表示方法。

1. 单引号表示法

单引号字符串是指由一对单引号（'...'）作为边界来表示的字符串。

【实例 3-10】下面使用单引号表示字符串，并通过输出进行验证。

（1）书写的字符串如下：

```
'这是一个单引号表示法的字符串'
```

（2）在交互模式中，执行代码并查看结果，如下：

```
>>> '这是一个单引号表示法的字符串'
'这是一个单引号表示法的字符串'
```

输出结果也是一个单引号字符串。

2. 双引号表示法

双引号字符串是指由一对双引号（"..."）作为边界来表示的字符串。

【实例 3-11】下面使用双引号表示字符串，并通过输出进行验证。

（1）编写的字符串如下：

```
"这是一个双引号表示法的字符串"
```

（2）在交互模式中，执行代码并查看结果，如下：

```
>>> "这是一个双引号表示法的字符串"
'这是一个双引号表示法的字符串'
```

输出结果是一个单引号字符串。

3. 单引号+双引号表示法

单引号+双引号表示法是指由一对单引号作为边界，双引号可以作为字符串的一部分。

【实例 3-12】下面使用单引号+双引号表示字符串，并通过输出进行验证。

（1）编写的字符串如下：

```
'单引号作为边界，"双引号"作为字符串的一部分'
```

（2）在交互模式中，执行代码并查看结果，如下：

```
>>> '单引号作为边界，"双引号"作为字符串的一部分'
'单引号作为边界，"双引号"作为字符串的一部分'
```

从输出信息中可以看到，这是一个单引号字符串。字符串中的"双引号"字符使用了双引号，作为了字符串的一部分。

4. 双引号+单引号表示法

双引号+单引号表示法是指由一对双引号作为边界，单引号可以作为字符串的一部分。

【实例 3-13】下面使用双引号+单引号表示字符串，并通过输出进行验证。

（1）书写的字符串如下：

```
"双引号作为边界，'单引号'作为字符串的一部分"
```

（2）在交互模式中，执行代码查看结果，如下：

```
>>> "双引号作为边界，'单引号'作为字符串的一部分"
"双引号作为边界，'单引号'作为字符串的一部分"
```

从输出信息中可以看到，这是一个双引号字符串。字符串中的"单引号"字符使用了单引号，作为了字符串的一部分。

5. 三引号表示法

上述字符串表示方法表示的字符串内容必须写在一行内。如果想表示多行字符串的内容，就需要使用三引号。三引号可以是三个单引号（'''...'''），也可以是三个双引号（"""..."""）。因此，这种表示法有两种形式，但其作用是相同的。

【实例3-14】下面使用三引号表示字符串，并通过输出进行验证。

（1）书写的字符串如下：

```
'''三引号中包含了'单引号'，这里是第一行
三引号中包含了"双引号"，这里是第二行
上述表示了多行字符串
'''
```

（2）在交互模式中，执行代码并查看结果，如下：

```
>>> '''三引号中包含了'单引号'，这里是第一行
三引号中包含了"双引号"，这里是第二行
上述表示了多行字符串
'''

'三引号中包含了\'单引号\'，这里是第一行\n 三引号中包含了"双引号"，这里是第二行\n 上述表示了多行字符串\n'
```

输出信息将三引号表示法的字符串，输出为一行。为了更好地显示多行字符串效果，可以通过输出语句 print() 来实现，如下：

```
>>> print('''三引号中包含了'单引号'，这里是第一行
三引号中包含了"双引号"，这里是第二行
上述表示了多行字符串
''')
三引号中包含了'单引号'，这里是第一行
三引号中包含了"双引号"，这里是第二行
上述表示了多行字符串
```

提示：在使用三引号表示法编写字符串时，如果在交互模式下，它是一个字符串，如果放在 IDLE 编辑器中，它将被视为注释信息，而不是字符串。

3.5.2 转义字符

Python 的字符串还支持转义字符。转义字符是指使用反斜杠"\"与后面相邻的一个特殊字符共同表示一个新的含义。常用的转义字符含义如表 3-3 所示。

表 3-3 常用的转义字符含义

转义字符	含义	助记
\n	换行	n 取自于 new line 的首字母
\r	回车	r 取自于 return 的首字母
\'	单引号	字符串中需要用到单引号

续表

转 义 字 符	含 义	助 记
\"	双引号	字符串中需要用到双引号
\\	反斜杠	字符串中需要用到反斜杠
\（用在末尾）	续行符	单行字符串需要分隔为多行时使用
\a	响铃	输出字符串进行响铃
\b	向后退一格	向左删除字符串中的一个字符
\f	换页	换页显示字符串
\t	水平制表符	水平将字符串中的字符以一定间隔显示
\v	垂直制表符	垂直将字符串进行显示
\NULL	空	在字符串中加入空字符

【实例 3-15】 下面以对比的形式，比较不包含与包含转义字符的执行结果。

（1）书写不包含转义字符和包含转义字符的字符串，并输出查看，如下：

```
>>> print('学习 Python,从现在开始')                    #不包含转义字符
学习 Python,从现在开始
>>> print('学习 Python,\n 从现在开始')                  #包含转义字符 "\n"
学习 Python,
从现在开始
```

输出结果表示，书写的第 1 个字符串不包含转义字符，直接输出字符串内容的本身，输出在一行上。书写的第 2 个字符串包含转义字符 "\n"，表示换行，因此，输出结果将字符串内容分成了两部分，并进行分行显示。

（2）如果要使字符串中包含转义字符，而不是 Python 把它当成转义字符使用，则需要在字符串的左边使用 r 或 R 来取消转义字符的作用。例如，将上面字符串中的 "\n" 作为字符串的一部分，而不是当作转义字符来用，代码及执行结果如下：

```
>>> print(r'学习 Python,\n 从现在开始')                 #字符串前面使用了 r
学习 Python,\n 从现在开始
>>> print(R'学习 Python,\n 从现在开始')                 #字符串前面使用了 R
学习 Python,\n 从现在开始
```

输出信息表示，字符串前面使用了 r 或 R，输出信息的字符串中包含了转义字符 "\n"。

3.6 状态类型——布尔值

布尔值主要用来判断数据条件是否成立。它只包含两个值 True（逻辑真）和 False（逻辑假），这两个值称为布尔值。Python 中的布尔值可以转化为数值。其中，True 表示 1，而 False 表示 0。

【实例 3-16】 通过代码判断 10>10.5 是否成立，代码如下：

```
>>> 10>10.5
```

执行后，将输出判断结果。结果不成立，输出 False。

```
False
```

说明：代码中的 ">" 是 Python 中的运算符，用来比较数值。

提示：布尔类型的布尔值是区分大小写的，例如，是 True 而不是 true 或 TRUE。

3.7 类型判断与类型间转换

通过上面的学习，大概了解了 Python 的基本数据类型。在 Python 中，还提供了相关内置函数，对不同类型进行相互转换。下面详细介绍各种类型之间的转换方式。

3.7.1 数据类型的判断

在对数据转换之前，需要学会判断数据的类型。Python 提供了内置函数 type()，可以对任何数据的类型进行判断。其语法格式如下：

```
type(x)
```

其中，x 表示数据或对象。

【实例 3-17】对不同类型的数据进行判断，并查看判断结果。

（1）判断整数数据的类型，代码如下：

```
>>> type(0b11100)                          #二进制整数
<class 'int'>
>>> type(60)                               #十进制整数
<class 'int'>
>>> type(0o135246)                         #八进制整数
<class 'int'>
>>> type(0xa1b2c3)                         #十六进制整数
<class 'int'>
```

输出结果表示，整数类型判断结果为"int"。

（2）判断浮点数数据的类型，代码如下：

```
>>> type(60.60)
<class 'float'>
>>> type(0.6)
<class 'float'>
>>> type(-60.6)
<class 'float'>
>>> type(60.0)
<class 'float'>
```

输出结果表示，浮点数数据类型判断结果为"float"。

（3）判断字符串数据的类型，代码如下：

```
>>> type('60')
<class 'str'>
>>> type('60.60')
<class 'str'>
>>> type('0b11100')
<class 'str'>
>>> type('0o135246')
<class 'str'>
>>> type('0xa1b2c3')
<class 'str'>
```

输出结果表示，字符串数据类型判断结果为"str"。

3.7.2　整数类型转换为二进制字符串

Python 提供了内置函数 bin()，它可以将整数类型转换为二进制整数的字符串形式。其语法格式如下：

```
bin(x)
```

其中，x 为整数类型。

助记：bin()中的 bin 取自二进制对应的英文单词 binary 中的前 3 个字母。

【实例 3-18】下面依次将几种不同进制类型的整数转换为二进制字符串。

```
>>> bin(60)                        #x 为十进制整数
'0b111100'
>>> bin(0b11100)                   #x 为二进制整数
'0b11100'
>>> bin(0o135246)                  #x 为八进制整数
'0b1011101010100110'
>>> bin(0xa1b2c3)                  #x 为十六进制整数
'0b101000011011001011000011'
```

3.7.3　整数类型转换为八进制字符串

Python 提供了内置函数 oct()，它可以将整数类型转换为八进制整数的字符串形式。其语法格式如下：

```
oct(x)
```

其中，x 为整数类型。

助记：oct()中的 oct 取自单词 octal 中的前 3 个字母。

【实例 3-19】下面依次将几种不同进制类型的整数转换为八进制字符串。

```
>>> oct(60)                        #x 为十进制整数
'0o74'
>>> oct(0b11100)                   #x 为二进制整数
'0o34'
>>> oct(0o135246)                  #x 为八进制整数
'0o135246'
>>> oct(0xa1b2c3)                  #x 为十六进制整数
'0o50331303'
```

3.7.4　整数类型转换为十六进制字符串

Python 提供了内置函数 hex()，它可以将整数类型转换为十六进制整数的字符串形式。其语法格式如下：

```
hex(x)
```

其中，x 为整数类型。

助记：hex()中的 hex 取自单词 hexadecimal 中的前 3 个字母。

【实例 3-20】下面依次将几种不同进制类型的整数转换为十六进制字符串。

```
>>> hex(60)                          #x 为十进制整数
'0x3c'
>>> hex(0b11100)                     #x 为二进制整数
'0x1c'
>>> hex(0o135246)                    #x 为八进制整数
'0xbaa6'
>>> hex(0xa1b2c3)                    #x 为十六进制整数
'0xa1b2c3'
```

3.7.5 其他类型转换为整数类型

为了方便转换，Python 提供了内置函数 int()，它可以将数字类型、字符串类型转换为整数类型。其语法格式如下：

```
int(x, base=10)
```

其中，x 表示数字或字符串，base 表示进制数，默认为十进制整数。

助记：int() 中的 int 取自单词 integer 中的前 3 个字母。

下面介绍该函数的使用。

1. 不使用任何参数的情况

不使用任何参数时，得到的结果为 0。

【实例 3-21】将空类型值转换为整数类型，代码及执行结果如下：

```
>>> int()
0
```

2. 参数 x 为整数、浮点数类型的情况

该情况不需要使用 base 参数。其作用是对参数 x 取整。

【实例 3-22】将整数、浮点数转换为整数类型，代码及执行结果如下：

```
>>> int(60)                          #正整数
60
>>> int(-60)                         #负整数
-60
>>> int(60.60)                       #正浮点数
60
>>> int(-60.60)                      #负浮点数
-60
```

3. 参数 x 为进制整数的情况

该情况也不需要使用 base 参数。其作用是将进制整数转换为十进制整数。

【实例 3-23】将不同进制的整数转换为十进制整数，代码及执行结果如下：

```
>>> int(0b11100)                     #x 为二进制整数
28
>>> int(0o135246)                    #x 为八进制整数
47782
```

```
>>> int(0xa1b2c3)                          #x 为十六进制整数
10597059
```

4. 参数 x 为字符串的情况

该情况下，参数 base 可有可无，下面介绍这两种情况。

（1）无参数 base

所谓的无参数 base，其实不是没有，而是使用了默认的参数值 base=10。在这种情况下，参数 x 必须是十进制整数的字符串，否则会报错。

【实例 3-24】对无参数 base 的字符串转换为整数类型，代码及执行结果如下：

```
>>> int('60')
60
>>> int('-60')
-60
######下面，代码进行了报错######
>>> int('60.60')                            #x 为浮点数字符串'60.60'
Traceback (most recent call last):
    File "<pyshell#54>", line 1, in <module>
        int('60.60')
ValueError: invalid literal for int() with base 10: '60.60'
```

（2）有参数 base

有参数 base 时，参数 x 的类型要与参数 base 表示的进制保持一致，否则会报错。

【实例 3-25】对既有参数 x，又有参数 base 的不同情况的整数转换，代码及执行结果如下：

```
>>> int('0b11011',2)          #x 为二进制字符串'0b11011'，base 为 2（x 与 base 类型一致）
27
>>> int('0o1234567',8)        #x 为八进制字符串'0o1234567'，base 为 8（x 与 base 类型一致）
342391
>>> int('0x1ab23c',16)        #x 为十六进制字符串'0x1ab23c'，base 为 16（x 与 base 类型一致）
1749564
#################下面，代码进行了报错#################
>>> int('68',2)               #x 位 10 进制字符串，而 base 为 2（x 与 base 类型不一致）
Traceback (most recent call last):
    File "<pyshell#181>", line 1, in <module>
        int('68',2)
ValueError: invalid literal for int() with base 2: '68'
>>> int('0o5678',8)           # x 与 base 类型虽然一致，但八进制整数中无数字 8
Traceback (most recent call last):
    File "<pyshell#182>", line 1, in <module>
        int('0o5678',8)
ValueError: invalid literal for int() with base 8: '0o5678'
```

3.7.6　其他类型转换为字符串类型

Python 提供了内置函数 str()，它可以将其他类型转换为字符串类型。其语法格式如下：

```
str(x)
```

其中，x 可以为字符串、整数类型等。下面介绍该函数的使用。

助记：str()中的 str 取自单词 string 中的前 3 个字母。

1. x 为字符串情况

该情况不进行转换，直接输入 x 本身。

【实例 3-26】将不同类型的字符串转换为字符串类型，代码及执行结果如下：

```
>>> str('60')              #x 为十进制整数类型的字符串
'60'
>>> str('60.60')           #x 为浮点数类型的字符串
'60.60'
>>> str('0b11100')         #x 为二进制整数类型的字符串
'0b11100'
>>> str('0o135246')        #x 为八进制整数类型的字符串
'0o135246'
>>> str('0xa1b2c3')        #x 为十六进制整数类型的字符串
'0xa1b2c3'
```

2. x 为整数类型情况

该情况下会将整数类型转换为十进制整数字符串类型。

【实例 3-27】将不同整数类型转换为字符串类型，代码及执行结果如下：

```
>>> str(60)                #x 为十进制正整数
'60'
>>> str(-60)               #x 为十进制负整数
'-60'
>>> str(0b11100)           #x 为二进制整数
'28'
>>> str(0o135246)          #x 为八进制整数
'47782'
>>> str(0xa1b2c3)          #x 为十六进制整数
'10597059'
```

3.7.7 其他类型转换为浮点数类型

Python 提供了内置函数 float()，它可以将数字和字符串转换为字符串类型。其语法格式如下：

```
float(x)
```

其中，x 可以为浮点数、整数、字符串。下面介绍该函数的使用。

1. x 为浮点数情况

该情况不进行转换，直接输入 x 本身。

【实例 3-28】将浮点数类型转换为浮点数类型，代码及执行结果如下：

```
>>> float(60.60)
60.6
>>> float(-60.60)
-60.6
```

```
>>> float(60.0)
60.0
```

2. x 为整数情况

该情况下会将整数类型转换为浮点数类型。

【实例 3-29】将不同类型的整数转换为浮点数类型，代码及执行结果如下：

```
>>> float(60)
60.0
>>> float(-60)
-60.0
>>> float(0b11100)
28.0
>>> float(0o135246)
47782.0
>>> float(0xa1b2c3)
10597059.0
```

3. x 为字符串情况

该情况下会将字符串类型转换为浮点数类型。

【实例 3-30】将不同类型的字符串转换为浮点数，代码及执行结果如下：

```
>>> float('60')
60.0
>>> float('-60')
-60.0
>>> float('60.60')
60.6
>>> float('60.0')
60.0
```

3.8　小　　结

本章主要介绍了 Python 中的三大数据类型，数字类型、文本类型和状态类型，并介绍了这些数据之间的类型转换。通过本章的学习，程序员需要了解以下内容。

❑ 在 Python 中，默认以十进制整数显示数字。

❑ 二进制整数以 0b 或 0B 开始。

❑ 八进制整数以 0o 或 0O 开始。

❑ 十六进制整数以 0x 或 0X 开始。

❑ 使用 bin() 可以将其他数据转换为二进制整数字符串。

❑ 使用 oct() 可以将其他数据转换为八进制整数字符串。

❑ 使用 hex() 可以将其他数据转换为十六进制整数字符串。

❑ 使用 int() 可以将其他数据转换为整数。

❑ 使用 str() 可以将其他数据转换为字符串。

❑ 使用 float() 可以将其他数据转换为浮点数。

❑ 使用 type() 可以判断数据类型。

3.9 习　题

一、选择题

1. 整数 61 在 Python 中的二进制整数表示为（　　　）。
   A. 0b101101　　　B. 1111010b　　　C. 111101　　　D. 0B111101

2. 整数 134 在 Python 中的八进制整数表示为（　　　）。
   A. o0206　　　B. 00206　　　C. 0o206　　　D. oo206

3. 二进制整数 0b10100111 转换为八进制整数为（　　　）。
   A. o0447　　　B. 0o447　　　C. 0o247　　　D. 0o427

4. 八进制整数 0o367 转换为二进制整数为（　　　）。
   A. 11110111　　　B. 0b011110111　　　C. 0b11110110　　　D. 0B10111011

5. 整数 605 在 Python 中的十六进制整数表示为（　　　）。
   A. 0b25D　　　B. 0x25D　　　C. 0b2D5　　　D. 0x2D5

6. 二进制整数 0b10100111 转换为十六进制整数为（　　　）。
   A. 0xA7　　　B. 0x7a　　　C. 0XA7　　　D. 0X7a

7. 十六进制整数 0x5F 转换为二进制整数为（　　　）。
   A. 1011111　　　B. 0b01011111　　　C. 0b10011111　　　D. 0B10111110

8. Python 中 2.535E2 表示的小数值为（　　　）。
   A. 0.2535　　　B. 25.35　　　C. 253.5　　　D. 2.535

9. Python 中 2535.6688E-2 表示的小数值为（　　　）。
   A. 253566.88　　　B. 25.356688.　　　C. 2.5356688　　　D. 25356688.00

10. 9>5 判断结果为（　　　）。
    A. true　　　B. false　　　C. True　　　D. False

二、填空题

1. 判断数据类型，使用_____内置函数。
2. 将浮点数转换为整数类型的内置函数为_____。
3. 将整数转换为二进制整数类型的内置函数为_____。
4. 将整数转换为八进制整数类型的内置函数为_____。
5. 将整数转换为十六进制整数类型的内置函数为_____。
6. 将整数转换为浮点数的内置函数为_____。
7. 将其他类型转换为字符串类型的内置函数为_____。

第 4 章 数据的运算

程序实现的每个功能的本质是对数据进行各种处理，而处理操作又由数据的各种运算组成。为此，Python 提供了大量的运算符。本章将详细讲解如何使用这些运算符实现常见的运算。

本章要求

❏ 熟练掌握变量赋值
❏ 掌握数值运算
❏ 掌握布尔逻辑运算
❏ 掌握伪逻辑运算
❏ 了解各个运算之间的优先级

4.1 变 量 赋 值

变量赋值是将变量名和数据建立关联的过程。通过对变量进行赋值操作，变量名就可以指代具体的数值了。Python 提供了内部赋值和外部赋值两种方式。本节详细讲解这两种方式。

4.1.1 内部赋值

内部赋值是通过等号运算符（=）为变量指定一个数据值。它可以为一个变量进行赋值，也可以同时为多个变量进行赋值。下面依次介绍这几种方式。

1. 单一赋值

单一赋值是指为一个变量名指定一个数据值，格式如图 4.1 所示。
其中，数据值是为变量赋值的值。它可以是数值，也可以是表达式。
在 IDEL 的交互模式中，成功赋值以后，只要直接执行变量名，即可查
看变量的值，格式如下：

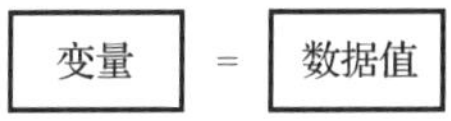

| 变量 | = | 数据值 |

图 4.1 单一赋值

| 变量名 | #查看当前变量值 |

【实例 4-1】下面演示为变量 A 进行单一赋值，并查看变量的值。

（1）为变量赋值一个整数，代码如下：

```
>>> A=60
>>> A
60
>>> type(A)
<class 'int'>
```

代码为变量 A 赋值了整数 60，查看变量类型时，变量类型为整数类型。

（2）为变量赋值一个浮点数，代码如下：

```
>>> A=60.8
>>> A
60.8
>>> type(A)
<class 'float'>
```

代码为变量 A 赋值了浮点数 60.8，查看变量类型时，变量类型为浮点数类型。

（3）为变量赋值一个字符串，代码如下：

```
>>> A="60"
>>> A
'60'
>>> type(A)
<class 'str'>
```

代码为变量 A 赋值了字符串 "60"，查看变量类型时，变量类型为字符串类型。

（4）为变量赋值一个布尔值，代码如下：

```
>>> A=True
>>> A
True
>>> type(A)
<class 'bool'>
```

代码为变量 A 赋值了布尔值 True，查看变量类型时，变量类型为布尔类型。

提示：为变量进行赋值时，变量的数据类型由赋值的数据类型决定。

2. 多重赋值

多重赋值是指将一个数据值同时赋给多个变量，格式如图 4.2 所示。其中，3 个变量均被赋给同一个数据值。

图 4.2 多重赋值

【实例 4-2】下面演示为多个变量赋给相同值，并查看这些变量的值。

（1）为变量 A、B、C 同时赋值整数 60，代码如下：

```
>>> A=B=C=60
>>> A
60
>>> B
60
>>> C
60
>>> type(A)
<class 'int'>
>>> type(B)
<class 'int'>
>>> type(C)
<class 'int'>
```

输出信息表示，此时变量 A、B、C 的值均为整数 60，具有相同的数据类型——整数类型。

（2）为变量 A、B、C 同时赋值浮点数 60.8，代码如下：

```
>>> A=B=C=60.8
>>> A
60.8
>>> B
60.8
>>> C
60.8
>>> type(A)
<class 'float'>
>>> type(B)
<class 'float'>
>>> type(C)
<class 'float'>
```

输出信息表示，此时变量 A、B、C 的值均为浮点数 60.8，具有相同的数据类型——浮点数类型。

（3）为变量 A、B、C 同时赋值字符串"80"，代码如下：

```
>>> A=B=C='80'
>>> A
'80'
>>> B
'80'
>>> C
'80'
>>> type(A)
<class 'str'>
>>> type(B)
<class 'str'>
>>> type(C)
<class 'str'>
```

输出信息表示，此时变量 A、B、C 的值均为字符串"80"，具有相同的数据类型——字符串类型。

（4）为变量 A、B、C 同时赋值布尔值 False，代码如下：

```
>>> A=B=C=False
>>> A
False
>>> B
False
>>> C
False
>>> type(A)
<class 'bool'>
>>> type(B)
<class 'bool'>
```

```
>>> type(C)
<class 'bool'>
```

输出信息表示，此时变量 A、B、C 的值均为布尔值 False，具有相同的数据类型：布尔类型。

提示： 同时为多个变量赋给同一个值时，这些变量具有相同的值，数据类型也相同。

3. 同步赋值

同步赋值是同时为多个变量进行赋值的，但每个变量都可以有不同的数值。这种形式等同于多个单一赋值的组合，格式如图 4.3 所示。其中，变量与变量之间、数据值与数据值之间使用逗号进行分隔。图中为 3 个变量分别赋给了数据值 1、数据值 2 和数据值 3。

图 4.3　同步赋值

【实例 4-3】 下面演示为多个变量同时赋给不同的值，并查看这些变量的值。

（1）为变量 A、B、C 同时赋值，依次赋值为整数 60、浮点数 60.8 和字符串 "80.6"，代码如下：

```
>>> A,B,C=60,60.8,"80.6"
>>> A
60
>>> B
60.8
>>> C
'80.6'
>>> type(A)
<class 'int'>
>>> type(B)
<class 'float'>
>>> type(C)
<class 'str'>
```

输出信息表示，变量 A 的值为整数 60，数据类型为整数类型；变量 B 的值为浮点数 60.8，数据类型为浮点数类型；变量 C 的值为字符串 "80.6"，数据类型为字符串类型。

（2）这里将要赋的值顺序进行颠倒，为变量 A、B、C 同时赋值，依次赋值为字符串 "80.6"、整数 60 和浮点数 60.8，代码如下：

```
>>> A,B,C="80.6",60,60.8
>>> A
'80.6'
>>> B
60
>>> C
60.8
>>> type(A)
<class 'str'>
>>> type(B)
<class 'int'>
```

```
>>> type(C)
<class 'float'>
```

输出信息表示，变量 A 的值为字符串"80.6"，数据类型为字符串类型；变量 B 的值为整数 60，数据类型为整数类型；变量 C 的值为浮点数 60.8，数据类型为浮点数类型。

提示：同时为多个变量赋给不同的值时，需要注意顺序关系。

4.1.2　外部赋值

有些变量需要根据用户的输入进行赋值。这样的赋值称为外部赋值。例如，某个程序需要处理用户输入的信息。当程序运行时，需要等待用户的输入，然后才能进行后续处理。在这种情况下，无论用户输入的信息是何种数据类型，程序获取的都是字符串。所以，为了便于后续处理，程序员需要对数据进行额外处理，以获取正确类型的数据。

1. 字符串类型赋值

字符串类型赋值是指将一个字符串类型的输入信息作为要赋的值，赋值给变量，那么这个变量类型就是字符串类型的变量。在前面讲到的输入函数 input() 就可以将用户的输入信息变为字符串类型。因此，可以通过 input() 为变量进行赋值。格式如图 4.4 所示。

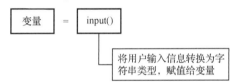

图 4.4　字符串类型赋值

【实例 4-4】下面演示通过用户的输入信息给变量 A 进行赋值，使变量为字符串类型。

（1）假如，用户输入的信息为整数 60。进行赋值，代码如下：

```
>>> A=input("请输入：")
请输入：60
>>> A
'60'
>>> type(A)
<class 'str'>
```

输出信息表示，变量 A 的值为字符串"60"，数据类型为字符串类型。

（2）假如，用户输入的信息为浮点数 60.8。进行赋值，代码如下：

```
>>> A=input("请输入：")
请输入：60.8
>>> A
'60.8'
>>> type(A)
<class 'str'>
```

输出信息表示，变量 A 的值为字符串"60.8"，数据类型为字符串类型。

（3）假如，用户输入的信息为字符串"60"。进行赋值，代码如下：

```
>>> A=input("请输入：")
请输入：'60'
```

```
>>> A
"'60'"
>>> type(A)
<class 'str'>
```

输出信息表示，变量 A 的值为字符串"60"，数据类型为字符串类型。

（4）假如，用户输入的信息为布尔值 True。进行赋值，代码如下：

```
>>> A=input("请输入：")
请输入：True
>>> A
'True'
>>> type(A)
<class 'str'>
```

输出信息表示，变量 A 的值为字符串"True"，数据类型为字符串类型。

提示：通过 input()接收用户输入信息为变量进行赋值时，无论输入的数据为何种类型，复制后，变量始终是字符串类型。

2. 非字符串类型赋值

如果想使用用户的输入对变量赋值，并且赋值后变量的类型为非字符串类型，那么就需要借助 eval()对 input()的输入信息结果进行处理后再赋值。也就是将用户的输入转换为非字符串形式，然后再赋值给变量。格式如图 4.5 所示。

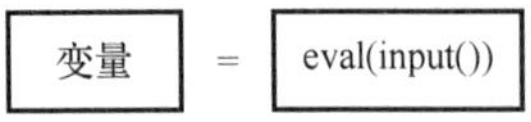

| 变量 | = | eval(input()) |

图 4.5　非字符串类型赋值

【实例 4-5】下面演示通过用户的输入信息为变量 A 进行赋值，使变量为非字符串类型。

（1）假如，用户输入的信息为整数 60。进行赋值，代码如下：

```
>>> A=eval(input("请输入："))
请输入：60
>>> A
60
>>> type(A)
<class 'int'>
```

输出信息表示，变量 A 的值为整数 60，数据类型为整数类型。

（2）假如，用户输入的信息为浮点数 60.8。进行赋值，代码如下：

```
>>> A=eval(input("请输入："))
请输入：60.8
>>> A
60.8
>>> type(A)
<class 'float'>
```

输出信息表示，变量 A 的值为浮点数 60.8，数据类型为浮点数类型。

（3）假如，用户输入的信息为布尔值 False。进行赋值，代码如下：

```
>>> A=eval(input("请输入："))
请输入：False
>>> A
False
>>> type(A)
<class 'bool'>
```

输出信息表示，变量 A 的值为布尔值 False，数据类型为布尔类型。

（4）假如，用户输入的信息为字符串"60"。进行赋值，代码如下：

```
>>> A=eval(input("请输入："))
请输入：'60'
>>> A
'60'
>>> type(A)
<class 'str'>
```

输出信息表示，变量 A 的值为字符串"60"，数据类型为字符串类型。

提示：通过 eval(input()) 接收用户输入信息为变量进行赋值时，只要用户输入的信息为非字符串类型，变量的类型就与输入信息的类型一致。例如，输入的信息为浮点数类型，赋值后变量的类型就为字符串类型。

4.2 数 值 运 算

数值用来表示事物或数据的一个特定的值。例如，成绩分数为 90 分。其中，90 就是一个数值，用来表示分数值，是一个具体数值。数值运算就是这些数值之间的各种运算，如算术运算、幂运算等。下面详细介绍 Python 中的数值运算。

4.2.1 算术运算

Python 的算术运算类似于日常生活中的基本数学运算，如加、减、乘、除。下面介绍如何进行算术运算。

1. 加、减、乘运算

Python 的加、减、乘运算与数学中的含义相同，格式如图 4.6 所示。其中，加号（+）、减号（−）、星号（*）都是算术运算符，用来将左侧的数值 1 与右侧的数值 2 进行相加、相减或相乘运算。

图 4.6　加、减、乘运算

【**实例 4-6**】下面演示执行加、减、乘运算，并查看运算结果。

（1）进行加法运算，计算 23+45 的和，代码如下：

```
>>> 23+45
68
```

输出信息表示 23+45 的和为 68。

（2）进行减法运算，计算 45−23 的差，代码如下：

```
>>> 45-23
22
```

输出信息表示 45−23 的差为 22。

（3）进行乘法运算，计算 23*45 的乘积，代码如下：

```
>>> 23*45
1035
```

输出信息表示 23*45 的乘积为 1035。

2. 除运算

除运算和数学中的算法类似。在 Python 中，根据是否可以被整除以及取值情况，除运算被分为以下几种情况。

（1）除法运算

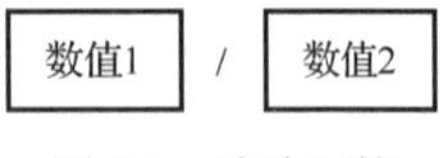

| 数值1 | / | 数值2 |

图 4.7　除法运算

除法运算是将两个数值进行相除运算，用到的算术运算符是斜杠（/），格式如图 4.7 所示。其中，计算数值 1 与数值 2 的商，产生的结果为浮点数。

【实例 4-7】下面演示除法运算，并查看运算结果。代码如下：

```
>>> 60/3
20.0
>>> 60/60
1.0
>>> 7/2
3.5
```

代码中进行了三次除法运算，得到的结果均为浮点数。

（2）整除运算

在数学中，整除运算可以得到整数形式的商和余数，避免出现商为小数的情况。Python 的整除运算可以获取整数形式的商，用到的算术运算符是双斜杠（//），格式如图 4.8 所示。其中，计算数值 1 与数值 2 的整除运算的商，结果为整数类型。

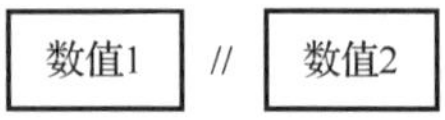

| 数值1 | // | 数值2 |

图 4.8　整除运算

【实例 4-8】下面演示整除运算，并查看运算结果。代码如下：

```
>>> 60//3
20
>>> 60//60
1
>>> 7//2
3
```

代码中进行了三次整除运算，第一次是 60 与 3 相除，商为 20，余数为 0，运算结果为 20；第二次是 60 与 60 相除，商为 1，余数为 0，运算结果为 1；第三次是 7 与 2 相除，商为 3，余数为 1，运算结果为 3。

（3）求余运算

求余运算就是将两个数值进行数学中的整除运算，并得到余数部分，用到的算术运算符是百分号（%），格式如图 4.9 所示。其中，用来计算数值 1 与数值 2 整除运算的余数。

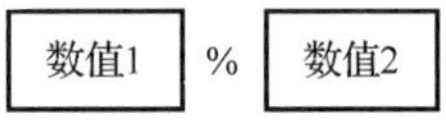

| 数值1 | % | 数值2 |

图 4.9　求余运算

【实例 4-9】下面演示求余运算，并查看运算结果。代码如下：

```
>>> 60%3
0
>>> 60%60
0
>>> 7%2
1
```

这里进行了三次求余运算。第一次是 60 与 3 相除，商为 20，余数为 0，运算结果为 0；

第二次是 60 与 60 相除，商为 1，余数为 0，运算结果为 0；第三次是 7 与 2 相除，商为 3，余数为 1，运算结果为 1。

4.2.2 幂运算

幂运算是用来计算数值 x 的 y 次幂，以及 x 的 y 次方，用到的算术运算符是双星号（**），格式如图 4.10 所示。其中，计算数值 1 的数值 2 次方的值。

图 4.10 幂运算

【实例 4-10】下面演示幂运算，并查看运算结果。代码如下：

```
>>> 2**2
4
>>> 2**3
8
>>> 3**2
9
>>> 3**3
27
```

这里进行了四次幂运算。第一次计算整数 2 的平方，其运算结果为 4；第二次计算整数 2 的 3 次方，其运算结果为 8；第三次计算整数 3 的平方，其运算结果为 9；第四次计算整数 3 的 3 次方，其运算结果为 27。

4.2.3 增强赋值

变量赋值是将数值赋给变量，而增强赋值是在变量进行算术运算后再进行赋值。例如，以下代码对变量 a 进行加法运算。

```
>>> a=2
>>> a=a+3
>>> print(a)
5
```

说明：第一行代码将数值 2 赋给变量 a。第二行代码是把 a 和 3 进行加法运算，得到运算结果 5，再赋给变量 a。第三行代码打印输出 a 的值。

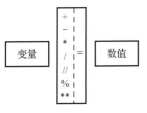

图 4.11 增强赋值

为了简化上述操作，Python 提供了增强赋值功能。它可以简化代码形式，格式如图 4.11 所示。

中间部分的=为赋值运算符，+、−、*、/、//、%、**为算术运算符，将它们组合在一起使用，中间没有空格。这样，即可将左侧的变量和右侧的数值进行算术运算，然后再将结果赋给左侧的变量。所以，上述代码等同于以下代码：

```
>>> a=2
>>> a+=3
>>> print(a)
5
```

其中，a+=3 等同于 a=a+3。

【实例 4-11】 下面演示在变量 A 上进行各种增强赋值，并查看运算结果。

（1）增强加法赋值，代码如下：

```
>>> A=8
>>> A+=2
>>> A
10
```

这里，变量 A 的初始值为整数 8，进行了增强加法赋值，在初始值的基础上加 2。运算后，变量 A 的值为 10（8+2 的运算结果）。

（2）增强减法赋值，代码如下：

```
>>> A=8
>>> A-=2
>>> A
6
```

这里，变量 A 的初始值为整数 8，进行了增强减法赋值，在初始值的基础上减 2。运算后，变量 A 的值为 6（8-2 的运算结果）。

（3）增强乘法赋值，代码如下：

```
>>> A=8
>>> A*=2
>>> A
16
```

这里，变量 A 的初始值为整数 8，进行了增强乘法赋值，在初始值的基础上乘以 2。运算后，变量 A 的值为 16（8*2 的运算结果）。

（4）增强除法赋值，代码如下：

```
>>> A=8
>>> A/=2
>>> A
4.0
```

这里，变量 A 的初始值为整数 8，进行了增强除法赋值，在初始值的基础上除以 2。运算后，变量 A 的值为 4.0（8/2 的运算结果）。

（5）增强整除赋值，代码如下：

```
>>> A=8
>>> A//=2
>>> A
4
```

这里，变量 A 的初始值为整数 8，进行了增强整除赋值，在初始值的基础上与 2 进行整除运算。运算后，变量 A 的值为 4（8//2 运算结果）。

（6）增强求余赋值，代码如下：

```
>>> A=8
>>> A%=2
>>> A
0
```

这里，变量 A 的初始值为整数 8，进行了增强求余赋值，在初始值的基础上与 2 进行求余运算。运算后，变量 A 的值为 0（8%2 运算结果）。

（7）增强幂赋值，代码如下：

```
>>> A=8
>>> A**=2
>>> A
64
```

这里，变量 A 的初始值为整数 8，进行了增强幂赋值，即计算初始值 8 的 2 次方。运算后，变量 A 的值为 64（8**2 运算结果）。

4.2.4 正负运算

正负运算是获取表达式本身的值或负值，格式如图 4.12 所示。图中的=为赋值运算符，+、−为正负运算符。用来将右侧变量 1 的本身值或负值赋给左侧的变量 2。

图 4.12 正负运算

【实例 4-12】下面演示正运算，并查看运算结果。代码如下：

```
>>> A1=60                    #变量 A1 值为正的 60
>>> A2=+A1                   #进行正运算
>>> A2
60                          #变量 A2 值是变量 A1 值的本身 60
```

这里，变量 A1 的值为 60，把该变量的值赋给了变量 A2。变量 A2 拥有与变量 A1 相同的值 60。

【实例 4-13】下面演示负运算，并查看运算结果。代码如下：

```
>>> A1=60                    #变量 A1 值为正的 60
>>> A2=- A1                  #进行负运算
>>> A2
-60                         #变量 A2 值是变量 A1 值的负值-60
```

这里，变量 A1 的值为 60，把该变量的负值赋给了变量 A2。变量 A2 拥有了与变量 A1 相反的值，即-60。

4.2.5 类型不一致的数值处理

在进行运算时，使用的数据类型可以是整数、浮点数或复数。使用的数据类型不同，运算后的结果也会不同。运算时，Python 会将不同类型的数据进行转换，然后再进行运算。Python 提供了自动转换和手动转换两种方式。

1. 自动转换

自动转换是指运算时，Python 会对参与运算的数据进行判断，然后自动进行转换，最终完成计算。由于运算数据类型的不同，转换方式也分为以下几种。

（1）整数与整数运算

整数与整数运算，运算结果的类型与运算操作符相关。当是除法运算符"/"时，运算结果为浮点数；其他运算结果都是整数。

【实例 4-14】下面演示整数与整数运算，代码如下：

```
>>> 60/2
```

```
30.0
>>> 60+2
62
>>> 60-2
58
>>> 60*2
120
>>> 60//2
30
>>> 60%2
0
>>> 60**2
3600
```

在该代码中，参与运算的数据都为整数。只有第一行的除法运算结果是浮点数，其他运算结果都是整数。

（2）整数与浮点数运算

整数与浮点数运算的结果都为浮点数。在运算时，Python 首先将整数转换为浮点数，然后再与浮点数进行运算。

【实例 4-15】下面演示整数与浮点数运算，代码如下：

```
###############整数与浮点数运算###############
>>> 60+0.2
60.2
>>> 60-0.2
59.8
>>> 60*0.2
12.0
>>> 60/0.2
300.0
>>> 60//0.2
299.0
>>> 60%0.2
0.19999999999999668
>>> 60**0.2
2.2679331552660544
##############浮点数与整数运算##############
>>> 60.2+2
62.2
>>> 60.2-2
58.2
>>> 60.2*2
120.4
>>> 60.2/2
30.1
>>> 60.2//2
30.0
>>> 60.2%2
0.20000000000000284
```

```
>>> 60.2**2
3624.0400000000004
```

这个实例分为两部分。第一部分是整数与浮点数运算，结果都是浮点数；第二部分是浮点数与整数运算，结果也都是浮点数。

（3）整数和复数运算

整数和复数运算的结果都为复数。在运算时，Python 首先将整数转换为复数，然后再与原有的复数进行运算。

【实例 4-16】下面演示整数和复数运算，代码如下：

```
###############整数与复数运算###############
>>> 10+(2+3j)
(12+3j)
>>> 10-(2+3j)
(8-3j)
>>> 10*(2+3j)
(20+30j)
>>> 10/(2+3j)
(1.5384615384615383-2.307692307692308j)
###############复数与整数运算###############
>>> (2+3j)+10
(12+3j)
>>> (2+3j)-10
(-8+3j)
>>> (2+3j)*10
(20+30j)
>>> (2+3j)/10
(0.2+0.3j)
```

该实例分为两部分。第一部分是整数与复数运算，结果都是复数；第二部分是复数与整数运算，结果也都是复数。

（4）浮点数与复数运算

浮点数与复数运算的结果都为复数。在运算时，Python 首先将浮点数转换为复数，然后再与复数进行运算。

【实例 4-17】下面演示浮点数与复数运算，代码如下：

```
###############浮点数与复数运算###############
>>> 6.8+(2+3j)
(8.8+3j)
>>> 6.8-(2+3j)
(4.8-3j)
>>> 6.8*(2+3j)
(13.6+20.4j)
>>> 6.8/(2+3j)
(1.0461538461538462-1.5692307692307692j)
###############复数与浮点数运算###############
>>> (2+3j)+6.8
(8.8+3j)
>>> (2+3j)-6.8
```

```
(-4.8+3j)
>>> (2+3j)*6.8
(13.6+20.4j)
>>> (2+3j)/6.8
(0.29411764705882354+0.4411764705882353j)
```

该实例分为两部分，第一部分是浮点数与复数运算，结果都是复数；第二部分是复数与浮点数运算，结果也都是复数。

2. 手动转换

自动转换得出的结果是默认类型的数据。有时需要得到特定类型的结果数据，这就需要对参加运算的数据进行手动转换了。下面讲解常见的两种情况。

（1）强制转换为整数类型

强制转换为整数类型是指将浮点数或字符串类型强制转换为整数类型。转换时，需要使用 int()。

【实例 4-18】下面演示强制转换为整数类型，并进行运算，代码如下：

```
>>> 5+int(1.2)
6
>>> 5-int(1.2)
4
>>> 5*int(1.2)
5
>>> 5/int(1.2)
5.0
>>> 5//int(1.2)
5
>>> 5%int(1.2)
0
```

在该实例中，将参加运算的浮点数 1.2，通过 int() 强制转换为整数，然后与其他数值进行运算。这样，得出的运算结果就可以不是浮点数类型，除了除法运算。

（2）强制转换为浮点数类型

强制转换为浮点数类型是指将整数或字符串类型强制转换为浮点数类型。转换时，需要使用 float()。

【实例 4-19】下面演示强制转换为浮点数类型，并进行运算，代码如下：

```
>>> 6+float(3)
9.0
>>> 6-float(3)
3.0
>>> 6*float(3)
18.0
>>> 6/float(3)
2.0
>>> 6//float(3)
2.0
>>> 6%float(3)
0.0
```

在该实例中，通过 float()，将参加运算的整数强制转换为浮点数，然后与其他数值进行运算。这样，得到的运算结果都为浮点数类型。

4.2.6　数值比较

在 Python 中，有一类特殊的运算不用来计算，而是用来进行数值比较。每次比较结果的值为布尔类型 True 或 False。而数值比较用到的运算符称为比较运算符。比较运算符包括==（等于）、!=（不等于）、>（大于）、<（小于）等。

【实例 4-20】下面进行数值比较，代码如下：

```
###############数值与数值比较###############
>>> 100==99
False
>>> 100!=99
True
>>> 100>99
True
>>> 100<99
False
>>> 100>=99
True
>>> 100<=99
False
###############表达式与表达式比较###############
>>> (12+13)*2==2**5
False
>>> (12+13)*2!=2**5
True
>>> (12+13)*2>2**5
True
>>> (12+13)*2<2**5
False
>>> (12+13)*2>=2**5
True
>>> (12+13)*2<=2**5
False
```

该实例分为两部分。第一部分直接使用运算符对左右两侧的数值进行比较；第二部分使用运算符对左右两侧的表达式的值进行比较。

注意：在 Python 中，运算符==用来进行比较，不可以写成等号=。Python 中的等号=用来表示赋值。

4.2.7　运算符优先级

运算符优先级是指在运算过程中规定的先运算哪个，再运算哪个。先运算的级别高于后运算的级别，这样才能保证运算的合理性和结果的正确性。这与四则运算遵循的"先乘除，后加减"是一个道理。

1. 运算规则

Python 的运算也存在运算符优先级。它的运算规则是：优先级高的运算先执行，优先级低的后执行，同一优先级的按照从左到右的顺序执行。优先等级的高低和运算符相关。Python 支持的数值运算符优先级（从高到低）如表 4-1 所示。

表 4-1　数值运算符优先级

运　算　符	描　　述
**	幂
+、-	正号、负号
*、/、%、//	乘、除、取余、取整（整除）
+、-	加、减
<=、<、>、>=	小于或等于、小于、大于、大于或等于
==、!=	等于、不等于
**=	指数增强赋值
*=、/=、%=、//=	乘除增强赋值
+=、-=	加减增强赋值

2. 改变优先级

Python 运算的优先级顺序是可以改变的，这需要借助圆括号"()"。在运算时，先运算圆括号内的表达式，然后再运算圆括号外的。

【实例 4-21】下面演示运算符的优先级对运算产生的作用，代码如下：

```
>>> 12+34*2-30                          #未使用圆括号
50
>>> (12+34)*2-30                        #使用圆括号，改变了优先级
62
```

该实例进行了两次运算。在第一次运算 12+34*2-30 中，先进行 34*2 运算，得出的结果 68；再与整数 12 进行加法运算，得出结果 80；最后与整数 30 进行减法运算，得出最终结果 50。

在第二次运算中，使用圆括号改变了运算符的优先级。在运算时，先将整数 12 与整数 34 进行加法运算，得出结果 46；然后与整数 2 进行乘法运算，得出结果 92；最后与整数 30 进行减法运算，得出最终结果 62。

4.3　位　运　算

在计算机中，程序中的所有数值都是以一位、一位的二进制数的形式储存的。为了方便计算，Python 还提供了位运算。位运算是指直接按照数值的二进制形式进行运算。位运算包括位逻辑运算和移位运算。

4.3.1　位逻辑运算

位逻辑运算是指对二进制数的每一位进行数值运算。Python 的位逻辑运算包含四种，分别为位与运算、位或运算、异或运算和取反运算。

1.　位与运算

Python 的位与运算使用连接符（&）表示。它可以将两个二进制数的每一位都进行运算。如果相同位的数都为 1，则对应的结果位也为 1；若有一个不为 1，则为 0。位与运算如图 4.13 所示。

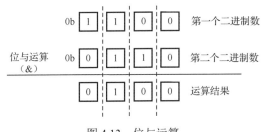

图 4.13　位与运算

位与运算通常用于二进制数的取位操作，判断一个二进制数指定位的数值是否为 1。运算时，需要借助另一个二进制数，该数被称为辅助二进制数。辅助二进制数是程序员自己设定的。设定原则是，判断二进制数的哪一位，就将辅助二进制数的该位设定为 1，其余设定为 0。

【实例 4-22】现在有一个 8 位二进制数 0b11001010，判断该二进制数的第 2 位和第 5 位的值是否为 1。

（1）将辅助二进制数设定为 0b01001000。判断结果如图 4.14 所示。其中，位与运算得出的二进制数为 0b01001000。

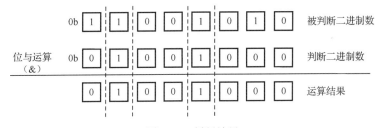

图 4.14　判断结果

（2）验证时，将得出的结果与辅助二进制数进行比较。如果两个二进制数相等，则表示指定位的数值都为 1，如果不相等，则指定位的数值不全为 1。进行比较代码如下：

```
>>> 0b01001000==0b01001000
```

执行后输出比较结果，如下：

```
True
```

输出信息表示两个二进制数的值相等，说明要判断的二进制数的第 2 位和第 5 位的值都为 1。

2.　位或运算

在 Python 中，位或运算使用分隔符（|）表示。它可以将两个二进制数的每一位都进行运

算，如果相同位有一位为 1，则结果对应位就为 1；反之，为 0。位或运算如图 4.15 所示。

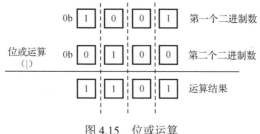

图 4.15　位或运算

位或运算通常用于对二进制数特定位进行无条件"赋值"，即设置特定位为 1。它相当于将另一个二进制数的值与原二进制数的值进行合并。

【实例 4-23】现有 8 个房间，将每个房间看作二进制数的一位，拥有房间钥匙表示二进制数对应位的值为 1，反之为 0。假设，服务员 A 拥有房间 1、4 和 7 的钥匙，对应的二进制数为 0b10010010；服务员 B 拥有房间 2、5、6 和 8 的钥匙，对应的二进制数为 0b01001101。如果服务员 A 和 B 把钥匙给了服务员 C，则服务员 C 拥有哪些房间的钥匙呢？下面使用位或运算来实现，如图 4.16 所示。图中运算后的二进制数为 0b11011111，表示服务员 C 拥有房间 1、2、4、5、6、7 和 8 的钥匙。

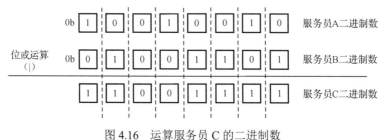

图 4.16　运算服务员 C 的二进制数

3. 异或运算

在 Python 中，异或运算使用次方符（^）表示。它可以将两个二进制数的每一位都进行运算。如果相同位的数值不同，则运算结果对应位为 1；如果相同位的数值相同（同时为 0 或同时为 1），则为 0。异或运算如图 4.17 所示。

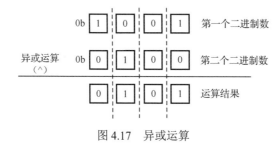

图 4.17　异或运算

异或运算可用于判断二进制数的差异。

【实例 4-24】文件 A 的二进制数为 0b10100110，文件 B 的二进制数为 0b10001100。要判断文件 A 和文件 B 是否为相同的文件，就可以使用异或进行判断，如图 4.18 所示。

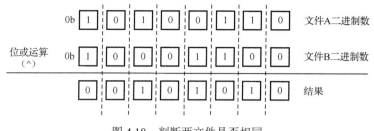

图 4.18 判断两文件是否相同

图中，异或运算得出的二进制数为 0b00101010。这里需要将该二进制数与 0 进行比较。如果等于 0，表示每一位的数值都相同，就说明两个文件相同；如果不等于 0，表示二进制数至少有一位的数值不同，就说明两个文件不同。进行比较的代码如下：

```
>>> 0b00101010==0
```

执行后输出比较结果，如下：

```
False
```

输出信息表示两个文件不相同。

4. 取反运算

在 Python 中，取反运算使用波浪号（～）表示。它可以对二进制数进行取反操作。首先将二进制数加 1，然后取其负值。取反运算如图 4.19 所示。

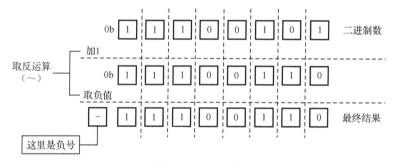

图 4.19 取反运算

图中，二进制数为 0b11100101，加 1 后得到二进制数 0b11100110，取反运算进行取负值得出最终的二进制数为-11100110。

4.3.2 移位运算

移位运算是指将二进制数作为一个整体进行的运算。Python 的移位运算包含左移运算和右移运算。

1. 左移运算

在 Python 中，左移运算使用"<<"表示。它可以将二进制数整体向左移动指定的位数。左移运算基本格式如下：

```
0bxxx<<5
```

0bxxx 表示一个二进制数；5 表示将该二进制数向左移动 5 位。

左移运算常用于增大数值。在程序中，二进制数乘以 2 的操作都可以使用左移运算来代替。例如，整数 202 对应的二进制数为 0b11001010，计算 202×4 的二进制数就可以通过左移运算得出，如图 4.20 所示。

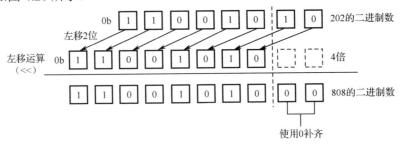

图 4.20　运算 202×4

【实例 4-25】下面通过代码将二进制 0b11001 进行左移运算，向左移动 3 位。代码如下：

```
>>> 0b11001                   #查看要移动的二进制数对应的十进制数
25
>>> bin(0b11001<<3)           #左移 3 位
'0b11001000'
>>> 0b11001000                #将左移后得出的二进制数转换为十进制数
200
```

从代码中可以看出，要移动的二进制数 0b11001 对应的十进制数为 25，要左移 3 位，也就是将原来的 25 增大 2^3 的倍数。因此，最终得出的结果为 200，对应的二进制数为 0b11001000。

2. 右移运算

在 Python 中，右移运算使用 ">>" 表示。它可以将二进制数整体向右移动指定的位数。右移运算基本格式如下：

```
0bxxx>>5
```

0bxxx 表示一个二进制数；5 表示将该二进制数向右移动 5 位。

右移运算常用于数据减小数值。在进行整除（//）运算时，当除以的数为 2 的倍数时，可以使用右移运算来代替。例如，十进制数 202 对应的二进制数为 0b11001010，运算 202//4，就相当于将 202 向右移动 2 位，如图 4.21 所示。

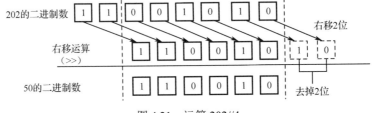

图 4.21　运算 202//4

【实例 4-26】下面通过代码将二进制数 0b1101100 进行右移运算，向右移动 3 位。代码如下：

```
>>> 0b1101100
108
>>> bin(0b1101100>>3)         #右移 3 位
'0b1101'
>>> 0b1101
13
```

从代码中可以看出，要移动的二进制数 0b1101100 对应的十进制数为 108，要右移 3 位，也就是将原来的 108 减小 2^3 的倍数。因此，最终得出的结果为 13，对应的二进制数为 0b1101。

4.3.3 位运算符优先级

Python 进行位运算时，如果运算中存在多个位运算符，就会根据位运算符优先级的高低依次进行运算。Python 支持的位运算符优先级（从高到低）如表 4-2 所示。

表 4-2 位运算符优先级

位 运 算 符	功　能
~	取反运算
<<	左移运算
>>	右移运算
&	位与运算
^	异或运算
|	位或运算

4.3.4 位运算增强赋值

位运算增强赋值是指在变量的基础上，对变量的值进行位运算后再次赋值给变量。位运算增强赋值如图 4.22 所示。

图中，中间部分的等号（=）为赋值运算符，&、|、^、>>、<< 为位运算符，它们组合在一起使用，中间没有空格。这样就可以将左侧的变量经过位运算后再次赋值给左侧变量。

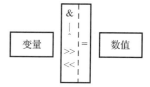

图 4.22　位运算增强赋值

【实例 4-27】下面演示右移运算的增强赋值。代码如下：

```
>>> a=0b1001100
>>> a>>=2
>>> bin(a)
'0b10011'
```

说明：第一行代码将二进制数 0b1001100 赋值给变量 a；第二行代码将变量 a 进行右移运算，向右移动 2 位，将结果再次赋值给变量 a；第三行输出变量 a 的最终结果二进制数为 0b10011。上述代码等同于以下代码：

```
>>> a=0b1001100
>>> a=a>>2
>>> bin(a)
'0b10011'
```

4.4　布尔逻辑运算

布尔逻辑运算是对真和假两种布尔值进行运算，运算后的结果仍然是一个布尔值。Python 提供了 3 种逻辑运算：逻辑与（and）运算、逻辑或（or）运算和逻辑非（not）运算。

4.4.1 逻辑与运算

图 4.23　逻辑与运算

逻辑与运算表示取与运算，如图 4.23 所示。

图中的 and 为逻辑运算符，用来将 x 和 y 进行取与运算，得出布尔值。需要注意的是，and 与 x 和 y 之间需要有空格。该运算类似于位运算中的位与运算。在位与运算中，同为 1 时为 1，有一个不为 1 则为 0。在 Python 中，默认 1 代表 True（真），0 代表 False（假）。逻辑与（and）运算的规则及结果如表 4-3 所示。

表 4-3　逻辑与（and）运算的规则及结果

x（逻辑运算符左侧）	y（逻辑运算符右侧）	结　果
真（1）	真（1）	真（1）
真（1）	假（0）	假（0）
假（0）	假（0）	假（0）
假（0）	真（1）	假（0）

助记：同为真时为真，有一个为假就为假。

【实例 4-28】下面将表达式 2+6>7 与表达式 9>5 进行逻辑与运算，并查看结果，代码如下：

```
>>> 2+6>7 and 9>5
True
```

代码中，表达式 2+6>7 的结果为 True，表达式 9>5 的结果也为 True。True 与 True 进行逻辑与运算，同时都为 True，因此，最终运算结果为 True。

4.4.2 逻辑或运算

逻辑或表示取或运算，如图 4.24 所示。

图中的 or 为逻辑运算符，用来将 x 和 y 进行取或运算，得出布尔值。需要注意的是，or 与 x 和 y 之间需要有空格。该运算类似于位运算中的位或运算。逻辑或（or）运算的规则及结果如表 4-4 所示。

图 4.24　逻辑或运算

表 4-4　逻辑或（or）运算的规则及结果

x（逻辑运算符左侧）	y（逻辑运算符右侧）	结　果
真（1）	真（1）	真（1）
真（1）	假（0）	真（1）
假（0）	假（0）	假（0）
假（0）	真（1）	真（1）

助记：同为假时为假，有一个为真就为真。

【实例 4-29】下面将表达式 2+6>7 与表达式 9<5 进行逻辑或运算，并查看结果，代码如下：

```
>>> 2+6>7 or 9<5
True
```

代码中，表达式 2+6>7 的结果为 True，表达式 9<5 的结果为 False。True 与 False 进行逻

辑或运算，有一个为 True，结果就为 True。因此，最终运算结果为 True。

4.4.3　逻辑非运算

逻辑非表示取反运算，如图 4.25 所示。

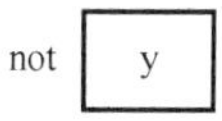

图中的 not 为逻辑运算符，用来将 y 进行取反运算，得出布尔值。
需要注意的是，not 与 y 之间需要有空格。逻辑非（not）运算的规则及
结果如表 4-5 所示。

not	y

图 4.25　逻辑非运算

表 4-5　逻辑非（not）运算的规则及结果

y（逻辑运算符右侧）	结　果
真	假
假	真

助记：原为真，现为假；原为假，现为真。

【实例 4-30】下面将表达式 8**5>8*5 进行逻辑非运算，代码如下：

```
>>> not 8**5>8*5
False
```

代码中，表达式 8**5>8*5 的结果为 True，对其进行逻辑非运算，最终结果为 False。

4.4.4　逻辑运算符优先级

Python 进行布尔逻辑运算时，如果运算中存在多个逻辑运算符，则会根据逻辑运算符优
先级的高低依次进行运算。Python 支持的逻辑运算符优先级（从高到低）如表 4-6 所示。

表 4-6　逻辑运算符优先级

逻辑运算符	功　能
not	取反运算
and	取与运算
or	取或运算

【实例 4-31】下面在交互模式中对代码 9>2 or 8>12 and 7>21 进行运算，并查看运行结果，
代码如下：

```
>>> 9>2 or 8>12 and 7>21
```

执行后，得出运算结果如下：

```
True
```

由于 or 的优先级低于 and 的优先级，因此首先运算 8>12 and 7>21，该运算结果为 False，
然后运算 9>2 or False，最后得出运算结果为 True。

在进行布尔运算时，也可以通过使用圆括号（()）改变运算符优先级的顺序。例如，上述
例子中先运算 or 的逻辑运算，再运算 and 的逻辑运算，代码如下：

```
>>> (9>2 or 8>12) and 7>21
```

执行后，运算结果将发生变化。

False

4.4.5　短路原则

一个运算当中可能会包含多个逻辑运算符，按照默认运算情况，计算机会根据逻辑运算符的优先级进行运算。但是当表达式前面部分已经能确定整个表达式的值时，后面部分就没有计算的必要了。为了减少运算量，Python 会使用短路原则进行逻辑运算，它适用于 or 逻辑运算和 and 逻辑运算。

1. or 逻辑运算的短路原则

or 逻辑运算只要有一个为真就为真。短路原则是指，当 or 的第一个条件为真时，那么 or 的第二个、第三个甚至更多的条件，无论是真是假，计算机都不需要进行运算了，结果一定为真，如图 4.26 所示。

图 4.26　or 短路原则

图中，or 左侧的第一个条件为真，计算机将不会运算条件"？1"和条件"？2"的真假，直接得出运算结果为真。

【实例 4-32】下面在交互模式中对代码 10==0b1010 or 10>16 and 7+8>100 进行运算，并查看运行结果，代码如下：

```
>>> 10==0b1010 or 10>16 and 7+8>100
```

执行后，得出运算结果如下：

```
True
```

代码中的第一个逻辑运算符为 or，因此计算机只需要运算 or 的第一个条件 10==0b1010，该条件为 True。计算机将不会运算 10>16 和 7+8>100，直接得出结论为 True。

2. and 逻辑运算的短路原则

and 逻辑运算只要有一个为假就为假。短路原则是指，当 and 的第一个条件为假时，那么 and 的第二个、第三个甚至更多的条件，无论是真是假，计算机都不需要进行运算了，因为结果一定为假，如图 4.27 所示。

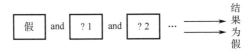

图 4.27　and 短路原则

图中，and 左侧的第一个条件为假，计算机将不会运算条件"？1"和条件"？2"的真假，直接得出运算结果为假。

【实例 4-33】下面在交互模式中对代码 3+4>7+8 and 30>4+5 or 20>7 进行运算，并查看运行结果，代码如下：

```
>>> 3+4>7+8 and 30>4+5 or 20>7
```

执行后，得出运算结果如下：

```
False
```

代码中的第一个逻辑运算符为 and，因此计算机只需要运算 and 的第一个条件 3+4>7+8，该条件为 False。计算机将不会运算 30>4+5 和 20>7，直接得出结论为 False。

4.5　运 算 汇 总

以上讲述了各种运算符，如算术运算符、位运算符、逻辑运算符等。不同的运算符决定运算的先后顺序，也决定了运算后数据类型。本节对运算符的优先级和进行运算时的类型转换规则进行汇总，供读者参考。

4.5.1　运算符优先级汇总

Python 的各种运算符优先级（从高到低）如表 4-7 所示。

表 4-7　各种运算符优先级

运　算　符	描　　述
**	指数（最高优先级）
～	取反运算
+、-	正号、负号
*、/、%、/	乘、除、取余、取整（整除）
+、-	加、减
<<	左移运算
>>	右移运算
&	位与运算
^	异或运算
|	位或运算
<=	小于或等于
<	小于
>=	大于或等于
>	大于
==、!=	等于、不等于
**=	指数增强赋值
*=、/=、%=、//=	乘除增强赋值
+=、-=	加减增强赋值
not	布尔逻辑取反运算
and	布尔逻辑与运算
or	布尔逻辑或运算

4.5.2 类型转换规则

Python 的运算方式多种多样，有算术运算、布尔逻辑运算等。每种运算又提供了多种运算符。在进行运算时，参加运算的数据又有多种类型，如整数、浮点数、复数、字符串、布尔值等。无论哪种运算，使用了哪种数据类型，Python 都会遵循一个运算规则，即将运算符左右两侧的数据转换为同一类型，然后再进行运算。下面总结运算中每种数据类型的转换规则。

1. 算术运算

使用算术运算符连接起来的表达式为算术表达式。这种表达式进行的运算就是算术运算。下面介绍算术运算不同数据类型的转换规则。

（1）同类型数据

同类型数据进行算术运算，数据类型不进行转换，直接进行运算，得出对应的数据类型，如图 4.28 所示。

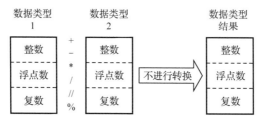

图 4.28　不进行转换

（2）整数与浮点数运算

整数与浮点数运算时，将整数转换为浮点数，然后再进行运算，最后得出浮点数，如图 4.29 所示。

（3）整数与复数运算

整数与复数运算时，将整数转换为复数，然后再进行运算，最后得出复数，如图 4.30 所示。

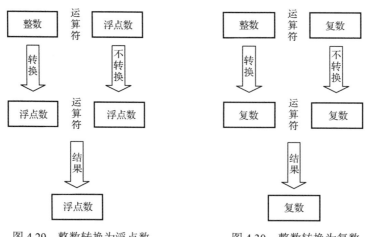

图 4.29　整数转换为浮点数　　　　图 4.30　整数转换为复数

（4）浮点数与复数运算

浮点数与复数运算时，将浮点数转换为复数，然后再进行运算，最后得出复数，如图 4.31 所示。

（5）与布尔值运算

当整数、浮点数、复数与布尔值进行运算时，将布尔值转换为整数，然后与其他数据类型进行运算，得出其他类型的数据，如图 4.32 所示。

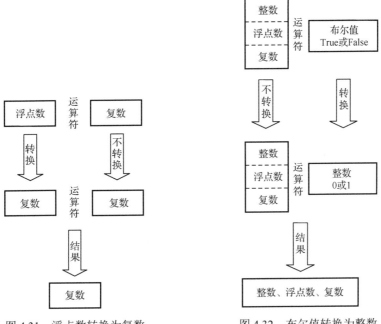

图 4.31　浮点数转换为复数　　　　图 4.32　布尔值转换为整数

Python 的布尔值只有两个：True 和 False，在算术运算中，布尔值 True 被当作整数 1，False 被当作整数 0 参加运算。

【实例 4-34】通过代码将浮点数 5.5 与布尔值 True 进行运算。代码如下：

```
>>> 5.5+True
```

执行后，得出运算结果为 6.5。

```
6.5
```

实例中，5.5 为浮点数，True 布尔值为整数 1，因此，浮点数 5.5 与整数 1 进行加法运算，最终运算结果为浮点数 6.5。

【实例 4-35】通过代码将浮点数 5.5 与布尔值 False 进行运算。代码如下：

```
>>> 5.5+False
```

执行后，得出运算结果为 5.5。

```
5.5
```

实例中，5.5 为浮点数，False 布尔值为整数 0，因此，浮点数 5.5 与整数 0 进行加法运算，最终运算结果为浮点数 5.5。

2. 布尔逻辑运算

使用逻辑运算符连接起来的表达式为逻辑表达式。这种表达式进行的运算就是布尔逻辑运算。下面介绍布尔逻辑运算不同数据类型的转换规则。

（1）布尔类型与布尔类型进行逻辑运算

布尔类型与布尔类型进行逻辑运算,数据类型不进行转换,直接按照运算规则进行运算,如图 4.33 所示。

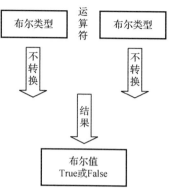

图 4.33 数据类型不转换

【实例 4-36】下面通过代码将布尔类型 10>8 与布尔类型 5>3+6 进行逻辑与运算,代码如下:

```
>>> 10>8 and 5>3+6
```

执行后,得出布尔类型值。

```
False
```

实例中,表达式 10>8 运算结果是一个布尔值 True,表达式 5>3+6 运算结果是一个布尔值 False。True 与 False 进行逻辑与运算,最终运算结果为布尔类型,值为 False。

【实例 4-37】下面通过代码将布尔类型 False 与布尔类型 True 进行逻辑或运算,代码如下:

```
>>> False or True
```

执行后,得出布尔类型值。

```
True
```

实例中,布尔类型值 False 与布尔类型值 True 进行逻辑或运算,最终运算结果为布尔类型,值为 True。

（2）布尔类型与非布尔类型进行逻辑与运算

布尔类型与非布尔类型进行逻辑与运算,首先将布尔类型转换为布尔类型值,然后与非布尔类型进行运算。运算时将根据短路原则得出最终结果。该结果可能为布尔类型值也可能为非布尔类型相应的类型。为了方便讲解,这里将非布尔类型指定为整数 5。

① 结果为非布尔类型值的转换规则如图 4.34 所示。

② 结果为布尔类型值的转换规则如图 4.35 所示。

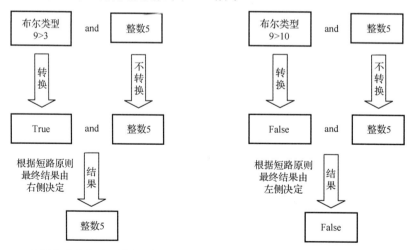

图 4.34 结果为非布尔类型值的转换规则　　图 4.35 结果为布尔类型值的转换规则

【实例 4-38】通过代码将布尔类型 5*5==12+13 与浮点数 60.8 进行逻辑与运算,代码如下:

```
>>> 5*5==12+13 and 60.8
```

执行后,得出浮点数 60.8,如下:

```
60.8
```

实例中，表达式 5*5==12+13 运算结果是一个布尔值 True，True 与浮点数 60.8 进行逻辑与运算，结果由 and 右侧的浮点数 60.8 决定。因此，最终结果为浮点数 60.8。

【实例 4-39】通过代码将布尔类型 5*5==2**5 与浮点数 60.8 进行逻辑与运算，代码如下：

```
5*5==2**5 and 60.8
```

执行后，得出布尔类型值 False，如下：

```
False
```

实例中，表达式 5*5==2**5 运算结果是一个布尔值 False，False 与浮点数 60.8 进行逻辑与运算，结果由 and 左侧的布尔值决定。因此，最终结果为布尔值 False。

（3）布尔类型与非布尔类型进行逻辑或运算

布尔类型与非布尔类型进行逻辑或运算，与逻辑与运算类似，也是先将布尔类型转换为布尔类型值，然后与非布尔类型进行运算，根据短路原则得出最终结果。

① 结果为布尔类型值的转换规则如图 4.36 所示。

② 结果为非布尔类型值的转换规则如图 4.37 所示。

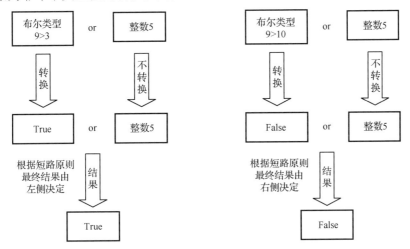

图 4.36　结果为布尔类型值的转换规则　　图 4.37　结果为非布尔类型值的转换规则

【实例 4-40】通过代码将布尔类型 45<=5*9 与整数 12 进行逻辑或运算，代码如下：

```
>>> 45<=5*9 or 12
```

执行后，得出布尔类型值 True，如下：

```
True
```

实例中，表达式 45<=5*9 运算结果是一个布尔值 True，True 与整数 12 进行逻辑或运算，结果由 or 左侧的布尔值决定。因此，最终结果为布尔值 True。

【实例 4-41】通过代码将布尔类型 45<5*9 与整数 12 进行逻辑或运算，代码如下：

```
>>> 45<5*9 or 12
```

执行后，得出整数 12，如下：

```
12
```

实例中，表达式 45<5*9 运算结果是一个布尔值 False，False 与整数 12 进行逻辑或运算，结果由 or 右侧的整数决定。因此，最终结果为整数 12。

（4）非布尔类型与非布尔类型进行逻辑与运算

非布尔类型与非布尔类型进行逻辑与运算，首先将 and 左侧非布尔类型转换为布尔类型值，然后根据短路原则得出最终结果，但是该结果不是布尔类型值，而是非布尔类型对应的数据。

① 左侧的布尔类型值为 True 时，结果由右侧决定，如图 4.38 所示。

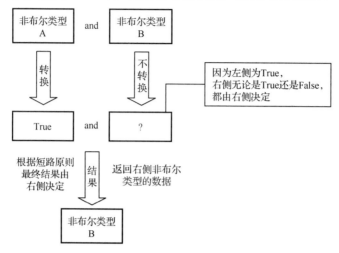

图 4.38　右侧决定运算结果（逻辑与）

② 左侧的布尔类型值为 False 时，结果由左侧决定，如图 4.39 所示。

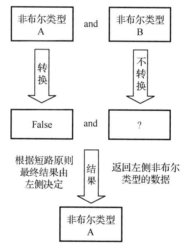

图 4.39　左侧决定运算结果（逻辑与）

【实例 4-42】通过代码将非布尔类型 5*9 与非布尔类型 3+4 进行逻辑与运算，代码如下：

```
>>> 5*9 and 3+4
```

执行后，得出非布尔类型数据 3+4 的计算值 7，如下：

```
7
```

实例中，表达式 5*9 运算结果是 45，对应的布尔值为 True，True 与表达式 3+4 进行逻辑与运算，结果由 and 右侧的表达式 3+4 决定。因此，最终结果为整数 7。

【实例 4-43】通过代码将非布尔类型 5-5 与非布尔类型 3+4 进行逻辑与运算，代码如下：

```
>>> 5-5 and 3+4
```

执行后，得出非布尔类型数据 5-5 的计算值 0，如下：

```
0
```

实例中，表达式 5-5 运算结果是 0，对应的布尔值为 False，False 与表达式 3+4 进行逻辑与运算，结果由 and 左侧的表达式 5-5 决定。因此，最终结果为 0。

（5）非布尔类型与非布尔类型进行逻辑或运算

非布尔类型与非布尔类型进行逻辑或运算，与逻辑与运算类似，它是将 or 左侧非布尔类型转换为布尔类型值，然后根据短路原则得出最终结果，该结果也是非布尔类型对应的数据。

① 左侧的布尔类型值为 True 时，结果由左侧决定，如图 4.40 所示。

② 左侧的布尔类型值为 False 时，结果由右侧决定，如图 4.41 所示。

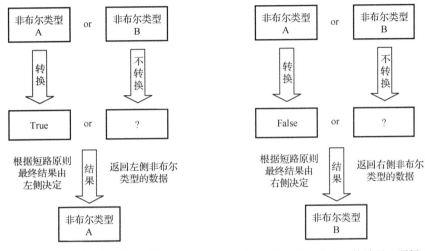

图 4.40　左侧决定运算结果（逻辑或）　　　　图 4.41　右侧决定运算结果（逻辑或）

【实例 4-44】通过代码将非布尔类型 5*9 与非布尔类型 3+4 进行逻辑或运算，代码如下：

```
>>> 5*9 or 3+4
```

执行后，得出非布尔类型数据 5*9 的计算值 45，如下：

```
45
```

实例中，表达式 5*9 运算结果是 45，对应的布尔值为 True，True 与表达式 3+4 进行逻辑或运算，结果由 or 左侧的表达式 5*9 决定。因此，最终结果为 45。

【实例 4-45】通过代码将非布尔类型 5-5 与非布尔类型 3+4 进行逻辑或运算，代码如下：

```
>>> 5-5 or 3+4
```

执行后，得出非布尔类型数据 3+4 的计算值 7，如下：

```
7
```

实例中，表达式 5-5 运算结果是 0，对应的布尔值为 False，False 与表达式 3+4 进行逻辑或运算，结果由 or 右侧的表达式 3+4 决定。因此，最终结果为 7。

4.5.3　布尔类型值

非布尔类型数据之间进行逻辑运算时，这些非布尔类型数据都有对应的布尔类型值，如表 4-8 所示。

表 4-8　其他数据对应的布尔类型值

其 他 数 据	布尔类型值
整数（0 除外）、浮点数（0.0 除外）、复数（0.0+0.0j 除外）、字符串（空字符串除外）、True	True
''、""、" "、""" """、整数 0、None、0.0、0.0+0.0j、()、[]、{}、False	False

【**实例 4-46**】下面通过代码将字符串"60"与整数 60 进行逻辑或运算，代码如下：

```
>>> '60' or 60
```

执行结果如下：

```
'60'
```

得出的是一个字符串"60"，因为字符串"60"，转换为布尔值为 True，在逻辑或运算中，计算结果由字符串"60"决定。

4.6 小　　结

本章主要介绍了 Python 中的各种类型数据之间的各种运算，在运算时要注意运算符的优先级。通过本章的学习，程序员需要了解以下内容。

- 为变量进行赋值时，变量的数据类型由赋值的数据类型决定。
- 同时为多个变量赋不同的值时，需要注意赋值的顺序。
- 在运算时，要注意运算符的优先级。
- 在进行逻辑与运算时，同为真时为真，有一个为假就为假。
- 在进行逻辑或运算时，同为假时为假，有一个为真就为真。
- 在进行逻辑非运算时，原为真，运算后为假；原为假，运算后为真。
- 赋值的运算符为一个等号"="，而不是两个等号"=="。

4.7 习　　题

一、选择题

1. 位与运算符为（　　）。
   A. &　　　　　　B. |　　　　　　C. ^　　　　　　D. ~
2. 优先级最高的运算符为（　　）。
   A. &　　　　　　B. **　　　　　　C. *　　　　　　D. ~
3. 关于 A or B 的描述错误的是（　　）。
   A. 如果 A=True，B=True，那么 A or B 等于 True
   B. 如果 A=True，B=False，那么 A or B 等于 True
   C. 如果 A=True，B= False，那么 A or B 等于 False
   D. 如果 A= False，B= False，那么 A or B 等于 False

二、填空题

1. 位逻辑运算包含四种，分别为_____（&）、_____（|）、_____（^）、_____（~）。
2. 布尔逻辑运算包括_____（and）、_____（or）、_____（not）。

第 5 章　程序的控制结构

无论做什么事情都要遵循一定的原则。例如，学生请假，必须写请假条，并且需要得到批准，这两个条件缺一不可。程序的设计也是如此，计算机中往往会安装各种各样的程序，这些程序都能按照用户的意图来运行，依靠的就是程序的控制结构。利用程序控制结构可以根据用户的需求决定程序"做什么""怎么做"。程序控制结构对于任何一门编程语言来说都是至关重要的。Python 语言的程序控制结构由 3 个基本结构组成，分别是顺序结构、分支结构、循环结构。本章详细讲解这 3 种结构和程序流程图。

本章要求

❑ 了解程序控制结构
❑ 学会绘制流程图
❑ 掌握什么是顺序结构
❑ 掌握什么是分支结构
❑ 掌握什么是循环结构

5.1　程序流程图

无论哪一种控制结构都有自己的执行流程，而程序流程图用来清晰直观地表达程序控制结构的方式。通过程序流程图可以大概了解程序是如何执行的。这样，在编写程序时就可以根据执行的顺序来编写相应的代码了。

程序流程图是由一系列的图形、流向线和文字说明等组成的。程序流程图一般分为 3 部分，分别为开始部分、代码处理部分和结束部分。这 3 部分使用流向线进行连接。

1. 开始部分

该部分使用圆形方框（起止框）表示，中间写入"开始"两个字，如图 5.1 所示。它用来表示一个程序的开始。

2. 代码处理部分

该部分使用方框表示，中间写入要执行任务的代码语句，如图 5.2 所示。它用来表示程序中的代码处理过程。

开始　　　　　　　　代码语句

图 5.1　开始部分　　　　图 5.2　代码处理部分

3. 结束部分

该部分使用圆形方框表示，中间写入"结束"两个字，如图 5.3 所示。它用来表示一个程序的结束。

4. 流向线

该部分使用带箭头的直线表示，如图 5.4 所示。它用来指示程序的执行路径。

图 5.3　结束部分　　　图 5.4　流向线

一个基本的程序流程图从代码的开始，按照流向线所指的方向，依次来执行完成任务的代码语句。代码语句可以为多个。执行完第 1 个代码语句，根据箭头所指的方向继续执行第 2 个代码语句，直到处理完所有的代码语句，执行代码结束。程序流程图如图 5.5 所示。

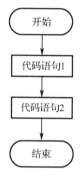

图 5.5　程序流程图

5.2　顺　序　结　构

顺序结构是最简单的控制结构，语句主要为赋值语句、输入与输出语句等。下面介绍顺序结构中代码是如何执行的，以及如何绘制对应的流程图。

5.2.1　什么是顺序执行

顺序执行，顾名思义就是按照一定的顺序来执行代码语句，其特点是程序沿着一个方向进行。程序员在编写代码时，通常是从上往下依次编写第 1 个语句、第 2 个语句、第 3 个语句等。顺序执行时，就按照编写顺序依次执行对应的语句。只有先执行了第 1 个语句，才会执行第 2 个语句。也就是说，如果没有执行第 1 个语句，就不会执行第 2 个语句。

【实例 5-1】下面理解顺序执行，依次输出"我""爱""Python"。

通过 IDLE 新建一个 test.py 文件，在该文件中编写 3 个代码语句。分别使用 print()语句依次输出"我""爱""Python"，如图 5.6 所示。

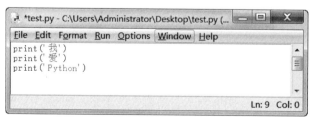

图 5.6　编写的顺序结构代码

图中共编写了 3 个代码语句，每行代码都使用 print() 来输出指定的信息。当执行后，就按照从上往下的顺序依次执行这 3 个语句。执行结果如下：

```
我
爱
Python
```

5.2.2　顺序结构流程图

顺序结构是程序按照线性顺序依次执行代码的方式，从上往下执行代码，并且先执行第 1 个代码语句，再执行第 2 个代码语句。顺序结构流程图如图 5.7 所示。

图 5.7　顺序结构流程图

5.3　分 支 结 构

分支结构又称为选择结构，表示在某种特定的条件下选择特定的语句执行。下面介绍分支结构中的代码是如何进行选择执行的，以及如何绘制对应的流程图。

5.3.1　什么是条件

选择执行，顾名思义是先选择，后执行。分支结构的语句是选择执行的。那么，如何选择呢？就是根据条件进行判断，从而做出选择。因此，在学习选择执行之前，先来了解条件。

条件是一种判断标准，类似于日常生活中的各种先决条件。例如，水结成冰需要温度降到 0℃以下。在 Python 中，选择执行语句的条件有以下两个判断标准。

1. 特定的值

当条件达到特定的值时，条件成立将执行特定操作。例如，2 月有 28 天的年为平年。28 为平年的一个特定值。

2. 特定的状态

当条件达到特定的状态时，条件成立将执行特定操作。例如，成绩达到 60 分以上被称为及格。"分数为 60 分以上属于及格"表示及格条件的状态。

5.3.2　如何表示条件

在 Python 中，选择执行的条件有两种表示方式，下面依次讲解。

1. 使用关系表达式表示条件

使用关系表达式表示条件是指使用比较的方式来表示。我们知道年龄在 18 岁及以上就可以被认为是成年人。在 Python 中可以使用选择执行来表示这句话的含义。

❑ 条件：大于或等于 18。

❑ 语句：成年人。

上述将年龄作为条件，因此可以理解为，当年龄值大于或等于 18，满足该条件时，要执行的操作就是"被视为成年人"。

2. 使用逻辑表达式表示条件

使用逻辑表达式表示条件是指使用和、或等来表示，然后共同决定条件是否满足。下面以小明打算去找小红玩耍为例，根据不同的条件来决定玩耍结果，以此来理解选择执行条件与执行语句的关系，分为 3 种情况。

（1）第一种情况

小明和小红都有时间，并且外面天气不错，他们可以在外面一起玩耍。在这种情况下，使用了"两人都有时间"和"外面天气不错"作为条件。当两个条件都满足时，要执行的操作是"可以在室外玩耍"。

在 Python 中，使用选择执行表示该种情况时，条件和语句如下：

❑ 条件 1：两人都有时间。

❑ 条件 2：外面天气不错。

❑ 语句：可以在室外玩耍。

（2）第二种情况

小明和小红都有时间，但是外面天气很糟，他们可以在一起玩耍，不过只能在室内玩耍。在这种情况下，使用了"两人都有时间"和"外面天气很糟"作为条件。当两个条件都满足时，要执行的操作是"只能在室内玩耍"。

在 Python 中，使用选择执行表示该种情况时，条件和语句如下：

❑ 条件 1：两人都有时间。

❑ 条件 2：外面天气很糟。

❑ 语句：只能在室内玩耍。

（3）第三种情况

小明和小红只有一人有时间，那么他们就不能在一起玩耍。这种情况下，使用了"小明没时间"或"小红没时间"作为条件。当满足其中一个时，要执行的操作是"无法玩耍"。

在 Python 中使用选择执行表示该种情况时，条件和语句如下：

❑ 条件 1：小明没有时间。

❑ 条件 2：小红没有时间。

❑ 语句：无法玩耍。

5.3.3　选择执行流程图

为了方便用户通过代码编写选择执行语句中的条件，可以在编写前使用流程图进行规划。

Python 选择执行的条件使用菱形表示，中间写入要判断的"选择条件"字样，如图 5.8 所示。当满足条件时，要执行的语句使用方框表示，中间写入要执行的语句，如图 5.9 所示。

图 5.8　条件　　　　　　　　　　　　　　图 5.9　语句

一个基本的选择执行流程图，从选择执行前面的语句开始，按照流向线所指的方向判断条件。如果满足条件，则执行对应的语句；如果不满足，则跳过，执行后续的语句，直到执行语句结束。选择执行流程图如图 5.10 所示。

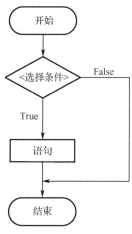

图 5.10　选择执行流程图

5.4　循 环 结 构

语句的执行是按照顺序依次进行的。有时，需要连续执行多个相同的语句，那么在编写语句时，就需要重复编写这些相同的语句。为了减少开发工作量，Python 提供了循环结构。下面介绍循环结构中的语句是如何循环执行的，以及如何绘制对应的流程图。

5.4.1　什么是循环执行

循环执行，顾名思义就是反复执行。循环结构中的语句就是循环执行的。在 Python 中，循环执行是指反复执行一个或多个语句。它类似于日常生活中反复要做的事情。例如，我们每天都要吃饭、上班、睡觉。使用 Python 分析循环执行时，主要从两个方面进行，并且要避免无限循环。

1. 从结果分析

以结果作为衡量循环的标准。例如，将 10 桶水从一个地方搬到另一个地方，而每次只能搬 2 桶，需要 5 次搬完。在这个问题中，每次搬 2 桶水作为结果，表示循环要完成的事情。

2. 从过程分析

以过程作为衡量循环的标准。例如，将数字 1~5 分别加 1。在这个问题中，数字 1、2、3、4 和 5 都需要加 1，而加 1 作为一个过程，表示循环要做的事情。

3. 避免无限循环

在进行循环执行时重复执行语句，如果重复的次数是无限的，那么它将一直执行循环语句操作，而不会执行其他语句，这样就会产生无限循环。为了避免发生这种情况，需要通过条件判断是否继续执行循环语句，当条件满足时，将结束循环执行操作。

5.4.2 循环的构成

一个循环语句的构成主要包括四部分，每部分的含义如下。
- ❑ 初始化部分：用来表示各种初始条件，如循环变量的初始条件。
- ❑ 判断部分：用来表示执行循环的条件，只有在满足条件的情况下，才会循环执行语句，反之不执行。一般情况下，判断部分的循环条件有终止部分，当达到终止部分时，循环终止。
- ❑ 循环部分：表示用来反复执行的语句，也被称为循环体。
- ❑ 迭代部分：用来修改循环控制条件，如果缺少，则容易造成无限循环。

循环构成的基本语法结构如下：

```
初始化部分
判断部分
    循环部分
    迭代部分
```

说明：语法中的循环部分和迭代部分可以根据实际情况颠倒使用。

5.4.3 循环执行流程图

为了方便用户更好地通过代码编写循环结构的语句，可以在编写前使用流程图进行规划。Python 的循环结构中的判断部分使用菱形表示，中间写入"循环条件"字样，如图 5.11 所示。当满足循环条件时，要循环执行的语句使用方框表示，中间写入要执行的循环语句，如图 5.12 所示。

| 图 5.11 判断部分 | 图 5.12 循环部分 |

如果语句中包含了循环结构的语句，则按照顺序执行，从循环结构前面的语句开始，当执行到循环结构的语句时，按照流向线所指的方向，判断循环条件。如果满足条件，则执行循环语句，不满足条件则跳过循环，执行循环结构下面的语句，直到语句执行结束。循环执行流程图如图 5.13 所示。

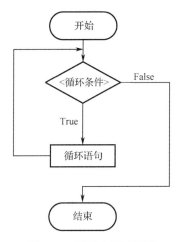

图 5.13　循环执行流程图

5.5　小　　结

本章主要介绍了 Python 中的三种程序控制结构：顺序结构、分支结构和循环结构，并且说明了每种结构中的语句是如何执行的。最后，本章介绍了每种结构的流程图。通过本章的学习，程序员需要了解以下内容。

❑ 顺序结构：按照从上到下的顺序依次执行程序中的所有语句。
❑ 分支结构：根据条件，选择执行条件中对应的语句。
❑ 循环结构：根据条件，循环执行循环结构中的所有语句。

5.6　习　　题

一、选择题

下面关于循环执行说法不正确的是（　　　）。

A．当循环条件设置的执行次数为 6 时，只执行 6 次循环语句
B．当循环条件一直满足时，不断执行循环语句，不会执行其他语句
C．当不满足循环条件时，只执行一遍循环语句，然后去执行其他语句
D．当不满足循环条件时，不执行循环语句，跳过循环结构，执行其他语句

二、填空题

程序由 3 种结构组成，分别是＿＿＿、＿＿＿、＿＿＿。

第6章 条件语句

生活中处处面临选择。当出门时，会根据天气是否有雨而决定是否带雨伞；当通过路口时，会根据信号灯的情况，决定停下来等一会，还是立刻通过路口；等等。生活中需要我们根据不同的情况，做出不同的选择。而在 Python 编程中，我们也可以根据条件选择执行不同的语句或语句块。这样的语句称为条件语句，也称为选择语句。条件语句往往用在分支结构中，而分支结构根据分支的多少，分为单分支结构、双分支结构和多分支结构。下面依次介绍各种分支结构中的条件语句。

本章要求

❑ 掌握 if 语句，并灵活使用
❑ 掌握 if-else 语句，并灵活使用
❑ 掌握 if-elif-else 语句，并灵活使用

6.1 if 语句

if 语句是 Python 中最常用，也是最简单的条件语句。这种条件选择在日常生活中经常遇到。例如，如果上午有时间的话，我就去找你。在 Python 中，这种情况使用 if 语句表示。本节介绍 if 语句的相关知识。

6.1.1 单分支结构

if 语句是单分支结构，只有一个条件和结果。它使用 if 保留字对条件进行判断。其语法结构如下：

```
if<条件>:
    <语句>
```

其格式主要分为以下几部分。

❑ if: 保留字。
❑ <条件>: 用来判断的标准。当为单一条件时，它是一个关系表达式或布尔值；当为多个条件时，它是一个逻辑表达式。<条件>后面必须使用 ":"。
❑ <语句>: 当 if 的<条件>满足后要执行的一个语句，前面需要使用缩进（使用 Tab 键或 4 个空格），用来表达<语句>与 if 的包含关系。

提示：语法中的 if、<条件>、":" 和<语句>共同构成 Python 的一个语句。

【实例 6-1】下面使用 if 语句，实现：如果变量 a 大于 10，则输出 "a 的值大于 10"，代码如下：

```
if a>10:
    print('a 的值大于 10')
```

在该实例中，条件为 a>10，执行的语句为 print('a 的值大于 10')。两者结合起来表示，当

变量 a 大于 10 时，将输出 "a 的值大于 10"。

当语句比较简单时，可以将语句与条件写到同一行，上述代码可以简写为：

```
if a>10: print("a 的值大于 10")
```

6.1.2 执行流程

在执行 if 语句时，先对 if 条件进行判断。如果条件成立（判断结果为 True），则先执行 if 语句中的语句，再执行 if 语句以外的其他语句；如果条件不成立（判断结果为 False），则直接跳过 if 语句，执行 if 语句以外的其他语句。if 语句的执行流程图如图 6.1 所示。

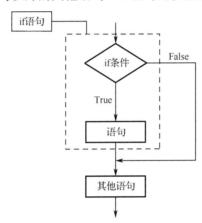

图 6.1　if 语句的执行流程图

【实例 6-2】下面编写一段包含 if 语句的代码，验证代码的执行流程。

（1）定义变量 a，赋值为整数 50。定义变量 b，通过用户的输入进行赋值。使用 if 语句判断变量 b 的值是否大于 20。如果条件成立，则输出变量 a 与变量 b 之和。最后，输出变量 a 与变量 b 之差。代码如下：

```
a=50
b=eval(input("请输入一个整数:"))
if b>20:
    print(a+b)
print(a-b)
```

在该实例中，加粗部分是一个 if 语句。条件为，判断用户输入的值是否大于 20。print(a+b) 属于 if 语句中的语句，而 print(a-b) 不属于 if 语句中的语句，它是 if 语句以外的其他语句。

（2）代码执行后，需要用户输入一个整数值。如果用户输入一个大于 20 的整数值（如 60），则 if 语句会被执行，其他代码语句也会被执行。结果如下：

```
请输入一个整数:60
110
-10
```

其中，60 为用户输入的值，即变量 b 的值；110 为 if 语句中 print(a+b) 语句执行结果；-10 为其他代码 print(a-b) 语句执行结果。

（3）如果用户输入一个小于 20 的整数值（如 10），if 语句将被跳过，不会执行 print(a+b) 语句，只执行其他代码语句 print(a-b)。结果如下：

请输入一个整数:10
40

其中，40 为 print(a-b)语句的执行结果。

6.1.3 使用语句块

if 语句可以包含一个语句，也可以包含多个语句。当包含多个语句时，这些语句共同组成语句块。每个语句之间必须使用相同的缩进。当 if 语句条件为 True 时，这些语句都会被执行。其语法格式如下：

```
if<条件>:
    <语句 1>
    <语句 2>
```

语法中的<语句 1>和<语句 2>共同构成语句块，前面使用了相同的缩进。当<条件>为 True 时，依次执行<语句 1>和<语句 2>。

【实例 6-3】下面编写包含 if 语句的代码，if 语句中将使用语句块。当用户输入符合条件的整数时，执行语句块。代码如下：

```
a=40
b=eval(input("请输入一个整数:"))
if b<100:
    print(a*b)
    print(b/a)
```

执行代码，用户输入整数 50，执行结果如下：

```
请输入一个整数:50
2000
1.25
```

说明：输入整数 50 时，变量 b 的值为 50，满足 if 语句的条件 b<100，执行了语句块。其中，2000 为 print(a*b)语句执行结果；1.25 为 print(b/a)语句执行结果。

6.1.4 if 语句的连用

if 语句的连用是指连续使用 2 个或多个 if 语句，实现连续判断作用。其语法格式如下：

```
if<条件 1>:                              #第 1 个 if 语句
    <语句 1>
if<条件 2>:                              #第 2 个 if 语句
    <语句 2>
if<条件 3>:                              #第 3 个 if 语句
    <语句 3>
```

代码中连续使用了 3 个 if 语句。其中，<语句 1>、<语句 2>和<语句 3>前面是相同的缩进。执行流程如下：

（1）对第 1 个 if 语句的<条件 1>进行判断，如果为 True，则执行<语句 1>，如果为 False，则跳过第 1 个 if 语句。

（2）继续对第 2 个 if 语句的<条件 2>进行判断，如果为 True，则执行<语句 2>，如果为 False，则跳过第 2 个 if 语句。

（3）继续对第 3 个 if 语句的<条件 3>进行判断，如果为 True，则执行<语句 3>，如果为 False，则跳过第 3 个 if 语句。

（4）执行完成。

其执行流程图如图 6.2 所示。

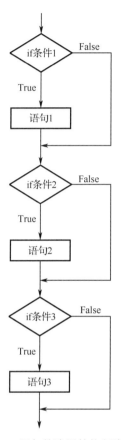

图 6.2　if 语句的连用的执行流程图

【实例 6-4】下面通过 if 语句的连用，实现对学生成绩的评估。其评估标准如表 6-1 所示。

表 6-1　成绩评估标准

成绩	分数<60	60<=分数<80	80<=分数<90	90<=分数<=100
等级	不及格	一般	良好	优秀

（1）编写代码如下：

```
score=eval(input("请输入一个成绩分数:"))
if score<60:
    print("成绩不及格")
if 60<=score<80:
    print("成绩一般")
if 80<=score<90:
    print("成绩良好")
if 90<=score:
    print("成绩优秀")
```

说明：score 是一个变量，表示成绩分数值。

（2）当输入的分数为 58 时，代码执行结果如下：

请输入一个成绩分数:58
成绩不及格

（3）当输入的分数为 76 时，代码执行结果如下：

请输入一个成绩分数:76
成绩一般

（4）当输入的分数为 80 时，代码执行结果如下：

请输入一个成绩分数:80
成绩良好

（5）当输入的分数为 91 时，代码执行结果如下：

请输入一个成绩分数:91
成绩优秀

6.1.5　if 语句的嵌套

if 语句的嵌套是指在 if 语句（外 if）中使用 if 语句（内 if）。此时，内 if 语句相当于外 if 语句中的语句块。当条件中还包含其他条件时，可以嵌套使用 if 语句。其语法格式如下：

```
if<条件 1>:                           #外 if 语句
    <语句 1>
    if<条件 2>:                       #内 if 语句
        <语句 2>
```

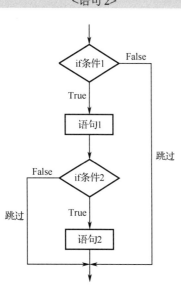

图 6.3　if 语句的嵌套的执行流程图

执行流程如下。

（1）对外 if 语句的<条件 1>进行判断，如果为 True，则执行<语句 1>。

（2）接着，对内 if 语句的<条件 2>进行判断，如果为 True，则执行<语句 2>，反之，不执行<语句 2>，全部 if 语句执行结束。

（3）如果在流程 1 中<条件 1>的判断结果为 False，则不执行任何语句，直接跳过全部 if 语句，执行结束。

其执行流程图如图 6.3 所示。

【实例 6-5】下面通过 if 语句的嵌套，对成绩分数进行评估。

（1）如果成绩大于或等于 60 分，为及格成绩，则输出"成绩及格"。当成绩小于 80 分时，输出"为一般"；当成绩大于或等于 80 分，小于 90 分时，输出"为良好"；当成绩大于或等于 90 分时，输出"为优秀"。代码如下：

```
score=eval(input("请输入一个成绩分数:"))
if 60<=score:
    print("成绩及格")
    if score<80:
        print("为一般")
    if 80<=score<90:
```

```
        print("为良好")
    if 90<=score:
        print("为优秀")
```

（2）当输入的分数为 63 时，代码执行结果如下：

```
请输入一个成绩分数:63
成绩及格
为一般
```

（3）当输入的分数为 88 时，代码执行结果如下：

```
请输入一个成绩分数:88
成绩及格
为良好
```

（4）当输入的分数为 100 时，代码执行结果如下：

```
请输入一个成绩分数:100
成绩及格
为优秀
```

6.2　if-else 语句

在日常生活中也会经常遇到二选一的情况。例如，如果上午有时间，就去找你；否则，下午去找你。在 Python 中，可以使用 if-else 语句来表示这种情况。本节介绍 if-else 语句的相关知识。

6.2.1　双分支结构

if-else 语句是一个双分支结构，使用 if 和 else 形成了两个分支，用于区分条件的两种可能性 True 和 False。其语法结构如下：

```
if<条件>:
    <语句块 1>
else :
    <语句块 2>
```

其中，<语句 1>和<语句 2>前面有相同的缩进。当满足 if 的<条件>时，执行 if 对应的语句，即<语句块 1>；当不满足 if 的<条件>时，执行 else 对应的语句，即<语句块 2>。

【实例 6-6】编写 if-else 语句，实现如果变量 a 大于 18，则输出"已经成年"，反之输出"未成年"。代码如下：

```
if a>18:
    print('已经成年')
else:
    print('未成年')
```

6.2.2　执行流程

在执行 if-else 语句时，先对 if 条件进行判断。如果条件成立（判断结果为 True），则先执行 if 中的语句块 1，再执行 if-else 语句以外的其他语句；如果条件不成立（判断结果为 False），则直接执行 else 中的语句块 2，再执行 if-else 语句以外的其他语句。if-else 语句的执行流程图如图 6.4 所示。

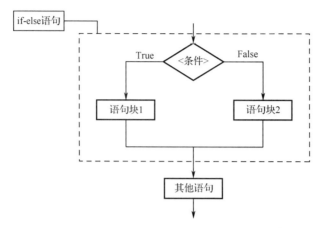

图 6.4 if-else 语句的执行流程图

【实例 6-7】下面编写一段包含 if-else 语句的代码，验证代码的执行流程。

（1）定义变量 a，通过用户的输入进行赋值。定义变量 b，赋值为整数 30。通过 if-else 语句判断变量 a 的值是否大于 10。如果条件成立，则 a 与 2 进行减法运算，结果赋值给变量 b，并输出变量 b 的值；反之，a 与 5 进行加法运算赋值给变量 b，并输出变量 b 的值。最后输出变量 b 和变量 c 之和。代码如下：

```
a=eval(input("请为 a 设置一个整数值:"))
c=30
if a>10:
    b=a-2
    print('相减后 b 的值为：',str(b))
else:
    b=a+5
    print('相加后 b 的值为：',str(b))
print('b 和 c 之和为：',str(b+c))
```

代码的加粗部分是一个 if-else 语句，最后一行语句为 if-else 语句以外的其他语句。

（2）代码执行后，需要用户输入一个整数值。如果用户输入一个大于 10 的整数值（如 15），if 对应的语句会被执行，而 else 对应的语句不会被执行，最后一行语句也会被执行。代码如下：

```
请为 a 设置一个整数值:15
b 的值为：13
b 和 c 之和为：43
```

各个值的含义如下。

❑ 15：用户输入的整数值，即变量 a 的值。

❑ 13：if 中语句的执行结果。a 的值为 15，执行了语句 b=a-2，此时，变量 b 的值为 13，并通过 print() 进行了输出。

❑ 43：if-else 以外的其他语句执行结果。由于执行了 if 中的语句，所以变量 b 的值为 13。而变量 c 的值为 30，因此，最终结果为 13+30=43。

（3）如果用户输入一个小于 10 的整数值（如 5），则 if 对应的语句不会被执行，而 else

对应的语句会被执行，最后一行语句也会被执行。代码如下：

```
请为 a 设置一个整数值:5
相加后 b 的值为：10
b 和 c 之和为：40
```

各个值的含义如下。

☐ 5：用户输入的整数值，即变量 a 的值。

☐ 10：else 中语句的执行结果。a 的值为 5，执行了语句 b=a+5，此时，变量 b 的值为 10，并通过 print()进行了输出。

☐ 40：if-else 以外的其他语句执行结果。由于执行了 else 中的语句，所以变量 b 的值为 10。而变量 c 的值为 30，因此，最终结果为 10+30=40。

6.2.3 简化形式

在编写 if-else 语句时，为了方便编写，可以使用简化形式，格式如下：

```
<语句块 1> if <条件> else <语句块 2>
```

当满足 if 的<条件>时，执行<语句块 1>，不满足 if 的<条件>时，执行 else 对应的<语句块 2>。

【实例 6-8】下面以对比的形式编写 if-else 语句与简化形式，代码如下：

```
score=eval(input("请输入一个成绩分数:"))
if score<60:
    print("成绩不及格")
else:
    print("成绩及格")
```

代码等同于：

```
score=eval(input("请输入一个成绩分数:"))
print("成绩不及格") if score<60 else print("成绩及格")
```

6.2.4 if 中嵌套 if-else

if 中嵌套 if-else，是指在 if 语句中使用 if-else 语句，if-else 语句属于 if 中的语句，与 if 中的其他语句属于同级别。if 中嵌套 if-else 语法格式如下：

```
if <条件>:                          #if 选择语句
    <语句块 1>
    if <条件 2>:
        <语句块 2>
    else :
        <语句块 3>
```

加粗部分为一个 if-else 语句，整体作为 if 语句中的语句。这种嵌套的执行流程如下。

（1）对 if 语句的<条件>进行判断，结果为 True，执行<语句块 1>。

（2）接着，对 if-else 语句中 if 的<条件 2>进行判断，结果为 True，执行<语句块 2>。结果为 False，执行<语句块 3>。

（3）如果在流程 1 中<条件>的判断结果为 False，则不执行任何语句，直接跳过全部代码，执行结束。

其执行流程图如图 6.5 所示。

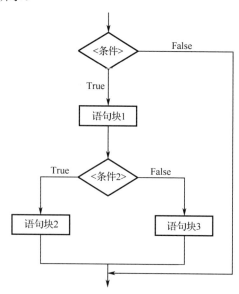

图 6.5　if 中嵌套 if-else 的执行流程图

【实例 6-9】下面通过在 if 语句中嵌套 if-else，实现对及格成绩的评估。

（1）如果成绩大于或等于 60，则输出"成绩及格"。在成绩及格的基础上，判断成绩是否大于或等于 90。如果满足该条件，则再输出"成绩很好"；反之，输出"成绩一般"。代码如下：

```
score=eval(input("请输入一个成绩分数:"))
if score>=60:
    print("成绩及格")
    if score>=90:
        print("成绩很好")
    else:
        print("成绩一般")
```

代码中，在 if 语句中使用了一个 if-else 语句。

（2）执行代码后，输入成绩 82 的执行结果如下：

```
请输入一个成绩分数:82
成绩及格
成绩一般
```

输入的分数 82 满足 if 语句的条件 score>=60，执行对应的语句块 print("成绩及格")；不满足 if-else 语句中的 if 条件 score>=90。因此，执行 else 对应的语句块 print("成绩一般")。

（3）输入成绩 99 的执行结果如下：

```
请输入一个成绩分数:99
成绩及格
成绩很好
```

输入的分数 99 满足 if 语句的条件 score>=60，执行对应的语句块 print("成绩及格")；也满足 if-else 语句中的 if 条件 score>=90。因此，执行对应的语句块 print("成绩很好")。

6.2.5　if-else 的嵌套

if-else 的嵌套是指在 if-else 语句中使用 if-else 语句。由于 if-else 语句本身就是一个双分支结构，因此，在嵌套另一个 if-else 语句时，根据嵌套的位置不同分为以下 3 种情况。

1. if-else 放在 if 分支中

将 if-else 放在 if 分支中，基本语法格式如下：

```
if<条件 A>:
    <语句块 a>
    if<条件 A1>:
        <语句块 a1>
    else:
        <语句块 a2>
else :
    <语句块 b>
```

执行流程如下。

（1）对<条件 A>进行判断，结果为 True，执行<语句块 a>。

（2）接着，对<条件 A1>进行判断，结果为 True，执行<语句块 a1>；结果为 False，执行<语句 a2>，代码执行结束。

（3）在流程 1 中<条件 A>的判断结果为 False，执行<语句块 b>，代码执行结束。

其执行流程图如图 6.6 所示。

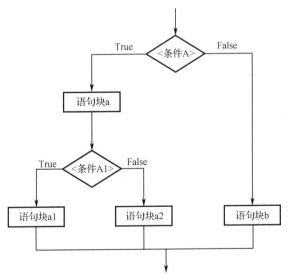

图 6.6　if-else 放在 if 分支中的执行流程图

2. if-else 放在 else 分支中

将 if-else 放在 else 分支中，基本语法格式如下：

```
if<条件 A>:
    <语句块 a>
else :
```

```
        <语句块 b>
    if<条件 B1>:
            <语句块 b1>
    else:
            <语句块 b2>
```

执行流程如下。

（1）对<条件 A>进行判断，结果为 True，执行<语句块 a>，代码执行结束。

（2）<条件 A>的判断结果为 False，执行<语句块 b>。

（3）接着，对<条件 B1>进行判断，结果为 True，执行<语句块 b1>；结果为 False，执行<语句块 b2>，代码执行结束。

其执行流程图如图 6.7 所示。

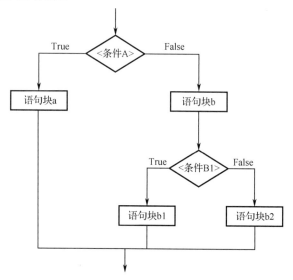

图 6.7　if-else 放在 else 分支中的执行流程图

3. if-else 放在双分支中

将 if-else 放在 if 和 else 双分支中，基本语法格式如下：

```
if<条件 A>:
    <语句块 a>
    if<条件 A1>:
            <语句块 a1>
    else:
            <语句块 a2>
else :
    <语句块 b>
    if<条件 B1>:
            <语句块 b1>
    else:
            <语句块 b2>
```

执行流程如下。

（1）对<条件 A>进行判断，结果为 True，执行<语句块 a>。

（2）接着，对<条件 A1>进行判断，结果为 True，执行<语句块 a1>；结果为 False，执行

<语句 a2>，代码执行结束。

（3）在流程 1 中<条件 A>的判断结果为 False，执行<语句块 b>。

（4）接着，对<条件 B1>进行判断，结果为 True，执行<语句块 b1>；结果为 False，执行<语句块 b2>，代码执行结束。

其执行流程图如图 6.8 所示。

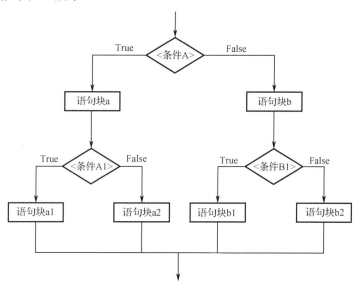

图 6.8　if-else 放在双分支中的执行流程图

【实例 6-10】下面通过 if-else 的嵌套，实现成绩的评估（改良版）。

（1）如果成绩大于或等于 60，输出"成绩及格"，反之输出"成绩不及格"。在成绩及格的情况下，如果成绩大于或等于 90，则输出"成绩很好"，反之输出"成绩一般"；在成绩不及格的情况下，如果成绩小于 30，则输出"成绩极差"，反之输出"成绩较差"。代码如下：

```python
score=eval(input("请输入一个成绩分数:"))
if score>=60:
    print("成绩及格")
    if score>=90:
        print("成绩很好")
    else:
        print("成绩一般")
else:
    print("成绩不及格")
    if score<30:
        print("成绩极差")
    else:
        print("成绩较差")
```

（2）执行代码后，输入成绩 82，执行结果如下：

```
请输入一个成绩分数:82
成绩及格
成绩一般
```

输入的分数 82 满足 if-else 语句中的 if 条件 score>=60，执行对应的语句块 print("成绩及格")。同时，在该条件满足的基础上，它不满足 if-else 语句中的 if 条件 score>=90。因此，执行 else 对应的语句块 print("成绩一般")。

（3）执行代码后，输入成绩 36，执行结果如下：

```
请输入一个成绩分数:36
成绩不及格
成绩较差
```

输入的分数 36 不满足 if-else 语句中的 if 条件 score>=60，执行 else 对应的语句块 print("成绩不及格")。在该条件满足的基础上，它满足 if-else 语句中的 if 条件 score<30。因此，执行 else 对应的语句块 print("成绩较差")。

提示：在编写嵌套的 if-else 语句时，每组的 if 和 else 都要有相同的缩进，并且后面组的缩进要大于前一组的缩进。

6.3　if-elif-else 语句

在网上购物时通常会有多种付款方式，用户可以从中选择一个。这是一种典型的多选一情况。在 Python 中，可以使用 if-elif-else 语句来表示这种情况。本节介绍 if-elif-else 语句的相关知识。

6.3.1　多分支结构

if-elif-else 是一个多分支结构，是由 if、elif 和 else 共同构成的选择语句。它在 if-else 语句的基础上使用保留字 elif 进行扩展。当不满足 if 语句中指定的条件时，继续使用 elif 语句指定另一个或若干个条件进行判断。若仍然没有满足条件，则最后执行 else 语句。其语法格式如下：

```
if <条件 1>:
    <语句块 1>
elif <条件 2>:
    <语句块 2>
elif <条件 3>:
    <语句块 3>
...
else:
    <语句块 N>
```

其中，elif 语句可以为多个。

【实例 6-11】编写 if-elif-else 语句，对成绩分数进行判断。例如，当成绩大于或等于 90 时，输出"成绩优秀"；大于或等于 80 时，输出"成绩良好"；大于或等于 70 时，输出"成绩中等"；大于或等于 60 时，输出"成绩较差"，除此之外的分数输出"成绩糟糕"。代码如下：

```
if score>=90:
    print("成绩优秀")
elif score>=80:
    print("成绩良好")
```

```
elif score>=70:
        print("成绩中等")
elif score>=60:
        print("成绩较差")
else:
        print("成绩糟糕")
```

6.3.2 执行流程

在执行 if-elif-else 语句时，先判断 if 语句中指定的条件，条件成立，执行 if 中的语句，执行完成后跳出整个 if-elif-else 语句，再执行 if-elif-else 语句以外的其他语句。如果条件不成立，就接着判断 elif 语句中指定的条件，若条件成立，则执行对应的语句，执行完成后跳过整个 if-elif-else 语句；反之，继续判断下一个 elif 语句中指定的条件。以此类推，直到判断完成所有的 elif 语句中指定的条件后，仍然没有满足条件，最后执行 else 语句，执行完成后执行 if-elif-else 语句以外的其他语句。if-elif-else 语句的执行流程图如图 6.9 所示。

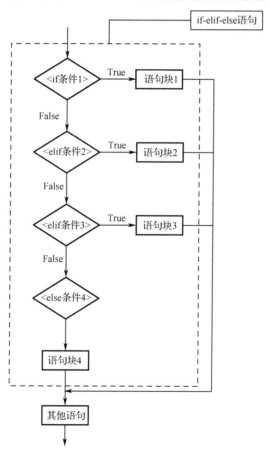

图 6.9　if-elif-else 语句的执行流程图

【实例 6-12】不同的年龄会上不同的学，年龄及学段对应表如表 6-2 所示。

表 6-2　年龄及学段对应表

年龄	年龄<3 岁	3 岁<=年龄<6 岁	6 岁<=年龄<12 岁	12 岁<=年龄<15 岁	15 岁<=年龄<18 岁	18 岁<=年龄
学段	不用上学	上幼儿园	上小学	上初中	上高中	上大学

表 6-2 中的信息可以利用 if-elif-else 语句实现。用户输入一个年龄，然后判断在哪个学段，并且最后始终输出一句话"过了今年你又大了一岁"。

（1）编写的代码如下：

```
age=int(input('请输入你的年龄：  '))
if 3<=age<6:
    print('你可以上幼儿园了')
elif 6<=age<12:
    print('你可以上小学了')
elif 12<=age<15:
    print('你可以上初中了')
elif 15<=age<18:
    print('你可以上高中了')
elif 18<=age:
    print('你可以上大学了')
else :
    print('你还没到上学年龄')
print('过了今年你又大了一岁')
```

代码的加粗部分是一个 if-elif-else 语句，最后一行语句为 if-elif-else 语句以外的其他语句。

（2）代码执行后，输入一个年龄，如 8，符合该年龄段的对应的 elif 语句会被执行，最后一行语句也会被执行，执行结果如下：

```
请输入你的年龄：  8
你可以上小学了
过了今年你又大了一岁
```

年龄 8 满足了 elif 的 6<=age<12 条件，因此，执行了对应的语句 print('你可以上小学了')，整个 if-elif-else 语句执行完成，继续执行 if-elif-else 以外的语句 print('过了今年你又大了一岁')。

（3）假如，输入的年龄为 2，执行结果如下：

```
请输入你的年龄：  2
你还没到上学年龄
过了今年你又大了一岁
```

由于年龄 2 没有满足 if 的条件，也没有满足 elif 的条件，所以直接执行 else 对应的语句 print('你还没到上学年龄')，整个 if-elif-else 语句执行完成，继续执行 if-elif-else 以外的语句 print('过了今年你又大了一岁')。

6.4　小　　结

本章主要介绍了 Python 中的条件语句（也称选择语句），并依次介绍了单分支结构的 if 语句、双分支结构的 if-else 语句、多分支结构的 if-elif-else 语句，也介绍了条件语句的嵌套使用。通过本章的学习，程序员需要了解以下内容。

❑ if 语句是单分支结构，当条件成立时，执行对应的语句。

□ if-else 语句是双分支结构，当条件成立时，执行 if 对应的语句；条件不成立则执行 else 对应的语句。

□ if-elif-else 语句是多分支结构，当 if 条件成立时，执行 if 对应的语句；条件不成立则依次判断 elif 条件，条件成立，执行对应的语句，执行后退出 if-elif-else 语句；如果所有的 elif 条件都不成立，则执行 else 对应的语句。

6.5　习　　题

一、选择题

1. 下面代码执行后，如果输入 92，执行结果正确的是（　　）。

```
score=eval(input("请输入一个成绩分数："))
if 60<=score:
    print("成绩已及格")
    if 90<=score<=100:
        print("成绩很好")
```

   A．成绩已及格　　　　　　　　　B．成绩很好

   C．成绩已及格，成绩很好　　　　D．成绩很好，成绩已及格

2. 下面的代码是一个出租车计费程序，用户输入千米数，程序计算出费用。如果输入 16，则执行结果正确的是（　　）。

```
k=int(input('请输入路程（千米）： '))
if k>=10:
    cost=6+(10-3)*2+(k-10)*3
else:
    if k>3:
        cost=6+(k-3)*1.8
    else:
        cost=6
print('车费是： ',cost)
```

   A．36　　　　　　B．37　　　　　　C．38　　　　　　D．39

二、填空题

1. ＿＿＿＿语句是单分支结构。

2. ＿＿＿＿语句是双分支结构。

3. ＿＿＿语句是多分支结构

三、简答题

智能胖瘦分析：在国际上通过 BMI（身体质量指数）来衡量一个人的肥胖程度和是否健康。它的计算公式如图 6.10 所示。

$$BMI = \frac{体重（kg）}{身高^2（m^2）}$$

图 6.10　计算公式

BMI 参考标准如表 6-3 所示。

表 6-3　BMI参考标准

健 康 情 况	国内 BMI 值（kg/m^2）
偏瘦	<18.5
正常	18.5～23.9
偏胖	24～26.9
肥胖	27～29.9
重度肥胖	>=30

　　根据表中提供的参考信息，编写智能胖瘦分析程序，用户输入体重、身高，程序计算出 BMI 值，并根据 BMI 值对输出的信息进行健康评估，给出结论。

第 7 章 循环语句

春夏秋冬一年四季不停地更替、交换，永无止境、反反复复。对于一年来说，执行了一次这样的历程，对于每年而言，就是无限循环。类似于这样反复要做同一件事情，在 Python 编程中，这种情况称为循环结构。Python 提供了 while 语句和 for 语句来实现不同形式的循环，下面依次介绍。

本章要求

❑ 掌握 while 语句，并灵活使用
❑ 掌握 for 语句，并灵活使用
❑ 学会 break 语句的使用
❑ 学会 continue 语句的使用
❑ 学会灵活使用循环的嵌套

7.1 while 语句

在日常生活中，我们会遇到当达到某个条件时才会反复执行某个行为的情况。例如，当到了早晨 6 点时，公交车就开始发车往返于起始站和终点站。在 Python 中，可以使用 while 语句来表示这种情况。本节介绍 while 语句的相关知识。

7.1.1 条件循环

while 语句的循环称为条件循环。在循环时，首先对特定条件进行判断，看条件是否成立。若循环条件为 True，就执行相应的语句；若循环条件为 False，就停止循环。while 语句的语法结构如下：

```
while <循环条件>:
    <循环体>
```

每部分的含义如下。

❑ while：Python 中的保留字。
❑ <循环条件>：类似于 if 语句中的条件，可以是关系表达式，也可以是逻辑表达式。
❑ <循环体>：类似于 if 语句中的语句块，要循环执行的语句。

【实例 7-1】 下面编写 while 循环语句。当时间 Time 大于或等于 8 且小于或等于 12 时，输出"开车了，上车的乘客，请扶好，坐好"。代码如下：

```
while:8<=Time<=12:
    print('开车了，上车的乘客，请扶好，坐好')
```

7.1.2 如何实现循环

通过上面的学习，我们了解了什么是循环结构和条件循环，下面就可以通过 Python 编写条件循环语句来解决实际问题了。我们将结合具体问题，逐步讲解如何分析问题，并采用条件循环形式编写代码。

1. 实现信息的重复输出

如果需要连续输出同样的信息，此时，就可以通过条件循环来实现。

【实例 7-2】下面演示连续输出 10 次"学习 Python，从现在开始"。

（1）通过前面学过的输出语句 print()，直接连续进行输出也可以实现，但这种方式需要编写大量的代码，如下：

```
print('学习 Python，从现在开始')
print('学习 Python，从现在开始')
print('学习 Python，从现在开始')
print('学习 Python，从现在开始')
print('学习 Python，从现在开始')
print('学习 Python，从现在开始')
print('学习 Python，从现在开始')
print('学习 Python，从现在开始')
print('学习 Python，从现在开始')
print('学习 Python，从现在开始')
```

只是输出了 10 次，就需要编写 10 次同样的代码。如果需要输出 100 次、1000 次、甚至10000 次，就得编写更多的代码？这种方式显然是行不通的。为了能够轻松地编写代码，就需要利用 while 语句实现多次输出字符串"学习 Python，从现在开始"。

（2）要重复输出的字符串"学习 Python，从现在开始"，是 while 语句中的循环部分，即循环体。代码如下：

```
print('学习 Python，从现在开始')                          #循环体
```

（3）编写初始部分。有了循环体以后，还需要设定循环的次数，次数最少为 1 次。因此，初始部分用来表示循环的最少次数，设定为 1 次。这里用变量 i 来表示次数。初始部分代码如下：

```
i=1
```

（4）编写迭代部分。由于要循环输出若干次，所以需要在初始次数的基础上增加次数，次数增量为 1。因此，每循环一次就增加 1 次。迭代部分代码如下：

```
i=i+1
```

（5）编写判断部分设定循环条件。由于要输出 10 次，所以 10 次作为衡量的标准，用来设定循环的判断条件。因此，判断部分代码如下：

```
while i<=10:
```

（6）按照条件循环的结构将代码进行组合，代码如下：

```
i=1
while i<=10:
    print('学习 Python，从现在开始')
    i=i+1
```

变量 i 的初始值为 1；当 i 为 1 时，满足条件 i<=10，执行循环语句 print('学习 Python，从现在开始')，输出 1 次字符串 "学习 Python，从现在开始"；i 进行迭代，次数增加 1，i 值变为 2；返回 while 语句进行条件判断。此时的 i 为 2，满足条件 i<=10；再次执行循环语句 print('学习 Python，从现在开始')，为第 2 次执行，第 2 次输出字符串 "学习 Python，从现在开始"。以此类推，直到迭代后，i 的值不满足条件 i<=10 时，循环结束。

（7）运行代码验证结果，执行结果如下：

```
学习 Python，从现在开始
学习 Python，从现在开始
学习 Python，从现在开始
学习 Python，从现在开始
学习 Python，从现在开始
学习 Python，从现在开始
学习 Python，从现在开始
学习 Python，从现在开始
学习 Python，从现在开始
学习 Python，从现在开始
```

同样执行了输出 10 次字符串 "学习 Python，从现在开始"。

2．实现循环运算

有时需要将多个数字进行运算，并且这些数之间有一定的规律。例如，数字 1、2、3、4、5 等，它们之间都相差 1。将这些数依次进行运算时，可以使用条件循环来实现。

【实例 7-3】现有偶数 0、2、4、6、8、10、12、14、16 和 18。下面通过条件循环从左到右将数字 0 和数字 2 进行相加计算，再将计算结果与下一个数字进行相加计算。以此类推，显示每一次计算结果。

（1）计算 0+2+4+6+8+10+12+14+16+18，显示每次计算的结果，可以将其分开进行，如图 7.1 所示。

```
0+2=2
2+4=6
6+6=12
12+8=20
20+10=30
30+12=42
42+14=56
56+16=72
72+18=90
```

图 7.1　计算形式

（2）使用条件循环需要将代码写为相同的形式才能进行循环。由于每次计算都是将前两个数字的计算结果与下一个数字相加，因此可以使用变量 sum 来表示计算的结果，但是 sum 需要初始化为 0。步骤（1）的代码如下：

```
sum=0
sum=sum+2
sum=sum+4
sum=sum+6
sum=sum+8
```

```
sum=sum+10
sum=sum+12
sum=sum+14
sum=sum+16
sum=sum+18
```

（3）步骤（2）的代码中与 sum 进行相加的数字 2、4、6、8、10、12、14、16 和 18，可以使用变量 i 表示这些数字，并对变量进行赋值。代码如下：

```
sum=0
sum=sum+i，i=2
sum=sum+ i，i=4
sum=sum+ i，i=6
sum=sum+ i，i=8
sum=sum+ i，i=10
sum=sum+ i，i=12
sum=sum+ i，i=14
sum=sum+ i，i=16
sum=sum+ i，i=18
```

（4）由于变量 i 的值有一定的规律，它们之间相差 2，因此，可以使用迭代，代码如下：

```
sum=0
sum=sum+i，i=2
sum=sum+ i，i=i+2
sum=sum+ i，i= i+2
sum=sum+ i，i= i+2
sum=sum+ i，i= i+2
sum=sum+ i，i= i+2
sum=sum+ i，i= i+2
sum=sum+ i，i= i+2
sum=sum+ i，i= i+2
```

其中，代码中的 sum=0，i=2 为条件循环的初始部分；sum=sum+i 和 i= i+2 为条件循环的迭代部分。

（5）由于要每次输出计算的结果，而计算的结果为变量 sum，因此，循环部分代码如下：

```
print(sum)
```

（6）要进行循环，必须满足循环条件。由于进行计算相加只加到 18，因此可以以 18 作为衡量的标准。判断部分代码如下：

```
while i<=18：
```

（7）按照条件循环的结构将代码进行组合，代码如下：

```
i=2
sum=0
while i<=18：
    sum=sum+i
    i=i+2
    print(sum)
```

（8）运行代码，输出结果如下：

```
2
6
12
```

```
20
30
42
56
72
90
```

7.1.3 执行流程

如果代码中存在条件循环，则首先按顺序执行代码。当执行到条件循环时，对条件进行判断。如果条件满足，则执行对应的语句。执行完语句后，返回到条件再次对条件进行判断，条件满足，再次执行对应的语句。以此类推，当条件不满足时，跳过条件循环，执行与 while 语句相同缩进的后续语句。while 语句的执行流程图如图 7.2 所示。

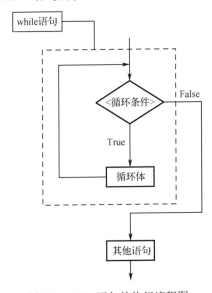

图 7.2 while 语句的执行流程图

【实例 7-4】下面编写一段包含 while 语句的代码，验证代码的执行流程。

（1）编写以下代码：

```
a=eval(input("请输入一个整数："))
b=30
while a>15:
    print('a 的值为：',str(a))
    a=a-1
print('a 和 b 之和为：',str(a+b))
```

代码中，变量 a 的值通过用户的输入进行赋值，变量 b 的值为 30。加粗部分为 while 循环语句。最后一行为 while 语句以外的其他语句。

（2）执行代码后，如果输入的值为 20，while 语句会被执行，其他语句也会被执行。执行结果如下：

```
请输入一个整数：20
a 的值为：20
```

```
a 的值为： 19
a 的值为： 18
a 的值为： 17
a 的值为： 16
a 和 b 之和为： 45
```

20 为用户输入的值，即变量 a 的值；由于 20 符合 while 循环的条件，所以执行循环语句，输出 a 的值。迭代为 a=a-1，因此，依次输出 a 的值为 20、19、18、17、16。最后一行代码的 45，是其他语句的执行结果，计算的是此时变量 a 和变量 b 的和。

（3）如果输入的值为 12，while 语句被跳过，不会被执行。只执行其他语句，执行结果如下：

```
请输入一个整数：12
a 和 b 之和为： 42
```

其中，42 为其他语句执行结果。

7.2　for 语句

while 语句的循环次数往往是不确定的，由条件决定。但在实际中，有些循环是在已知循环次数的情况下进行的。例如，枚举或遍历序列时，从遍历结构中逐一提取元素，将提取的元素放在循环变量中，执行指定的语句块。在 Python 中，可以使用 for 语句来表示这种情况。本节介绍 for 语句的相关知识。

7.2.1　计次循环

for 语句的循环被称为计次循环。所谓的计次是指循环次数是可以确定的，即遍历结构中的元素是确定的。循环时提取这几个元素即可，其语法结构如下：

```
for <循环变量> in <遍历结构>:
    <语句块>
```

说明：<遍历结构>后面有冒号（:），<语句块>前面有缩进。在进行元素提取时，它会提取遍历结构中的每一个元素，把每一个元素都依次赋值给<循环变量>。遍历结构可以是字符串、元组和序列等。

【实例 7-5】编写 for 语句，从星期列表['周一','周二','周三','周四','周五','周六','周日']逐一提取元素。代码如下：

```
for i in ['周一','周二','周三','周四','周五','周六','周日']:
    print(i)
```

7.2.2　执行流程

如果代码中存在 for 语句，那么它会从遍历结构中提取第一个元素，然后执行对应的语句块；继续从遍历结构中提取第二个元素，再执行对应的语句块；如此循环，直到提取出遍历结构中最后一个元素，执行对应的语句块。此时，for 语句执行结束，继续执行 for 语句以外的其他语句。for 语句的执行流程图如图 7.3 所示。

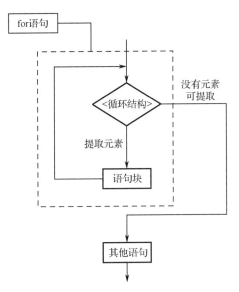

图 7.3　for 语句的执行流程图

【实例 7-6】下面编写一段包含 for 语句的代码，验证代码的执行流程。

（1）编写以下代码：

```
M='月份：'
for i in ['一月','二月','三月','四月','五月','六月','七月','八月','九月','十月','十一月','十二月']:
    print(M+i)
print('以上为一年当中的所有月份')
```

加粗部分为 for 语句，最后一行为 for 语句以外的其他语句。

　　分析：变量 M 的值是字符串"月份"。循环变量 i 的值是依次从列表['周一','周二','周三','周四','周五','周六','周日']中提取的周期。当提取到第 1 个元素"一月"以后，执行语句块 print(M+i)，输出"月份：一月"；返回 for 语句，继续提取第 2 个元素"周二"，然后执行语句块 print(M+i)，输出"月份：二月"；以此类推，当提取到最后一个元素"十二月"时，执行语句块 print(M+i)，输出"月份：十二月"。循环结束。

（2）执行后，依次输出显示了一年当中存在的月份，如下：

```
月份：一月
月份：二月
月份：三月
月份：四月
月份：五月
月份：六月
月份：七月
月份：八月
月份：九月
月份：十月
月份：十一月
月份：十二月
以上为一年当中的所有月份
```

　　输出信息前 12 行为从列表中提取的每一个元素，是 for 语句的执行结果，最后一行为 for 语句以外的其他语句执行结果。

7.3　循环控制语句

在 while 条件循环中，只有当循环条件为 False 时，循环才会被终止；在 for 计次循环中，只有提取完所有的元素后，循环才会被终止。但在实际中，并不是所有的循环都要循环完毕，有时需要循环到某一特定情况就终止循环。这时要用到循环控制语句。Python 提供了 break 语句和 continue 语句来控制循环。下面分别进行介绍。

7.3.1　break 语句

break 语句用来控制循环，可以使循环直接跳出终止所有的循环。break 语句可以用在 while 语句中，也可以用在 for 语句中。下面依次介绍它在这两种语句中的使用方式。

1. 用在 while 语句中

当 break 语句用在 while 语句中时，在循环条件仍然满足的情况下，若条件再次满足其他条件则跳出循环。在 Python 中，其他条件可以使用 if 语句来完成。其语法格式如下：

```
while <条件1>:
    if <条件2>                  #若满足此条件，则跳出循环
        break
    <循环体>
```

含有 break 语句的 while 条件循环的执行流程图如图 7.4 所示。

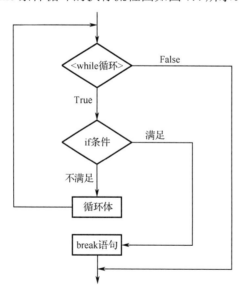

图 7.4　含有 break 语句的 while 条件循环的执行流程图

【实例 7-7】下面根据具体的实例来理解 break 语句在 while 条件循环中的使用。

（1）假设周一、周二、周三、周四、周五为上班时间。通过 while 条件循环输出上班时间，周一到周五的一至五使用 1~5 表示，代码如下：

```
i=1
a="上班时间为周: "
```

```
while i<=5:
    print(a+str(i))
    i=i+1
```

代码执行后，依次输出上班时间，如下：

```
上班时间为周：1
上班时间为周：2
上班时间为周：3
上班时间为周：4
上班时间为周：5
```

输出信息输出了 5 天的上班时间，从周一到周五。

（2）在 while 条件循环中使用 break 语句。假设由于某些原因，周四和周五无法来上班。修改后的代码如下：

```
i=1
a="上班时间为周："
while i<=5:
    print(a+str(i))
    i=i+1
    if i==4:
        break
```

代码加粗部分（最后两行）为使用的 break 语句，用来跳出循环。代码执行结果如下：

```
上班时间为周：1
上班时间为周：2
上班时间为周：3
```

此时的输出信息只显示了 3 天的上班时间，从周一到周三，而没有了周四和周五。

2. 用在 for 语句中

当 break 语句用在 for 语句中时，在还没有提取所有元素的情况下，若条件满足其他条件则跳出循环。其他条件仍然使用 if 语句来完成。其语法格式如下：

```
for <循环变量> in <遍历结构>:
    if <条件>
        break
    <语句块>
```

含有 break 语句的 for 计次循环的执行流程图如图 7.5 所示。

【实例 7-8】仍然以上班时间为例，理解 break 语句在 for 计次循环中的使用。

（1）输出正常上班时间，代码如下：

```
a="上班时间为周："
for b in ["1","2","3","4","5"]:
    print(a+b)
```

代码执行后，依次输出上班时间，如下：

```
上班时间为周：1
上班时间为周：2
上班时间为周：3
上班时间为周：4
上班时间为周：5
```

输出信息同样输出了 5 天的上班时间，从周一到周五。

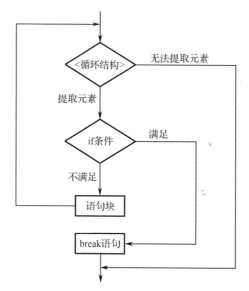

图 7.5　含有 break 语句的 for 计次循环的执行流程图

（2）在 for 计次循环中使用 break 语句。修改后的代码如下：

```
a="上班时间为周："
for b in ["1","2","3","4","5"]:
    if b=="4":
        break
    print(a+b)
```

代码执行结果如下：

```
上班时间为周：1
上班时间为周：2
上班时间为周：3
```

7.3.2　continue 语句

continue 语句来控制循环，可以跳出当前循环，也就是结束本次循环，不执行本次循环对应的循环语句，但不会终止整个循环的执行。continue 语句可以用在 while 语句中，也可以用在 for 语句中。下面依次介绍它在这两种语句中的使用方式。

1. 用在 while 语句中

当 continue 语句用在 while 语句中时，在循环条件仍然满足的情况下，若满足其他条件则跳出当前循环，也就是不执行当前循环中 if 语句下面的循环体。其语法格式如下：

```
while <条件 1>:
    if <条件 2>
        continue
    <循环体>
```

含有 continue 语句的 while 条件循环的执行流程图如图 7.6 所示。

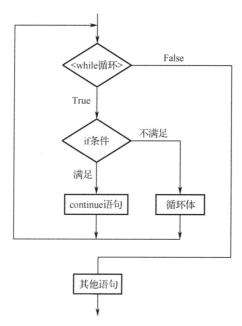

图 7.6　含有 continue 语句的 while 条件循环的执行流程图

【实例 7-9】下面根据具体的实例来讲述 continue 语句在 while 条件循环中的使用。

（1）假设周一、周二、周三、周四、周五为上班时间。通过 while 条件循环输出上班时间，代码如下：

```
i=0
a="上班时间为周："
while i<5:
    i=i+1
    print(a+str(i))
```

代码执行后，依次输出上班时间，如下：

```
上班时间为周：1
上班时间为周：2
上班时间为周：3
上班时间为周：4
上班时间为周：5
```

输出信息输出了 5 天的上班时间，周一到周五。

（2）在 while 条件循环中使用 continue 语句。假设由于某些原因，只有周四无法来上班，周五还要来上班。修改后的代码如下：

```
i=0
a="上班时间为周："
while i<5:
    i=i+1
    if i==4:
        continue
    print(a+str(i))
```

代码加粗部分为使用的 continue 语句，用来跳出当前循环。代码执行结果如下：

```
上班时间为周：1
上班时间为周：2
```

上班时间为周：3
上班时间为周：5

此时的输出信息，显示的上班时间，除了没有周四，其他的都有。

2. 用在 for 语句中

当 continue 语句用在 for 语句中时，在还没有提取完所有元素的情况下，若再次满足其他条件则跳出当前循环。其语法格式如下：

```
for <循环变量> in <遍历结构>:
    if <条件>
        continue
    <语句块>
```

含有 continue 语句的 for 计次循环的执行流程图如图 7.7 所示。

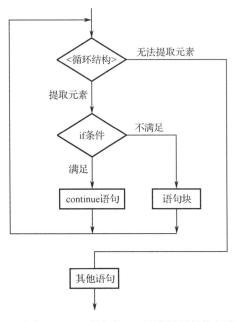

图 7.7　含有 continue 语句的 for 计次循环的执行流程图

【实例 7-10】仍然以上班时间为例，理解 continue 语句在 for 计次循环中的使用。

（1）输出正常上班时间，代码如下：

```
a="上班时间为周："
for b in ["1","2","3","4","5"]:
    print(a+b)
```

代码执行后，依次输出上班时间，如下：

上班时间为周：1
上班时间为周：2
上班时间为周：3
上班时间为周：4
上班时间为周：5

（2）在 for 计次循环中使用 continue 语句。修改后的代码如下：

```
a="上班时间为周："
for b in ["1","2","3","4","5"]:
```

```
        if b=="4":
            continue
        print(a+b)
```

代码执行结果如下：

```
上班时间为周：1
上班时间为周：2
上班时间为周：3
上班时间为周：5
```

7.4　循环后处理

无论是 while 条件循环，还是 for 计次循环，所有的循环都执行完成后循环结束，执行循环以外的其他语句。但是，有时需要在循环执行结束后，执行一些具有特别意义的语句。例如，上面讲到的上班时间为周一到周五，而增加专门说明周六和周日为不上班时间。这时就可以在循环后进行处理，输出不上班时间。Python 为循环后处理提供了 else 语句。它可以用在 while 条件循环中，也可以用在 for 计次循环中。

7.4.1　while 条件循环后处理

在 while 条件循环后使用 else 来执行特定的语句。其语法格式如下：

```
while <条件>:
    <语句块 1>
else:
    <语句块 2>
```

说明：else 后面有冒号（:）。当循环正常结束后，将执行 else 对应的语句块 2。

【实例 7-11】下面以上班时间为例，在 while 条件循环后使用 else 进行循环后处理，来输出不上班时间，代码如下：

```
i=1
a="上班时间为周："
while i<=5:
    print(a+str(i))
    i=i+1
else:
    print('不上班时间为周：六')
    print('不上班时间为周：日')
```

代码执行结果如下：

```
上班时间为周：1
上班时间为周：2
上班时间为周：3
上班时间为周：4
上班时间为周：5
不上班时间为周：六
不上班时间为周：日
```

输出信息既显示了上班的时间，从周一到周五，也显示了不上班时间，周六和周日。

7.4.2 for 计次循环后处理

在 for 计次循环后使用 else 来执行特定的语句。其语法格式如下：

```
for <循环变量> in <遍历结构>:
    <语句块 1>
else:
    <语句块 2>
```

【实例 7-12】下面以上班时间为例，在 for 计次循环后使用 else 进行循环后处理，来输出不上班时间，代码如下：

```
a="上班时间为周："
for b in ["1","2","3","4","5"]:
    print(a+b)
else:
    print("不上班时间：周六")
    print("不上班时间：周日")
```

代码执行结果如下：

```
上班时间为周：1
上班时间为周：2
上班时间为周：3
上班时间为周：4
上班时间为周：5
不上班时间：周六
不上班时间：周日
```

7.4.3 循环跳转中处理

如果在包含 break 或 continue 语句的循环中使用了 else，那么 else 指定的语句会受到 break 的影响，但不会受到 continue 的影响。下面结合具体的实例进行对比说明。

1. 不受 continue 的影响

在 while 条件循环中，只有当循环条件为 False 时才属于正常的循环结束；在 for 计次循环中，只有正常提取过遍历结构中的所有元素后而结束的循环才属于正常的循环结束。如果在循环语句中使用了 continue 进行跳转，则不会影响 else 所指定的语句。下面以 for 计次循环来说明 continue 对 else 的影响。

【实例 7-13】下面演示以周一到周五作为遍历结构，将其设置为上班时间，使其循环输出，使用 continue 跳出周四上班时间，并使用 else 输出周六和周日休息，代码如下：

```
a="上班时间："
for b in ["周一","周二","周三","周四","周五"]:
    if b=="周四":
        continue
    print(a+b)
else:
    print("周六周日休息")
```

代码的执行结果如下：

上班时间：周一
上班时间：周二
上班时间：周三
上班时间：周五
周六周日休息

结果的前 4 行是 for 计次循环的执行结果。因为使用了 continue 跳出周四，所以上班时间没有周四，但继续遍历提取了元素周五。由于这属于正常循环结束，所以代码 else 部分被执行，输出最后一行信息。

2. 受 break 的影响

如果在循环语句中使用了 break 进行跳转，则不会执行 else 所指定的语句。下面以 for 计次循环来说明 break 对 else 的影响。

【实例 7-14】下面演示以周一到周五作为遍历结构，将其设置为上班时间，使其循环输出，使用 break 跳出周四上班时间，并尝试使用 else 输出周六和周日休息，代码如下：

```
a="上班时间："
for b in ["周一","周二","周三","周四","周五"]:
    if b=="周四":
        break
    print(a+b)
else:
    print("周六周日休息")
```

代码的执行结果如下：

上班时间：周一
上班时间：周二
上班时间：周三

输出的结果是 for 计次循环的执行结果，上班时间只有周一到周三，没有周四和周五。这是因为使用了 break 进行了循环跳转，导致正常的循环没有执行下去，被强行跳出。此时的循环是不正常结束，因此不会执行 else 指定的语句。

7.5 嵌套循环

嵌套循环是指在一个循环体里面嵌入另一个循环。在 Python 中，while 条件循环中可以嵌入 while 条件循环或 for 计次循环，反之也可以在 for 计次循环中嵌入 for 计次循环或 while 条件循环。

7.5.1 普通嵌套

普通嵌套是指在循环体中嵌入另一个循环，循环之间互不影响。在嵌套循环中，最外层的循环称为外循环，嵌入的循环称为内循环。普通嵌套的执行流程图如图 7.8 所示。

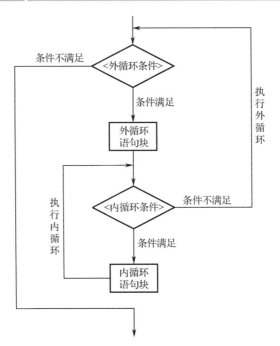

图 7.8 普通嵌套的执行流程图

执行流程分为以下几步。

（1）执行外循环，对外循环条件进行判断。如果条件满足，则执行外循环对应的语句块（这里只执行一遍，不循环执行）；如果条件不满足，则跳出所有循环。

（2）执行完外循环对应的语句块后，执行内循环。

（3）对内循环条件进行判断，如果条件满足，则循环执行内循环对应的语句块。当内循环条件不满足时，则内循环结束，继续执行外循环。

（4）重复上述流程，直到外循环条件不满足时，跳出外循环，普通嵌套循环代码执行结束。

上面讲述了普通嵌套循环的执行流程，下面将以具体应用来讲解普通嵌套循环的使用方式。

【实例 7-15】假设某公司每周的上班时间为周一到周五，每天的上班时间为 9 点到 17 点。针对这个应用，使用普通嵌套循环表示。

（1）通过在 while 条件循环中嵌入 while 条件循环来表示，代码如下：

```python
i=1
while i<=5:                              #外循环
    print("上班星期为:",i)
    i=i+1
    t=9
    while t<=17:                         #内循环
        print("时间点:",t)
        t=t+1
```

代码中第一个 while 表示外循环，初始部分 i 表示上班的周期，周一到周五的一至五用 1～5 表示；print("上班星期为:",i)为外循环语句块，用来输出上班的周期。第二个 while 表示内循环，初始部分 t 表示每天上班的时间，使用 9～17 来表示每天上班的时间为 9 点到 17 点；print("时间点:",t)为内循环语句块，用来输出每天上班的时间。

（2）通过在 while 条件循环中嵌入 for 计次循环来表示，代码如下：

```
i=1
while i<=5:                                                    #外循环
    print("上班星期为:",i)
    i=i+1
    for t in ["9","10","11","12","13","14","15","16","17"]:    #内循环
        print("时间点:",t)
```

代码中的 while 表示外循环，for 表示内循环。

（3）通过在 for 计次循环中嵌入 for 计次循环来表示，代码如下：

```
for i in ["1","2","3","4","5"]:                               #外循环
    print("上班星期为：",i)
    for t in ["9","10","11","12","13","14","15","16","17"]:    #内循环
        print("时间点:",t)
```

代码中的第一个 for 表示外循环，第二个 for 表示内循环。

（4）通过在 for 计次循环中嵌入 while 条件循环来表示，代码如下：

```
for i in ["1","2","3","4","5"]:                               #外循环
    print("上班星期为：",i)
    t=9
    while t<=17:                                              #内循环
        print("时间点:",t)
        t=t+1
```

代码中的 for 表示外循环，while 表示内循环。

（5）步骤（1）到步骤（4）代码的执行结果是一样的，执行结果如下：

```
上班星期为: 1
时间点: 9
时间点: 10
时间点: 11
时间点: 12
时间点: 13
时间点: 14
时间点: 15
时间点: 16
时间点: 17
上班星期为: 2
时间点: 9
时间点: 10
时间点: 11
时间点: 12
时间点: 13
时间点: 14
时间点: 15
时间点: 16
时间点: 17
上班星期为: 3
时间点: 9
时间点: 10
```

时间点: 11
时间点: 12
时间点: 13
时间点: 14
时间点: 15
时间点: 16
时间点: 17
上班星期为: 4
时间点: 9
时间点: 10
时间点: 11
时间点: 12
时间点: 13
时间点: 14
时间点: 15
时间点: 16
时间点: 17
上班星期为: 5
时间点: 9
时间点: 10
时间点: 11
时间点: 12
时间点: 13
时间点: 14
时间点: 15
时间点: 16
时间点: 17

代码的执行结果循环显示了周一到周五为上班时间，并且上班时间为 9 点到 17 点。

从代码的输出结果可以看到：在执行嵌套循环语句时，先执行外循环语句对其循环条件进行判断，因为外循环变量 i 的取值为 1，满足循环条件将执行外循环语句，只执行一次，因此执行结果为"上班星期为: 1"；此时的内循环被认为是外循环的循环体，它也被执行。

由于该循环体是一个循环语句，因此将循环执行对应的循环语句，执行结果为"时间点: 9"到"时间点: 17"；当内循环语句执行结束后，继续执行外循环语句。当满足外循环条件时，再次执行外循环语句，仍然是只执行一次，接着继续循环执行内循环语句。以此类推，直到执行外循环语句时，条件不满足，整个嵌套循环结束。

7.5.2 复杂嵌套

复杂嵌套是指在普通嵌套的代码中根据需要插入特定的条件，使得循环之间相互影响。由于插入特定条件的位置不同，所以可能会出现多种情况。例如，可能导致外循环迭代影响内循环体，也可能影响内循环判断条件。下面详细讲解不同情况下的复杂嵌套的循环代码。

1. 外循环迭代影响内循环体

一般情况下，在执行内循环时，会循环执行循环体，直到循环条件不满足，则正常退出内循环。而外循环迭代影响内循环体是指，由于外循环迭代的改变，会导致内循环体不会被完全循环执行下去，而在插入特定条件后退出了循环执行。下面将结合具体的应用进行讲解。

【实例 7-16】假设学生周一到周四上课，上课时间为 8 点到 17 点，而周五这一天也上课，但是放学时间会早一些，放学时间为 15 点。针对这个应用，使用复杂嵌套来表示。

（1）本例使用 while 条件循环中嵌入 while 条件循环来表示，代码如下：

```
i=1
while i<=5:
    print("上课星期为:",i)
    i=i+1
    t=8
    while t<=17:
        print("时间点:",t)
        if i==6 and t==15:
            break
        t=t+1
```

代码中的加粗部分表示使用了 break 语句，插到了内循环 while 中。当满足条件 i==6 and t==15 时，跳出内循环。

代码中外循环用来对星期进行循环，从周一到周五。内循环用来对时间进行循环，从 8 点到 17 点。而实际应用是当星期为 5 时，上课时间点将变为 8～15。这说明内循环体受到了外循环迭代的影响。因此，当外循环迭代的变量 i 为 6 时，代表周五上课，同时内循环变量 t 为 15 时，将不循环执行循环体。所以，这里需要使用 break 语句来改变内循环时间点的循环。

（2）代码的执行结果如下：

```
上课星期为: 1
时间点: 8
时间点: 9
时间点: 10
时间点: 11
时间点: 12
时间点: 13
时间点: 14
时间点: 15
时间点: 16
时间点: 17
上课星期为: 2
时间点: 8
时间点: 9
时间点: 10
时间点: 11
时间点: 12
时间点: 13
时间点: 14
时间点: 15
时间点: 16
时间点: 17
上课星期为: 3
时间点: 8
时间点: 9
```

时间点: 10
时间点: 11
时间点: 12
时间点: 13
时间点: 14
时间点: 15
时间点: 16
时间点: 17
上课星期为: 4
时间点: 8
时间点: 9
时间点: 10
时间点: 11
时间点: 12
时间点: 13
时间点: 14
时间点: 15
时间点: 16
时间点: 17
上课星期为: 5
时间点: 8
时间点: 9
时间点: 10
时间点: 11
时间点: 12
时间点: 13
时间点: 14
时间点: 15

可以看到，周一到周四的上课时间点都为 8～17，而周五的上课时间点为 8～15。

2. 外循环迭代影响内循环判断条件

外循环迭代影响内循环判断条件是指，由于外循环迭代的改变，会导致内循环的判断条件发生改变。这样会使得在执行内循环体时，将根据内循环判断条件的改变来执行。下面结合具体的应用进行讲解。

【实例 7-17】假设一员工每周的周一到周五上班，上班时间为 9 点到 15 点。由于周三上午需要出去办事无法来上班，所以只能从 13 点开始上班。针对这个应用，使用复杂嵌套循环来表示。

（1）使用 while 条件循环中嵌入 while 条件循环来表示，代码如下：

```
i=1
while i<=5:
    print("上班星期为:",i)
    i=i+1
    t=9
    if i==4:
        t=13
    while t<=15:
```

```
print("时间段:",t)
t=t+1
```

代码的加粗部分为插入的特定条件，表示当外循环变量 i==4 时，内循环变量 t 取值为 13。

（2）代码的执行结果如下：

上班星期为: 1

时间段: 9

时间段: 10

时间段: 11

时间段: 12

时间段: 13

时间段: 14

时间段: 15

上班星期为: 2

时间段: 9

时间段: 10

时间段: 11

时间段: 12

时间段: 13

时间段: 14

时间段: 15

上班星期为: 3

时间段: 13

时间段: 14

时间段: 15

上班星期为: 4

时间段: 9

时间段: 10

时间段: 11

时间段: 12

时间段: 13

时间段: 14

时间段: 15

上班星期为: 5

时间段: 9

时间段: 10

时间段: 11

时间段: 12

时间段: 13

时间段: 14

时间段: 15

从执行结果中可以看到，周一、周二、周四、周五的上班时间为 9 点到 15 点，而周三的上班时间为 13 点到 15 点。

在执行该嵌套循环代码时，首先执行外循环，执行一次外循环语句，然后执行内循环，循环执行内循环语句。执行结束后，继续执行外循环。重复该顺序，直到外循环变量 i 取值为 4 时，内循环的变量 t 将从默认的 9 变为 13。在执行内循环语句时，将以变量 t 为 13 来进行。

7.6 小　结

本章主要介绍了 Python 中的循环语句，依次对 while 语句、for 语句进行了介绍，并且讲解了循环后的处理与循环嵌套。通过本章的学习，程序员需要了解以下内容。

❑ while 条件循环的次数是不确定的。

❑ for 计次循环次数是确定的，在遍历序列时，循环次数就是序列中元素的数目。

❑ break 语句用于跳出所有循环。

❑ continue 语句用于跳出当前循环。

7.7 习　题

一、选择题

1. 下面哪个保留字可以终止整个循环（　　　）。

　　A．if　　　　　　　　B．break　　　　　　C．exit　　　　　　　D．continue

2. 下面关于 while 条件循环的特点不正确的是（　　　）。

　　A．提高程序的复用性　　　　　　　　　B．可以实现无限循环

　　C．必须提供可循环的次数　　　　　　　D．如果不小心可能会出现死循环

二、填空题

1. 终止循环，需要使用的语句是＿＿＿。

2. 只跳出当前的循环，需要使用的语句是＿＿＿。

三、简答题

1. 实现输出九九乘法表口诀。

2. 使用循环嵌套的多种方法输出以下信息：

```
A1
A2
A3
A4
A5
A6
B1
B2
B3
B4
B5
B6
C1
C2
C3
C4
C5
C6
```

第 8 章 代 码 调 试

完成一个程序往往需要编写大量的代码。在编写过程中，不可避免地会出现各种错误。错误可能是语法错误，也可能是逻辑错误。如果是语法错误，则比较容易检测，因为程序会直接停止，并给出错误提示。而逻辑方面的错误就不容易被发现了。因为程序仍然会被执行下去，但是执行的结果可能与我们预期的不一样。为了能够用最短的时间找到代码在哪里编写出了错，我们必须掌握代码调试。在 Python 中，代码程序调试有两种：一种是简单调试；另一种是使用 Python 自带的 IDLE 调试。下面依次介绍这两种调试方法。

本章要求

❏ 学会如何使用简单调试检查代码
❏ 掌握 IDLE 对代码的调试

8.1 简 单 调 试

简单调试是指在代码中的适当位置插入输出语句进行调试，其作用有两个：第一，验证插入语句之前的代码是否都被执行了；第二，验证输出变量的值是否与预期的值相同。

为了方便下面的讲解，这里给出一段存在错误的代码，该代码最终结果是计算梯形的面积。代码如下：

```
a=2
b=6
s=a*b
c=a+b*2
T1=s
T2=c
H=10
S=T1+T2*H/2
str='梯形面积为：{}'.format(S)
print(str)
```

这段代码中各个变量的含义如下。

❏ 变量 a：矩形的宽。
❏ 变量 b：矩形的长。
❏ 变量 s：矩形面积。
❏ 变量 c：矩形周长。
❏ 变量 T1：梯形上底长度。
❏ 变量 T2：梯形下底长度。
❏ 变量 H：梯形的高。
❏ 变量 S：梯形面积。

这段代码虽然存在错误，但是仍然可以被成功执行，其结果如下：

梯形面积为：82.0

执行结果表示，梯形面积为 82.0。而这个结果并不是我们所预期的结果，这说明编写代码时出现了差错。而预期的结果应该为：

梯形面积为：140.0

针对上述这段存在错误的代码，下面通过简单调试来检查代码中的错误并进行改正。

8.1.1 验证代码是否被执行

虽然代码执行后没有任何错误信息，但不代表所有的代码都被执行。因此，可以在适当的位置插入输出语句，来验证之前的代码是否被执行。

【实例 8-1】下面通过插入输出语句，验证代码是否被执行。

（1）插入输出语句后的代码如下：

```
a=2
b=6
s=a*b
c=a+b*2
print("简单调试——插入的语句 1")
T1=s
T2=c
H=10
S=T1+T2*H/2
print("简单调试——插入的语句 2")
str='梯形面积为：{}'.format(S)
print(str)
print("简单调试——插入的语句 3")
```

加粗部分为插入的输出语句，一共插入了 3 条输出语句。如果输出语句能够输出对应的信息，则说明该输出语句之前的代码被执行了。

（2）执行代码，查看执行结果，如下：

```
简单调试——插入的语句 1
简单调试——插入的语句 2
梯形面积为：82.0
简单调试——插入的语句 3
```

输出信息表示，所有插入的输出语句都有了执行结果。这说明，编写的这段代码都被执行了。

8.1.2 验证变量值或类型

通过上述插入语句判断出代码都能够被执行，那么可能是代码中一些变量在运算时出现了差错。因此，再次通过在适当位置插入输出语句，输出代码中变量的值或类型是否是我们预期的值或类型，从而检查出代码的错误。

【实例 8-2】下面通过插入输出语句，验证变量值。

（1）插入输出语句后的代码如下：

```
a=2
```

```
b=6
s=a*b
print('变量 s 的值：',str(s))                    #插入的输出语句 1
c=a+b*2
print('变量 c 的值：',str(c))                    #插入的输出语句 2
T1=s
T2=c
H=10
S=T1+T2*H/2
str='梯形面积为：{}'.format(S)
print(str)
```

代码中，插入了 2 条输出语句，分别用来输出变量 s 和变量 c 的值。

说明：插入输出语句显示变量值时，从开头部分选择适当的位置插入，并且不要全部插入，而是逐一检查变量的值。先判断前面出现过的变量值对不对，再判断后面的变量值对不对。这样做是因为，后面的变量值往往由前面的变量值决定。前面的变量值错了，那么后面的变量值很难保持正确。

（2）执行代码，查看执行结果，如下：

```
变量 s 的值：  12
变量 c 的值：  14
梯形面积为：82.0
```

查看输出结果，变量 s 的值为 12 是正确的，而变量 c 的值为 14 是错误的。我们回到代码中找到变量 c 的代码，如下：

```
c=a+b*2
```

变量 c 是计算矩形的周长。经检查发现，在编写代码时，忽略了符号的优先级，忘记使用括号。因此，正确代码如下：

```
c=(a+b)*2
```

（3）将变量 c 错误的代码修改后，再查看最终结果是否是预期的，执行结果如下：

```
变量 s 的值：  12
变量 c 的值：  16
梯形面积为：92.0
```

此时，变量 s 和变量 c 的值是正确的，但最终结果中梯形面积的值还是错误的。这说明在插入输出语句下面的代码中也存在错误。

（4）继续插入输出语句，判断下面代码中变量的值。插入输出语句后的代码如下：

```
a=2
b=6
s=a*b
c=(a+b)*2
T1=s
print('变量 T1 的值：',str(T1))                  #插入的输出语句 1
T2=c
print('变量 T2 的值：',str(T2))                  #插入的输出语句 2
H=10
print('变量 H 的值：',str(H))                    #插入的输出语句 3
S=T1+T2*H/2
print('变量 S 的值：',str(S))                    #插入的输出语句 4
```

```
str='梯形面积为：{}'.format(S)
print(str)
```

在代码中插入了 4 条输出语句，分别用来输出变量 T1、变量 T2、变量 H 和变量 S 的值。

（5）执行代码，查看执行结果，如下：

```
变量 T1 的值：  12
变量 T2 的值：  16
变量 H 的值：  10
变量 S 的值：  92.0
梯形面积为：92.0
```

查看输出结果，变量 T1、变量 T2、变量 H 的值都是正确的，但变量 S 的值是错误的。我们回到代码中找到变量 S 的代码，如下：

```
S=T1+T2*H/2
```

变量 S 是计算梯形面积。经检查发现，原来在编写代码时，也忽略了符号的优先级，忘记了使用括号。正确代码如下：

```
S=(T1+T2)*H/2
```

（6）将变量 S 错误的代码改正后，再查看最终结果是否是预期的，执行结果如下：

```
变量 T1 的值：  12
变量 T2 的值：  16
变量 H 的值：  10
变量 S 的值：  140.0
梯形面积为：140.0
```

此时，所有变量的值都是正确的，计算梯形面积的值也是正确的。

（7）删除这些插入的输出语句，正确的代码如下：

```
a=2
b=6
s=a*b
c=(a+b)*2
T1=s
T2=c
H=10
S=(T1+T2)*H/2
str='梯形面积为：{}'.format(S)
print(str)
```

加粗部分为之前错误的代码此时已经被修改为正确的代码了。

8.2　IDLE 调试

现在很多集成开发工具都提供了程序调试功能，Python 也不例外。内置的 IDLE 工具也同样提供了对程序的调试功能，包括两种调试方法：第一，逐行调试，用于精确调试，对每一条代码进行验证；第二，断点调试，根据猜测代码错误的大概位置，在该位置之后进行调试，查找代码出错之处。下面介绍如何使用 IDLE 来调试代码。

8.2.1　开启调试

使用 IDLE 对代码进行调试，首先需要开启调试，然后才能进行后续的调试工作，从而判断代码出错之处。开启调试方法如下。

（1）启动 IDLE 开发工具，显示 Python 的 IDLE Shell 窗口，如图 8.1 所示。

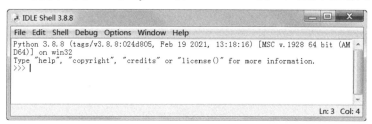

图 8.1　IDLE Shell 窗口

（2）在菜单栏中选择 Debug→Debugger 选项，弹出 Debug Control（调试控制框）窗口，如图 8.2 所示。

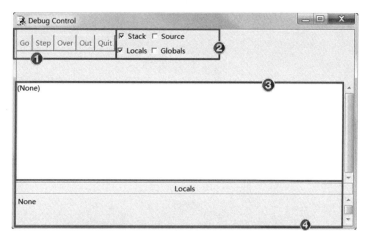

图 8.2　Debug Control 窗口

该窗口分为 4 部分，每部分讲解如下。

第 1 部分提供了 5 个按钮，每个按钮含义如下。

❑ Go：运行代码。

❑ Step：一层一层地进入代码。

❑ Over：一行一行地查看代码。

❑ Out：执行所有代码并退出 Python Shell。

❑ Quit：退出 Python Shell。

第 2 部分提供了 4 个复选框，每个复选框含义如下。

❑ Stack：堆栈调用层次。

❑ Source：跟进代码源，可以查看当前执行代码的位置。

❑ Locals：查看局部变量。

❑ Globals：查看全局变量。

第 3 部分用于显示正在执行的语句及其所在的行。

第 4 部分用于显示局部变量的值。

（3）Debug Control 窗口的第 1 部分按钮为灰色而无法使用。目前处于调试状态，还未真正开启调试。其原因是还没有打开要调试的文件。返回到 IDLE Shell 窗口，可以看到显示了"[DEBUG ON]"（表示已经处于调试状态），如图 8.3 所示。

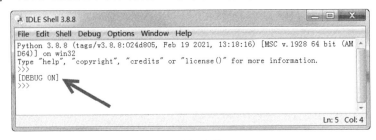

图 8.3　处于调试状态的 IDLE Shell

（4）选择要调试代码的.py 文件。在 IDLE Shell 窗口的菜单栏中，选择 File→Open 选项，弹出"打开"对话框，选择要调试的.py 文件，如打开 test.py 文件，如图 8.4 所示。

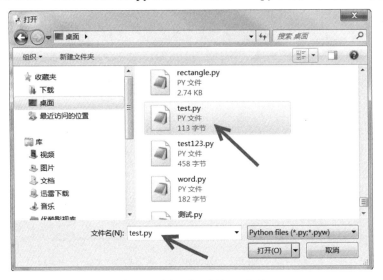

图 8.4　选择要调试的.py 文件

（5）单击"打开(O)"按钮，读取 test.py 文件，看到文件中的内容，如图 8.5 所示。

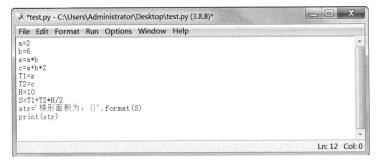

图 8.5　test.py 文件内容

（6）要调试代码，需要运行 test.py 文件。在菜单栏中，选择 Run→Run Module 选项，此时，Debug Control 窗口发生了变化，灰色按钮不再为灰色，可以使用了，如图 8.6 所示。此时，就可以利用这些按钮实现对代码的调试了。

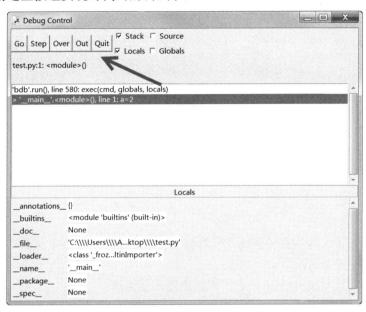

图 8.6　调试按钮已开启

（7）在进行调试之前，可以先执行 test.py 文件中的代码，查看代码中变量的值是否有误。单击"Go"按钮，在 Locals 部分的下方，显示各个变量的值，如图 8.7 所示。例如，变量 a 的值为 2，变量 b 的值为 6 等。

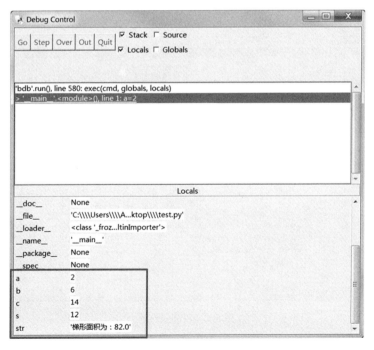

图 8.7　代码中各个变量的值

（8）在 IDLE Shell 窗口中显示了所有代码的执行结果，如图 8.8 所示。输出结果梯形面积为 82.0，该结果是错误的。

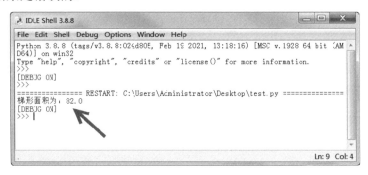

图 8.8　test.py 文件执行结果

8.2.2　逐行调试

逐行调试是指依次对所有代码逐个进行检查执行。这样容易查看代码中的每个变量的值是否正确，执行结果是否正确。

【实例 8-3】对上述 test.py 文件中的代码进行逐行调试。

（1）开启调试，在 Debug Control 窗口中，勾选 "Source" 复选框和 "Globals" 复选框，如图 8.9 所示。图中中间部分显示当前准备检查的代码，其中，line 1 表示第 1 行的代码，a=2 表示该行的具体的代码，也就是要准备检查的代码。

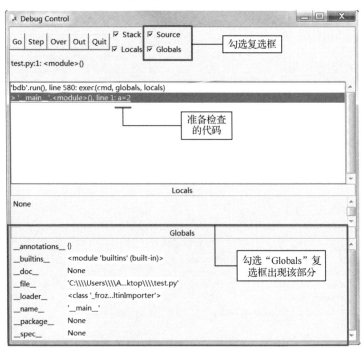

图 8.9　勾选复选框

（2）由于勾选了 "Source" 复选框，所以准备检查的代码语句所在行会出现阴影，在 test.py 文件中可以看到，如图 8.10 所示。阴影部分的代码为 a=2，正好与步骤（1）中显示的准备要检查的代码一致。

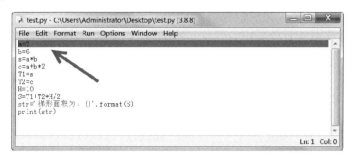

图 8.10　阴影部分为准备检查的代码

（3）进行逐行调试。在 Debug Control 窗口中，单击"Over"按钮，将执行第 1 行代码，同时显示出准备检查的下一行代码（第 2 行代码），如图 8.11 所示。从图中可以看到，第 1 行代码执行结果是变量 a 的值为 2，下一步要执行的代码为下一行（line 2：第 2 行）代码 b=6。

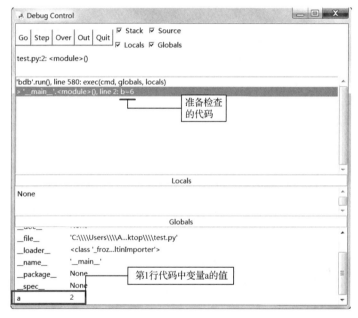

图 8.11　执行了第 1 行代码

（4）在 test.py 文件中，可以看到阴影部分移动到了下一行的代码处，如图 8.12 所示。阴影位置的代码正好与步骤（3）中显示的准备检查的代码一致。

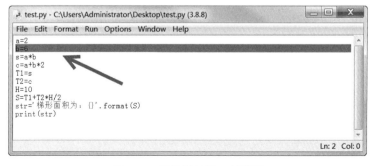

图 8.12　要执行的第 2 行代码

（5）通过上述步骤可以看出，就这样从上往下逐行执行代码。以同样的方式，单击"Over"按钮继续逐行调试，准备执行第 4 行代码，如图 8.13 所示。从图中可以看到，准备要执行的代码为：c=a+b*2，在前 4 行代码中，变量 a 的值为 2，变量 b 的值为 6，变量 s 的值为 12。这些变量的值均正确。

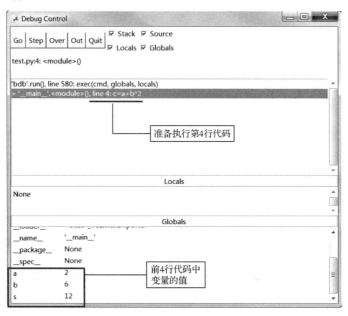

图 8.13　准备执行第 4 行代码

（6）单击"Over"按钮，执行第 4 行代码，执行结果如图 8.14 所示。从图中可以看到，执行第 4 行代码后，变量 c 的值为 14，该值是不正确的。这说明，第 4 行代码存在错误。经过检查后，发现在编写代码时忽略了运算符的优先级，少了一个括号，正确的第 4 行代码为：c=(a+b)*2。

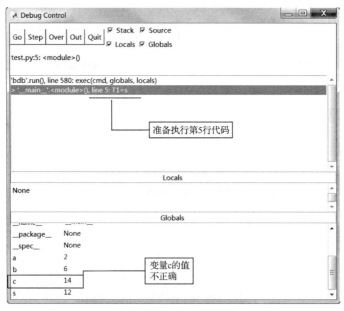

图 8.14　第 4 行代码执行结果

（7）将错误的代码修改正确后，继续对下面的代码逐行调试。直到准备执行第 8 行代码，如图 8.15 所示。从图中可以看到，准备执行的第 8 行代码为：S=T1+T2*H/2。

图 8.15 准备执行第 8 行代码

（8）单击"Over"按钮，执行第 8 行代码，执行结果如图 8.16 所示。从图中可以看到，执行第 8 行代码后，变量 S 的值为 82.0，该值是不正确的。经过检查后，发现在编写代码时忽略了运算符的优先级，少了一个括号，正确的第 8 行代码为：S=(T1+T2)*H/2。

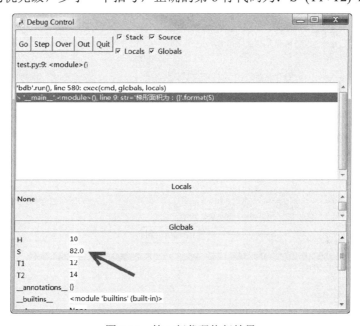

图 8.16 第 8 行代码执行结果

（9）以此类推，对剩下的所有代码逐行调试，并检查变量值和输出的结果是否正确，以此来判断错误之处。

8.2.3 取消逐行调试

当不再进行逐行调试时，可以取消。取消逐行调试可以使用"Out"按钮，也可以使用"Quit"按钮。下面依次介绍这两者的区别。

1. 使用"Out"按钮取消

使用"Out"按钮取消逐行调试，取消后仍然会执行全部代码，并在 IDLE Shell 窗口显示所有代码的执行结果。

【实例 8-4】下面演示使用"Out"按钮取消逐行调试。

（1）对 test.py 文件中的代码进行了逐行调试，查看 Debug Control 窗口，如图 8.17 所示。图中信息表示，目前已经执行了前 4 行代码，准备执行第 5 行代码。

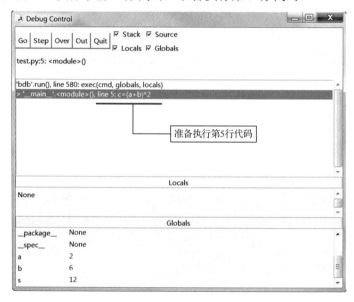

图 8.17　逐行调试

（2）查看 test.py 文件中的代码，如图 8.18 所示。图中阴影部分表示此时调试到了该行代码。该行之前的代码，有 1 个输出语句。在调试时，代码的执行结果会输出到 IDLE Shell 窗口中。

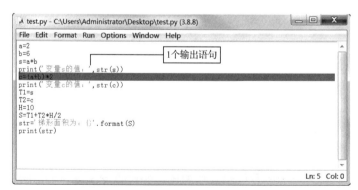

图 8.18　查看代码

（3）在 IDLE Shell 窗口中查看调试过的代码的执行结果，如图 8.19 所示。图中的输出结果为 print('变量 s 的值：',str(s)) 语句的输出结果。

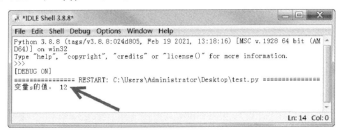

图 8.19　调试过的代码的执行结果

（4）目前，已经调试了 4 行代码，剩下的代码没有进行调试。此刻，取消调试。单击"Out"按钮，仍然会执行 test.py 中未调试过的代码。在 IDLE Shell 窗口中查看执行结果如图 8.20 所示。执行结果中包含了未调试过的代码的执行结果。

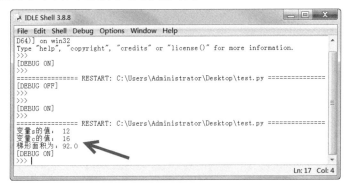

图 8.20　执行结果（所有代码）

（5）取消调试后，在 Debug Control 窗口中可以看到"Out"按钮变为了灰色。如图 8.21 所示。

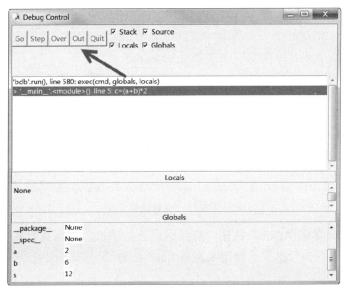

图 8.21　成功取消了逐行调试（使用"Out"按钮）

2. 使用"Quit"按钮取消

使用"Quit"按钮取消逐行调试,取消后,直接退出调试,不会执行剩下未被调试过的代码。

【实例 8-5】下面演示使用"Quit"按钮取消逐行调试。

(1)对 test.py 文件中的代码进行了逐行调试,查看 Debug Control 窗口,如图 8.22 所示。图中信息表示,目前已经执行了前 4 行代码,准备执行第 5 行代码。

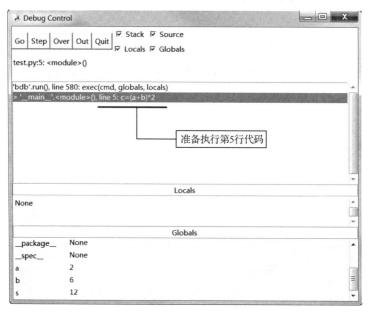

图 8.22 逐行调试

(2)查看 test.py 文件中的代码,如图 8.23 所示。图中阴影部分表示此时调试到了该行代码。该行之前的代码,有 1 个输出语句,该代码之后,有 2 个输出语句。

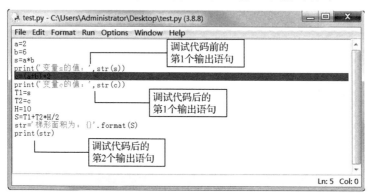

图 8.23 查看代码

(3)取消调试。单击"Quit"按钮,直接退出逐行调试,不再执行剩下的任何代码。在 IDLE Shell 窗口中查看执行结果,如图 8.24 所示。

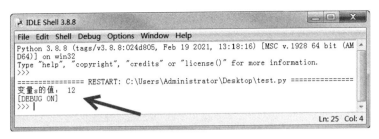

图 8.24　执行结果（调试之前的代码）

（4）取消调试后，在 Debug Control 窗口中可以看到 "Quit" 按钮变为了灰色，如图 8.25 所示。

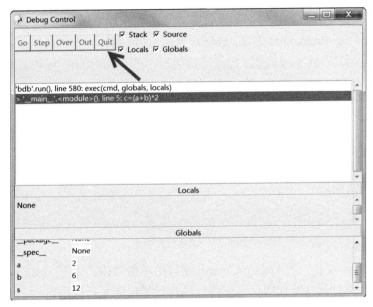

图 8.25　成功取消了逐行调试（使用 "Quit" 按钮）

8.2.4　断点调试

断点调试是指在代码中选择某一行，作为断点处的代码。当代码执行时，只执行到断点处即停止，不执行断点处及断点以后的代码。

当代码很多，甚至达到几千行时，如果错误的代码出现在第 300 行以后，那么需要从第一行开始，至少单击 300 次 "Over" 按钮才能找到错误的代码，这就需要花费很多时间。为了节约时间，这种情况可以使用断点调试。将第 300 行的代码设置为断点，直接执行前 300 行的代码，然后，再使用逐行调试功能检查断点以后的代码。

断点调试需要两个阶段，设置断点和运行代码。

【实例 8-6】下面以 test.py 文件为例演示断点调试。

（1）查看 test.py 中的代码，如图 8.26 所示。

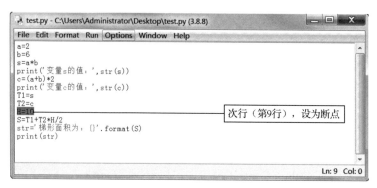

图 8.26　选择要设置断点的代码行

（2）假设代码的前 8 行没有错误。设置断点时，选择第 9 行代码。右击第 9 行，在弹出的快捷菜单中选择 Set Breakpoint 选项，成功设置断点后，该行以黄色条显示，如图 8.27 所示。

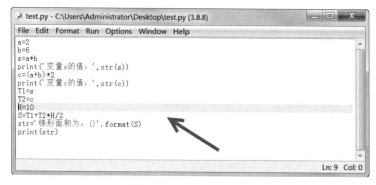

图 8.27　成功设置断点

（3）运行 test.py 文件。在 Debug Control 窗口中单击"Go"按钮，如图 8.28 所示。图中的 line 9 表示准备执行第 9 行代码，这说明已经执行了前面 8 行代码。

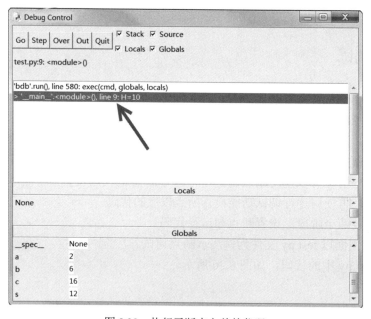

图 8.28　执行了断点之前的代码

（4）在 IDLE Shell 窗口中查看执行结果，如图 8.29 所示。图中的输出结果为设置断点之前代码的执行结果。其中，第 1 个是代码 print('变量 s 的值：',str(s)) 执行结果；第 2 个是代码 print('变量 c 的值：',str(c)) 执行结果。

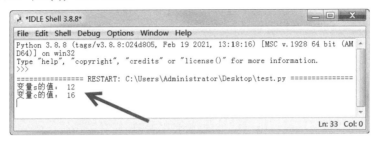

图 8.29　前 8 行代码执行结果

（5）此时，用户就可以使用逐行调试功能检查断点之后的代码了。

8.2.5　取消断点调试

当不再使用断点调试时可以取消。选择要取消的断点代码行，右击该行，在弹出的快捷菜单中选择 Clear Breakpoint 选项，如图 8.30 所示。

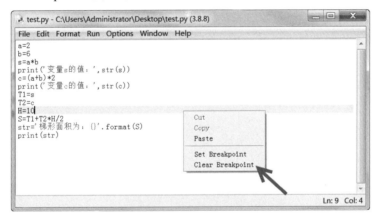

图 8.30　取消断点调试

8.3　小　　结

本章主要介绍了调试代码的两种方法，即简单调试和使用 IDLE 调试。通过本章的学习，程序员需要了解以下内容。

- ❑　简单调试时，插入输出语句用来输出特定信息。代码执行后，如果输出了特定信息，则说明输出语句之前的代码被执行了，并且能执行到输出语句的位置。
- ❑　简单调试时，插入输出语句用来输出某个变量值或变量类型。代码执行后，输出了该变量的值或变量类型，可以简单判断代码中的变量在赋值时是否有误。
- ❑　IDLE 调试时，如果采用逐行调试，则从第一行代码开始，每行代码依次执行，进而判断代码执行结果。

❏ IDLE 调试时，如果采用断点调试，则可以将断点设置在自己认为的错误代码之前，然后再进行逐行调试，找出哪行代码有错误。

8.4 习　题

一、选择题

1. 在进行简单调试时，关于插入输出语句的目的说法不正确的是（　　　）。
   A．判断输出语句之前的代码是否被执行
   B．验证输出语句之前代码中的变量值是否正确
   C．判断输出语句是否正确
   D．验证输出语句之前代码中的变量类型是否正确
2. 下面关于逐行调试说法不正确的是（　　　）。
   A．可以显示每行的代码执行结果
   B．可以显示变量的值
   C．可以显示已经调试到了第几行代码
   D．可以显示代码的包含关系

二、填空题

1. 使用 IDLE 进行逐行调试时，单击的按钮是_____。
2. 取消逐行调试使用的按钮是_____和_____。

第 2 篇　高级语法

第 9 章　集　　合

　　Python 中的集合（set）与数学中集合的概念类似，即由一个或多个确定的元素所构成的整体。在 Python 中，集合用于保存不重复的元素，往往可以用于去重。本章对集合进行详细讲解。

本章要求

- ❑ 了解集合的特征
- ❑ 学会如何创建集合
- ❑ 学会对集合元素的访问、添加、删除与查询
- ❑ 学会集合之间的 4 种运算

9.1　集合的特征与创建

　　学习集合首先要了解集合有哪些特征，然后根据这些特征创建有效的集合。

9.1.1　集合特征

　　集合就是 0 个或多个元素的无序组合。其特征有以下两点。

- ❑ 无序性：集合中的元素与元素之间是无序的。
- ❑ 不重复性：集合中的元素不可重复。

　　集合中的元素不可重复，因此集合中的元素类型只能是固定的数据类型，如整数类型、浮点数类型、字符串、元组，而不能是列表、字典。

9.1.2　创建集合

　　Python 提供了两种创建集合的方法，下面依次讲解。

1. 使用花括号（{}）创建

　　使用花括号（{}）创建集合时，集合中必须包含元素，并且元素与元素之间使用逗号进行分隔。其法格式如下：

```
<Set_Name>={元素 1, 元素 2, 元素 3,…, 元素 n }
```

　　其中，Set_Name 表示集合的名称。该名称由用户自己定义，只要符合 Python 命名规则即可。

提示：花括号（{}）中必须包含元素。如果没有元素，直接使用花括号（{}），则表示创建一个空字典。

【实例 9-1】 创建保存十二星座的集合。

（1）集合名称定义为 Twelve_Constellations，创建集合，代码如下：

```
>>> Twelve_Constellations={'白羊座','金牛座','双子座','巨蟹座','狮子座','处女座','天秤座','天蝎座','射手座','摩羯座','水瓶座','双鱼座'}
```

（2）输出十二星座，代码如下：

```
>>> Twelve_Constellations
{'摩羯座', '金牛座', '双子座', '天秤座', '水瓶座', '双鱼座', '天蝎座', '白羊座', '处女座', '巨蟹座', '射手座', '狮子座'}
```

【实例 9-2】 去掉电话号码中的重复数字。

（1）将号码 15035668428 的每一个数字作为集合的元素。代码如下：

```
>>> Phone={1,5,0,3,5,6,6,8,4,2,8}
```

（2）去掉号码中的重复数字，代码如下：

```
>>> Phone
{0, 1, 2, 3, 4, 5, 6, 8}                        #去重后的集合
```

2. 使用 set()创建

使用上述花括号（{}）创建集合时，不能创建空集合。Python 提供了 set()，用来创建集合（可创建空集合），也可以将列表、元组等其他可迭代的对象转换为集合。该函数的语法格式如下：

```
< Set_Name>=set(iterable)
```

其中，iterable 表示要转换为集合的可迭代对象。

【实例 9-3】 下面创建空集合 Book，并进行显示。

（1）创建空集合，代码如下：

```
>>> Book=set()
```

（2）显示集合 Book 信息，代码如下：

```
>>> Book
set()
```

输出信息的 set()表示一个空集合，即{}。

【实例 9-4】 下面演示将字符串转换为集合。

（1）将字符串"Daxueba"赋值给变量 Str，代码如下：

```
>>> Str='Daxueba'
```

（2）将其转换为集合 Name，代码如下：

```
>>> Name=set(Str)
```

（3）显示集合 Name 内容，代码如下：

```
>>> Name
{'e', 'D', 'u', 'a', 'b', 'x'}
```

输出信息是一个集合。该集合包含 6 个元素。这 6 个元素就是字符串"Daxueba"中的字符。其中，字符 a 进行了去重。

3. 验证集合类型

为了验证创建的集合是否为有效集合，可以使用 type()。在 Python 中，集合类型使用 set表示。

【实例 9-5】下面验证上述实例定义的集合 Name，代码如下：

```
>>> type(Name)
<class 'set'>
```

输出信息的 set 表示 Name 是一个集合类型。

9.2 集合内运算

集合内运算是指对集合的元素进行操作，如集合元素的访问、添加、删除等。下面介绍集合内运算。

9.2.1 统计元素个数

统计元素个数，也就是计算集合长度。集合的一个元素相当于一个长度。因此，可以通过计算集合长度来判断集合中包含的元素个数。Python 提供了 len()，用来统计元素个数，其语法格式如下：

```
len(Set_Name)
```

其中，Set_Name 表示集合名称，用来统计集合中包含了多少个元素。

【实例 9-6】定义集合并统计集合元素数量。

（1）定义 3 个不同的集合，代码如下：

```
>>> Set1=set()
>>> Set2={'DAXUEBA','Dxueba','daxueba'}
>>> Set3={'d','a','x','u','e','b','a'}
```

其中，Set1 为空集合，集合 Set2 中的元素不重复，集合 Set3 包含了重复元素。

（2）依次统计集合的元素个数，代码如下：

```
>>> len(Set1)
0
>>> len(Set2)
3
>>> len(Set3)
6
```

输出信息中，0 表示空集合 Set1 中没有包含元素；3 表示集合 Set2 中包含 3 个元素；6 表示集合 Set3 中包含 6 个元素。

9.2.2 访问集合元素

创建集合就是为了运用集合中的元素，从而实现某项功能。例如，访问集合中的每个元素，并进一步使用这些元素。使用 for 语句来访问集合中的所有元素。

【实例 9-7】下面使用集合输出七色彩虹颜色。

（1）定义变量 rainbow，使用字符串"彩虹颜色之一："进行赋值，代码如下：

```
>>> rainbow='彩虹颜色之一: '
```

（2）创建彩虹颜色的集合 colour，代码如下：

```
>>> colour={'红','橙','黄','绿','蓝','靛','紫'}
```

（3）通过 for 语句访问集合元素，并与变量 rainbow 进行运算，代码如下：

```
>>> for i in colour:
        print(rainbow +i)
```

（4）代码执行后，将显示七色彩虹颜色，如下：

```
彩虹颜色之一：蓝
彩虹颜色之一：靛
彩虹颜色之一：绿
彩虹颜色之一：橙
彩虹颜色之一：紫
彩虹颜色之一：红
彩虹颜色之一：黄
```

输出信息表示成功对集合 colour 中所有元素进行了遍历及运算。

9.2.3　添加/删除元素

集合是可变序列。在创建集合后，还可以对其添加或删除元素。下面依次介绍。

1．向集合中添加元素

向集合中添加元素可以使用 add()来实现，语法格式如下：

```
Set_Name.add(element)
```

其中，Set_Name 表示要添加元素的集合；element 表示要添加的元素内容，元素内容只能是字符串、数字、布尔类型值 True 或 False，不能是列表、元组等可迭代对象。

【实例 9-8】下面创建一个学生姓名集合 Student_Name，并向集合中添加新的学生姓名。

（1）创建学生姓名集合 Student_Name，代码如下：

```
>>> Student_Name={'张三','李四','王五'}
```

（2）添加新的学生姓名。例如，添加学生姓名"赵六"，代码如下：

```
>>> Student_Name.add('赵六')
```

（3）显示集合中现有的元素，代码如下：

```
>>> print(Student_Name)
{'张三', '李四', '王五', '赵六'}
```

从输出信息中可以看到，该集合中包含了 4 个元素。其中，"赵六"为新添加的元素。

2．从集合中删除元素

集合中的元素也可以被删除。Python 提供了两种删除方法。下面依次介绍。

（1）如果要删除集合中的第一个元素，需要通过 pop()来实现，其语法格式如下：

```
Set_Name.pop()
```

执行语法后，它会删除集合中的第一个元素，并输出该元素。

【实例 9-9】下面使用 pop()删除一个元素，代码如下：

```
>>> result={90,80,98,56,67,100,82,96}           #创建的集合
>>> result
{96, 98, 67, 100, 80, 82, 56, 90}               #集合信息
>>> result.pop()                                #删除集合中的第一个元素
96                                              #被删除的元素
>>> result                                      #再次显示集合信息
{98, 67, 100, 80, 82, 56, 90}
```

代码中，创建的集合包含了 8 个元素。这时，集合的第一个元素为 96。使用 pop()删除时，显示了该元素。删除后，集合中将不再包含元素 96。

（2）使用 pop()只能删除集合中的第一个元素。如果想删除集合中的某一个元素，可以使用 remove()，其语法格式如下：

```
Set_Name.remove(element)
```

其中，element 表示要删除的指定元素。

【实例 9-10】下面使用 remove ()删除指定元素，代码如下：

```
>>> Number={1,2,3,4,5,6,7,8,9}                       #创建的集合
>>> Number
{1, 2, 3, 4, 5, 6, 7, 8, 9}
>>> Number.remove(2)                                 #删除元素 2
>>> Number
{1, 3, 4, 5, 6, 7, 8, 9}
>>> Number.remove(4)                                 #删除元素 4
>>> Number
{1, 3, 5, 6, 7, 8, 9}
>>> Number.remove(6)                                 #删除元素 6
>>> Number
{1, 3, 5, 7, 8, 9}
>>> Number.remove(8)                                 #删除元素 8
>>> Number
{1, 3, 5, 7, 9}
```

代码创建的集合元素为数字 1～9。这里进行了 4 次删除，每次删除一个指定的偶数。加粗部分为删除元素后集合中的元素信息，这里不再包含被删除的偶数了。

9.2.4　清空集合

pop()或 remove()只能一个一个地删除元素。如果集合中的元素很多时，需要删除全部元素，使用上述方法就非常低效了。这时，可以使用 clear()，直接清空集合，即删除集合中的所有元素。此时，集合还是一个集合，但是为一个空集合。clear()的语法格式如下：

```
Set_Name.clear()
```

【实例 9-11】下面使用 clear ()删除集合中的所有元素，代码如下：

```
>>> Number={1,2,3,4,5,6,7,8,9}                       #创建的集合
>>> Number
{1, 2, 3, 4, 5, 6, 7, 8, 9}
>>> Number.clear()                                   #删除集合中的所有元素
>>> len(Number)                                      #统计集合元素个数
0
>>> Number                                           #查看集合信息
set()                                                #集合为空集合
```

9.2.5　删除集合

如果不再需要集合，则可以删除集合。删除后集合名将不存在。Python 提供了 del 语句

删除集合，其语法格式如下：

```
dle Set_Name
```

其中，Set_Name 表示集合名称。

【实例 9-12】下面演示使用 del 语句删除一个存在的集合。

（1）定义集合 Number，代码如下：

```
>>> Number={1,2,3,4,5,6,7,8,9}          #创建集合
>>> Number                              #查看集合信息
{1, 2, 3, 4, 5, 6, 7, 8, 9}
```

（2）删除集合 Number，代码如下：

```
>>> del Number
```

代码执行后没有任何输出信息，集合 Number 被成功删除。如果再次查看集合信息，则会报错，如下：

```
>>> Number                              #再次查看集合信息时，报错
Traceback (most recent call last):
  File "<pyshell#96>", line 1, in <module>
    Number
NameError: name 'Number' is not defined
```

输出的最后一行信息表示名称 Number 没有被定义，即集合 Number 已经不存在，被成功删除了。

9.2.6　元素判断

集合中往往会包含很多元素。如果想判断某个元素是否在集合中，那么该如何做呢？Python 提供了元素判断功能，它可以直接判断指定元素是否被包含在集合中。判断方式分为正面判断、反面判断两种，下面依次进行介绍。

1. 正面判断

正面判断是指，如果集合包含指定元素，则返回 True；否则，返回 False。正面判断使用 in 语句来实现，其语法格式如下：

```
element in Set_Name
```

其中，element 表示要判断的元素，Set_Name 表示集合名称。

【实例 9-13】下面使用 in 语句判断指定元素是否在集合中，代码如下：

```
>>> Number={0,1,2,3,4,5,6}              #创建的集合
>>> 3 in Number                         #判断元素 3 是否在集合中
True
>>> 8 in Number                         #判断元素 8 是否在集合中
False
```

在输出信息中，True 表示元素 3 在集合 Number 中；False 表示元素 8 不在集合 Number 中。

2. 反面判断

反面判断是指，如果集合中不包含指定元素，则返回 True；否则，返回 False。反面判断使用 not in 语句来实现，其语法格式如下：

element not in Set_Name

其中，element 表示要判断的元素，Set_Name 表示集合名称。

【实例 9-14】下面使用 not in 语句判断指定元素是否在集合中，代码如下：

```
>>> Number={0,1,2,3,4,5,6}
>>> 3 not in Number                          #判断元素 3 是否在集合中
False
>>> 8 not in Number                          #判断元素 8 是否在集合中
True
```

在输出信息中，False 表示元素 3 在集合 Number 中；True 表示元素 8 不在集合 Number 中。

9.3 集合间运算

集合间运算是指集合中的元素与另一个集合中的元素之间的运算。集合间运算与数学中的集合运算一致。在 Python 中，集合运算包含 4 种，分别为差集（-）、交集（&）、补集（^）、并集（|）。集合运算后会产生一个新的集合。下面详细讲解集合间运算。

9.3.1 差集运算

差集运算是指集合 S 与集合 T 进行运算，提取所有属于集合 S 且不属于集合 T 的元素，并且生成一个新的集合，使用的运算符为"-"。差集运算如图 9.1 所示。其中，阴影部分为运算的结果。

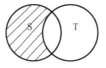

图 9.1 差集运算

【实例 9-15】定义两个集合，并进行差集运算。

（1）定义集合 S，代码如下：

```
>>> S={1,2,3,4,5,6,7,8,9}
```

（2）定义集合 T，代码如下：

```
>>> T={2,4,6,8,10,12,14}
```

（3）集合 S 与集合 T 进行差集运算，代码如下：

```
>>> S-T
{1, 3, 5, 9, 7}
```

输出信息是一个新的集合，可以看到集合中的元素属于集合 S，但不属于集合 T。差集运算结果如图 9.2 所示。

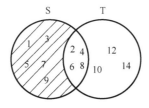

图 9.2 差集运算结果

注意： 差集运算使用的运算符为减法运算符（-）。在进行差集运算时，如果使用的是变量，而不是集合，就是减法运算。减法运算时，当变量相互调换后，运算结果是有规律的。但是，在进行集合差集运算时，如果交换集合类型的位置，那么结果是没有规律的。

【实例 9-16】 下面演示和对比变量之间的减法运算、集合之间的差集运算，并交换变量位置，查看执行结果。

（1）定义变量 a 和变量 b，分别赋值为 20 和 15。进行减法运算，并互换位置再次运算，查看运算结果，代码如下：

```
>>> a=20
>>> b=15
>>> a-b
5
>>> b-a
-5
```

输出信息表示，变量 a 与变量 b 减法运算结果为 5，变量 b 与变量 a 减法运算结果为-5，它们的运算结果是相反的。代码验证如下：

```
>>> a-b==-(b-a)
True
```

（2）定义集合 S 和集合 T，进行差集运算，并互换位置再次运算，查看运算结果，代码如下：

```
>>> S={1,2,3,4,5,6,7,8,9}
>>> T={2,4,6,8,10,12,14}
>>> S-T
{1, 3, 5, 7, 9}
>>> T-S
{10, 12, 14}
```

输出信息表示，集合 S 与集合 T 差集运算结果为集合{1, 3, 5, 7, 9}，而集合 T 与集合 S 差集运算结果为集合{10, 12, 14}，其运算结果是没有规律的。因此，在编写代码时，千万注意集合的顺序。例如，上述代码中"S-T"，不能编写为"T-S"，因为"S-T"不等于"-(T-S)"。

9.3.2 交集运算

交集运算是指集合 S 与集合 T 进行运算，提取所有既属于集合 S 也属于集合 T 的元素，生成一个新的集合，使用的运算符为"&"。交集运算如图 9.3 所示。其中，阴影部分为运算的结果。

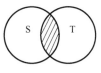

图 9.3 交集运算

【实例 9-17】 定义两个集合，并进行交集运算。

（1）定义集合 S 和 T，代码如下：

```
>>> S={1,2,3,4,5,6,7,8,9}
>>> T={2,4,6,8,10,12,14}
```

（2）集合 S 与集合 T 进行交集运算，代码如下：

```
>>> S&T
{8, 2, 4, 6}
```

输出信息是一个新的集合，可以看到集合中的元素既属于集合 S 也属于集合 T。交集运算结果如图 9.4 所示。

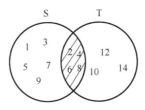

图 9.4 交集运算结果

9.3.3 补集运算

补集运算是指集合 S 与集合 T 进行运算，提取集合 S 与集合 T 共同包含元素以外的其他元素，使用的运算符为 "^"。它与交集运算相反，补集运算如图 9.5 所示。其中，阴影部分为运算的结果。

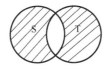

图 9.5 补集运算

【实例 9-18】定义两个集合，并进行补集运算。

（1）定义集合 S 和集合 T，代码如下：

```
>>> S={1,2,3,4,5,6,7,8,9}
>>> T={2,4,6,8,10,12,14}
```

（2）集合 S 与集合 T 进行补集运算，代码如下：

```
>>> S^T
{1, 3, 5, 7, 9, 10, 12, 14}
```

输出信息是一个新的集合，集合中的元素 1、3、5、7、9 只属于集合 S；10、12、14 只属于集合 T。补集运算结果如图 9.6 所示。

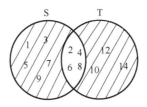

图 9.6 补集运算结果

9.3.4 并集运算

并集运算是指集合 S 与集合 T 进行运算，提取集合 S 和集合 T 中的所有元素，生成一个

新的集合，使用的运算符为"|"。并集运算如图 9.7 所示。其中，阴影部分为运算的结果。

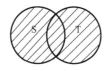

图 9.7　并集运算

【实例 9-19】定义两个集合，并进行并集运算。

（1）定义集合 S 和集合 T，代码如下：

```
>>> S={1,2,3,4,5,6,7,8,9}
>>> T={2,4,6,8,10,12,14}
```

（2）集合 S 与集合 T 进行并集运算，代码如下：

```
>>> S|T
{1, 2, 3, 4, 5, 6, 7, 8, 9, 10, 12, 14}
```

输出信息是一个新的集合，可以看到集合中的元素既包含了集合 S 的所有元素，也包含了集合 T 的所有元素。并集运算结果如图 9.8 所示。

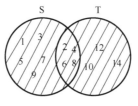

图 9.8　并集运算结果

9.4　小　　结

本章首先介绍了集合特征，以及如何创建集合；其次讲解了如何对集合中的元素进行访问、添加、删除；最后讲述了集合与集合之间的运算。通过本章的学习，程序员需要了解以下内容。

- 集合中的元素是无序的、不重复的。
- 创建集合有两种方法：使用花括号（{}）或使用 set()，如果要创建空集合，则只能使用 set()。
- 向集合中添加新的元素，需使用 add()。
- 删除集合中的元素有两种方法：使用 pop()可以删除第一个元素；使用 remove()可以删除指定的元素。
- 在进行差集运算时，需注意集合顺序，"S-T"不同于"T-S"。
- 交集运算，就是求两个集合共同拥有的元素。
- 补集运算与交集运算相反。
- 并集运算，就是求两个集合中所有的元素。

9.5 习　题

一、选择题

1. 以下创建集合的方法错误的是（　　　）。

   A．S={1,2,3}　　　 B．S=set('123')　　　 C．S=Set(1,2,3)　　　 D．S={'1','2','3'}

2. 下面的代码输出结果为（　　　）。

```
>>> zoon={'鹦鹉','老鹰','鸽子','蝴蝶','孔雀'}
>>> zoon
{'老鹰','孔雀','鹦鹉','鸽子','蝴蝶'}
>>> zoon.pop()
```

   A．'鹦鹉'　　　　　 B．'老鹰'　　　　　　 C．'鸽子'　　　　　　 D．'蝴蝶'

   E．'孔雀'

二、填空题

1. 集合中的元素包含 2 个特征，分别为_____性和_____性。

2. 使用_____可以创建空集合。

三、简答题

已知集合 A1={'a','b','d','f','h'}与集合 A2={'a','c','e','f','g'}，分别求 A1 与 A2 的差集、交集、补集、并集。

第 10 章　字　符　串

　　字符串（String）就是连续的字符序列，用来表示文本信息。在 Python 中，将由 0 个或多个任意字符放在英文引号内，Python 就认为它是字符串。字符串一旦被定义，就是一个有序的序列，不再发生改变。字串中的每个字符都称为元素。本章将对字符串进行详细讲解。

本章要求

❑ 了解字符的编码表示
❑ 了解字符串的特征
❑ 掌握如何计算字符串长度
❑ 掌握如何访问、拼接字符串
❑ 掌握对字符串中的大小写字母的转换方法
❑ 掌握如何分割字符串
❑ 学会灵活使用对字符串的格式化功能

10.1　字符在计算机中的表示

　　虽然文本信息在程序中使用字符串类型来表示，但是，计算机默认只能处理二进制数，而不能处理文本。为了能够处理这类信息，需要将文本对应的每个字符转换为二进制数。而具体使用哪些二进制数表示哪个字符，就需要有一个统一的转换规则，这就是编码。

10.1.1　字符的编码表示

　　最初为了方便计算机能够处理文本数据，美国有关的标准化组织出台了 ASCII 编码。它使用 1 字节表示一个字符，也就是使用 8 位二进制数表示一个字符。它最多可以处理 256 个字符。该编码对大小写字母、数字、特殊符号、控制字符等指定了编码规则，将其转换为对应的二进制数。常见的单字符与 ASCII 编码二进制数对应关系如表 10-1 所示。

表 10-1　常见的单字符与ASCII编码二进制数对应关系

单　字　符	二　进　制　数
数字 0	00110000
数字 1	00110001
数字 2	00110010
数字 3	00110011
数字 4	00110100
数字 5	00110101
数字 6	00110110

续表

单 字 符	二 进 制 数
数字 7	00110111
数字 8	00111000
数字 9	00111001
冒号:	00111010
分号;	00111011
小于号<	00111100
等号=	00111101
大于号>	00111110
问号?	00111111
大写字母 A	01000001
大写字母 B	01000010
大写字母 C	01000011
大写字母 D	01000100
大写字母 E	01000101
大写字母 F	01000110
大写字母 G	01000111
大写字母 H	01001000
大写字母 I	01001001
大写字母 J	01001010
大写字母 K	01001011
大写字母 L	01001100
大写字母 M	01001101
大写字母 N	01001110
大写字母 O	01001111
大写字母 P	01010000
大写字母 Q	01010001
大写字母 R	01010010
大写字母 S	01010011
大写字母 T	01010100
大写字母 U	01010101
大写字母 V	01010110
大写字母 W	01010111
大写字母 X	01011000
大写字母 Y	01011001
大写字母 Z	01011010
小写字母 a	01100001

续表

单　字　符	二　进　制　数
小写字母 b	01100010
小写字母 c	01100011
小写字母 d	01100100
小写字母 e	01100101
小写字母 f	01100110
小写字母 g	01100111
小写字母 h	01101000
小写字母 i	01101001
小写字母 j	01101010
小写字母 k	01101011
小写字母 l	01101100
小写字母 m	01101101
小写字母 n	01101110
小写字母 o	01101111
小写字母 p	01110000
小写字母 q	01110001
小写字母 r	01110010
小写字母 s	01110011
小写字母 t	01110100
小写字母 u	01110101
小写字母 v	01110110
小写字母 w	01110111
小写字母 x	01111000
小写字母 y	01111001
小写字母 z	01111010

汉字数量远远大于 256 个字符，如果采用 ASCII 编码的话，计算机是无法处理汉字的。为了能够处理更多的字符，诞生了 Unicode 编码。它使用 2 字节表示一个字符，也就是 16 位的二进制数，这样可以处理 65 536 个字符。Unicode 编码兼容 ASCII 编码，因此 ASCII 编码所能表示的字符，Unicode 编码同样也能表示。

10.1.2　查询字符对应的 Unicode 编码

为了能够快速地查询字符对应的二进制数，Python 提供了 ord()来返回指定字符的 Unicode 编码值。该函数的语法格式如下：

```
ord(x)
```

其中，x 表示单字符，长度为 1，类型为字符串形式。返回 x 对应的 Unicode 编码值，以十进制数的形式输出。

【实例 10-1】下面演示查询字符"我"对应的 Unicode 编码，代码如下：

```
>>> ord('我')
25105
>>> bin(25105)
'0b110001000010001'
```

输出信息表示，字符"我"对应的 Unicode 编码二进制数为 0b110001000010001。其中，25105 输出的是十进制数，这是因为默认以十进制数显示。因此，这里又使用了 bin() 将 25105 转换为二进制数，转换后为 0b110001000010001。

10.1.3　查询 Unicode 编码对应的字符

Python 提供了 chr() 来返回 Unicode 编码对应的单字符。该函数的语法格式如下：

```
chr(x)
```

其中，x 可以是 Unicode 编码的二进制数、十进制数、十六进制数。

【实例 10-2】下面返回上述实例中得出的十进制数 25105 和二进制数 0b110001000010001 对应的字符，代码如下：

```
>>> chr(25105)
'我'
>>> chr(0b110001000010001)
'我'
```

10.1.4　字符串的特征

字符串就是字符顺序的组合，可以包含 0 个或多个任意字符。字符串有以下两个特征。

❑ 有序性：字符串中的字符与字符之间是有序的。

❑ 可重复性：字符串中可以包含重复的字符。

10.2　字符串的常用操作

Python 提供了大量针对字符串的常用操作，利用这些操作可以实现字符串的拼接、访问等。下面介绍字符串的常用操作。

10.2.1　统计字符个数

字符串中的字符可以是数字 0 到 9、大写字母 A 到 Z、小写字母 a 到 z、中文、符号、空格等。这些都被计作一个字符，一个字符为一个长度。统计字符串的字符个数使用 len()。计算出来的长度值就是字符串中包含字符的个数。

【实例 10-3】下面定义多个字符串，并统计字符串中字符的个数。

（1）定义字符类型不同的字符串，代码如下：

```
>>> Str1='2021'                    #由数字构成的字符串
>>> Str2='2021abc'                 #由数字、字母构成的字符串
>>> Str3='5 号楼 3 单元'            #由数字、中文构成的字符串
```

>>> Str4='smz123@163.com'   #由字母、符号、数字构成的字符串
>>> Str5='星期三 6 点 10 分'   #由中文、空格、数字构成的字符串

代码定义了 5 个字符串，字符串中使用了不同类型的字符。

（2）统计这些字符串的字符个数，代码及结果如下：

```
>>> len(Str1)
4
>>> len(Str2)
7
>>> len(Str3)
6
>>> len(Str4)
14
>>> len(Str5)
9
```

输出信息表示，字符串 Str1 包含了 4 个字符；字符串 Str2 包含了 7 个字符；字符串 Str3 包含了 6 个字符；字符串 Str4 包含了 14 个字符；字符串 Str5 包含了 9 个字符。

10.2.2 访问字符

访问字符是指访问字符串中的某个字符。由于字符串中的字符是有顺序的，所以在 Python 中，使用索引进行访问。索引使用[]表示，其语法格式如下：

```
str[num]
```

其中，str 表示字符串，num 表示字符序号。由于字符串中的字符序号分为正向序号和反向序号两种，所以在进行索引时，分为正向和反向两种索引方式。

1. 正向索引

正向索引是从字符串的最左侧（第一个字符）开始，字符序号从 0 开始，向右依次递增，递增到字符串的长度-1。假设字符串的长度为 L，那么正向索引的字符序号从 0 到 L-1，如图 10.1 所示。

图 10.1　正向索引

【实例 10-4】下面定义一个字符串，使用正向索引访问指定的字符。

（1）定义字符串 Poem，代码如下：

```
>>> Poem='对酒当歌，人生几何？譬如朝露，去日苦多。'
```

（2）正向索引，查询字符序号为 6 的字符是什么，代码如下：

```
>>> Poem[6]
'生'
```

输出信息表示，字符序号为 6 对应的字符为"生"。

（3）查询字符串中从左数的第 17 个字符是什么，代码如下：

```
>>> Poem[16]
'日'
```

输出信息表示，字符串中从左数的第 17 个字符是"日"。

说明：正向索引时，字符串中的字符位置数往往比字符序号多 1。也就是字符串中第 17 个字符的字符序号为 16。

2. 反向索引

反向索引是指从字符串的最右侧（最后一个字符）开始，字符序号从-1 开始，向左依次递减，递减到字符串长度的相反值。假设字符串的长度为 L，那么反向索引的序号从-1 到-L，如图 10.2 所示。

图 10.2　反向索引

【实例 10-5】下面定义一个字符串，使用反向索引访问指定的字符。

（1）定义字符串，代码如下：

```
>>> Poem='山不厌高，海不厌深。周公吐哺，天下归心。'
```

（2）反向索引，访问字符序号为-8 的字符是什么，代码如下：

```
>>> Poem[-8]
'吐'
```

输出信息表示，字符序号为-8 对应的字符为"吐"。

（3）访问字符串中从右数的第 18 个字符是什么，代码如下：

```
>>> Poem[-18]
'厌'
```

输出信息表示，字符串中从右数的第 18 个字符是"厌"。

说明：反向索引时，字符串中的字符位置是字符序号的相反数，也就是字符串中第 18 个字符的字符序号为-18。

10.2.3　获取子串

字符串中连续的字符被称为字符串的子串。Python 语言提供了获取子串的功能，称之为切片操作。切片的语法格式如下：

```
str[N:M]
```

其中，str 表示字符串。语法中的 N 和 M 为字符序号，可以为正向递增序号，也可以为反向递减序号。N 与 M 之间使用冒号（:）进行分隔。该语法用来获取字符串中从 N（包括 N）到 M（不包括 M）之间的字符。

由于代码中的 N 和 M 使用的序号可以为正也可以为负，所以在获取子串指定序号时分为 4 种情况。下面依次介绍。

1. 同为负/同为正

当 N 和 M 同时为正或同时为负时，N 必须小于 M，如果 N 大于或等于 M，那么将不会获取到子串，而将返回一个空字符串。

【实例 10-6】下面定义一个字符串，通过切片操作获取子串。

（1）定义字符串，代码如下：

```
>>> Poem='不识庐山真面目，只缘身在此山中。'
```

（2）N 和 M 同为正，N<M。假设，N 为 5，M 为 12。获取子串代码如下：

```
>>> Poem[5:12]
'面目，只缘身在'
```

输出信息表示获取到子串。

（3）N 和 M 同为正，N>M。假设，N 为 12，M 为 5。获取子串代码如下：

```
>>> Poem[12:5]
''
```

输出信息是一个空字符串，没有获取到子串。

（4）N 和 M 同为正，N=M。假设，N 为 5，M 为 5。获取子串代码如下：

```
>>> Poem[5:5]
''
```

输出信息是一个空字符串，没有获取到子串。

（5）N 和 M 同为负，N<M。假设，N 为-12，M 为-5。获取子串代码如下：

```
>>> Poem[-12:-5]
'真面目，只缘身'
```

输出信息表示获取到子串。

（6）N 和 M 同为负，N>M。假设，N 为-5，M 为-12。获取子串代码如下：

```
>>> Poem[-5:-12]
''
```

输出信息是一个空字符串，没有获取到子串。

（7）N 和 M 同为负，N=M。假设，N 为-5，M 为-5。获取子串代码如下：

```
>>> Poem[-5:-5]
''
```

输出信息是一个空字符串，没有获取到子串。

2. N 为正、M 为负

当 N 为正、M 为负时，N 的值与 M 的相反值的和要小于字符串的长度值，否则返回一个空字符串。

【实例 10-7】下面定义一个字符串，通过切片操作获取子串。

（1）定义字符串，并计算字符个数。代码如下：

```
>>> Poem='君不见，黄河之水天上来，奔流到海不复回。'
>>> len(Poem)
20
```

输出信息表示字符串 Poem 共有 20 个字符。

（2）假设，N 为 5，M 为-12。获取子串代码如下：

```
>>> Poem[5:-12]
```

'河之水'

输出信息表示获取到子串。这是因为 5+12=17，17 小于字符串长度值 20。

（3）假设，N 为 5，M 为-18。获取子串代码如下：

```
>>> Poem[5:-18]
''
```

输出信息是一个空字符串，没有获取到子串。这是因为 5+18=23，23 大于字符串长度值 20。

（4）假设，N 为 5，M 为-15。获取子串代码如下：

```
>>> Poem[5:-15]
''
```

输出信息是一个空字符串，没有获取到子串。这是因为 5+15=20，20 等于字符串长度值 20。

3. N 为负、M 为正

当 N 为负、M 为正时，N 的相反值与 M 值的和要大于字符串的长度值，否则返回一个空字符串。

【实例 10-8】下面定义一个字符串，通过切片操作获取子串。

（1）定义字符串，并计算字符个数。代码如下：

```
>>> Poem='天生我材必有用，千金散尽还复来。'
>>> len(Poem)
16
```

输出信息表示字符串 Poem 共有 16 个字符。

（2）假设，N 为-6，M 为 8。获取子串代码如下：

```
>>> Poem[-6:8]
''
```

输出信息是一个空字符串，没有获取到子串。这是因为 6+8=14，14 小于字符串长度值 16。

（3）假设，N 为-6，M 为 10。获取子串代码如下：

```
>>> Poem[-6:10]
''
```

输出信息是一个空字符串，没有获取到子串。这是因为 6+10=16，16 等于字符串长度值 16。

（4）假设，N 为-6，M 为 12。获取子串代码如下：

```
>>> Poem[-6:12]
'散尽'
```

输出信息表示获取到子串。这是因为 6+12=18，18 大于字符串长度值 16。

4. N 或 M 缺失

如果在编写时，N 缺失，则默认将 N 设置为 0；如果 M 缺失，则默认表示到字符串的结尾。如果都缺失，则输出字符串本身。

【实例 10-9】下面定义一个字符串，通过切片操作获取子串。

（1）定义字符串，代码如下：

```
>>> Poem='人生得意须尽欢，莫使金樽空对月。'
```

（2）假设，N 缺失，M 为 6。获取子串代码如下：

```
>>> Poem[:6]
'人生得意须尽'
```

从输出信息中可以看到，获取到子串的字符，它从字符串第一个字符"人"开始计数，

直到序号为 6 的字符"欢"（不包含）结束。

（3）假设，N 为 6，M 缺失。获取子串代码如下：

```
>>> Poem[6:]
'欢，莫使金樽空对月。'
```

从输出信息中可以看到，获取到子串的字符，它从字符串序号为 6 的字符"欢"开始计数，直到结尾的字符"。"结束。

（4）假设，N 和 M 都缺失。获取子串代码如下：

```
>>> Poem[:]
'人生得意须尽欢，莫使金樽空对月。'
```

输出信息显示了原始的字符串。

10.2.4 拼接字符串

拼接字符串是指将一个或多个字符串连接在一起，最后产生一个新的字符串。在 Python 中，使用加号（+）连接字符串。其语法格式如下：

```
x+y
```

其中，x 和 y 均表示字符串或字符串变量。

【实例 10-10】下面演示《静夜思》诗句连接。

（1）将《静夜思》的每条诗句定义单独的字符串，代码如下：

```
>>> Poem1='床前明月光，'
>>> Poem2='疑是地上霜。'
>>> Poem3='举头望明月，'
>>> Poem4='低头思故乡。'
```

（2）进行字符串拼接，组合成完整的《静夜思》诗句，代码如下：

```
>>> Poem1+Poem2+Poem3+Poem4
'床前明月光，疑是地上霜。举头望明月，低头思故乡。'
```

输出信息是一个字符串。该字符串是由单独的字符串 Poem1、Poem2、Poem3、Poem4 拼接而成的。

注意：在进行字符串拼接时，字符串只能与字符串拼接，不能直接与其他类型的数据拼接。例如：

```
>>> Str1='最终得分为：'
>>> Str2='分'
>>> Num=99
```

代码中变量 Str1 和 Str2 为字符串类型，而变量 Num 为整数类型。不同类型进行拼接，会出现异常错误，代码如下：

```
>>> Str1+Num+Str2
Traceback (most recent call last):
    File "<pyshell#84>", line 1, in <module>
        Str1+Num+Str2
TypeError: can only concatenate str (not "int") to str
```

解决办法：可以将变量 Num 转换为字符串类型，使用 str()进行转换即可。修改代码如下：

```
>>> Str1+str(Num)+Str2
'最终得分为：99 分'
```

10.2.5　字符串的重复

字符串的重复是指将字符串重复指定的次数，组成新的字符串。在 Python 中，使用星号（*）指定重复次数。其语法格式如下：

```
str*num
```

其中，str 表示字符串，num 表示要重复该字符串的次数。

【实例 10-11】连续输出"祝你生日快乐"。

（1）定义"祝你生日快乐"字符串，代码如下：

```
>>> Str='祝你生日快乐'
```

（2）连续 3 次输出"祝你生日快乐"，代码如下：

```
>>> Str*3
'祝你生日快乐祝你生日快乐祝你生日快乐'
```

输出信息是一个长的字符串，内容为字符串 Str 内容的 3 倍，重复了 3 次。

10.2.6　删除字符串

如果不再需要字符串，则可以使用 del 语句删除字符串。删除后字符串变量名将不存在。其语法格式如下：

```
del Str_Name
```

其中，Str_Name 表示字符串变量名称。

【实例 10-12】下面演示使用 del 语句删除一个存在的字符串。

（1）定义字符串 cat，代码如下：

```
>>> cat='猫咪'
>>> print(cat)
猫咪
```

（2）删除字符串 cat，代码如下：

```
>>> del cat
```

代码执行后没有任何输出信息，字符串 cat 被成功删除。如果再次输出该字符串信息，则会报错，如下：

```
>>> print(cat)
Traceback (most recent call last):
  File "<pyshell#100>", line 1, in <module>
    print(cat)
NameError: name 'cat' is not defined
```

输出的最后一行信息表示名称 cat 没有被定义，即字符串 cat 已经不存在，被成功删除了。

10.3　字符串的处理方法

为了更加灵活地运用字符串，经常需要对字符串进行特殊处理，如大小写字符转换、替换字符、统计字符次数等。下面介绍字符串的处理方法。

10.3.1 字母的大小写转换

字母的大小写转换是将字符串中大写字母转化为小写字母，或者将小写字母转化为大写字母。Python 提供了三种方法实现该功能，下面依次介绍这些方法。

1. lower()方法

lower()方法用于将字符串中的全部大写字母转换为小写字母，转换完成后返回一个新的字符串，原字符串仍然保留。如果要转换的字符串中没有应该转换的字符（大写字母），则转换后，新字符串的值为原字符串的值，原字符串仍然保留。lower()方法的语法格式如下：

```
str.lower()
```

其中，str 表示要转换的字符串或字符串变量。

【实例 10-13】下面定义字符串，并使用 lower()方法进行字符转换。

（1）定义一个包含大写字母的字符串，并进行转换，代码如下：

```
>>> name='Daxueba'                    #包含大写字母D
>>> New_Name=name.lower()             #进行转换
>>> New_Name                          #输出转换后的字符串
'daxueba'
>>> name                              #输出原字符串
'Daxueba'
```

这里定义了字符串 name，信息为 Daxueba。其中，字符 D 为大写字母。使用 lower()方法转换产生的新字符串赋值给了变量 New_Name，新字符串信息为 daxueba。其中，大写字母 D 变为了小写字母 d。查看原字符串 name 时，仍然是它本身。

（2）定义一个不包含大写字母的字符串，并进行转换，代码如下：

```
>>> name='daxueba'                    #不包含大写字母
>>> New_Name=name.lower()
>>> New_Name
'daxueba'
>>> name
'daxueba'
```

输出信息表示，当对不包含大写字母的字符串进行字符转换时，不会进行转换。产生的新字符串的值与原字符串的值相同，并且原字符串仍然存在。

2. upper()方法

upper()方法与 lower()方法相反，它是将字符串中的全部小写字母转换为大写字母，转换完成后返回一个新的字符串。原字符串仍然保留。如果要转换的字符串中没有应该转换的字符（小写字母），则转换后，新字符串的值为原字符串的值，原字符串仍然保留。upper ()方法的语法格式如下：

```
str.upper()
```

其中，str 表示要转换的字符串或字符串变量。

【实例 10-14】下面创建字符串，并使用 upper ()方法进行字符转换。

（1）定义一个包含小写字母的字符串，并进行转换，代码如下：

```
>>> name='Daxueba'                                    #包含小写字母 axueba
```

```
>>> New_Name=name.upper()
>>> New_Name
'DAXUEBA'
>>> name
'Daxueba'
```

这里定义了字符串 name，信息为 Daxueba。其中，字符 axueba 均为小写字母。使用 upper ()方法转换产生的新字符串赋值给了变量 New_Name，新字符串信息为 DAXUEBA。其中，所有的小写字母都变为了大写字母。查看原字符串 name 时，仍然是它本身。

（2）定义一个不包含小写字母的字符串，并进行转换，代码如下：

```
>>> name='DAXUEBA'                    #不包含小写字母
>>> New_Name=name.upper()
>>> New_Name
'DAXUEBA'
>>> name
'DAXUEBA'
```

输出信息表示，当对不包含小写字母的字符串进行字符转换时，不会进行转换。产生的新字符串的值与原字符串的值相同，并且原字符串仍然存在。

3. swapcase()方法

上述介绍的两种方法只能实现一种转换，将大写字母转换为小写字母或者将小写字母转换为大写字母，而不能同时进行转换。swapcase()方法可以同时进行大小写字母的转换。其语法格式如下：

```
str.swapcase()
```

其中，str 表示要转换的字符串或字符串变量。

【实例 10-15】下面定义一个包含大小写字母的字符串，使用 swapcase()方法对大小写字母进行转换，代码如下：

```
>>> name1='Daxueba'                   #包含大小写字母
>>> New_Name1=name1.swapcase()
>>> New_Name1
'dAXUEBA'
>>> name1
'Daxueba'
>>> name2='123456'                    #不包含大小写字母
>>> New_Name2=name2.swapcase()
>>> New_Name2
'123456'
>>> name2
'123456'
```

字符串 name1 包含大小写字母，转换后的新字符串，大写变为小写、小写变为大写；字符串 name2 不包含任何字母，转换后的新字符串的值为原字符串的值，原字符串仍然保留。

10.3.2 分割字符串

分割字符串是指通过指定的分割符对字符串进行分割。这种分割使用字符串中的字符作为分隔符进行分割。分割时，将去掉该分隔符，并将分割出来的每部分以字符串的形式表示，共同组成列表。可以使用 split()方法实现字符串的分割。其语法格式如下：

> str.split(sep,num)

语法中各参数含义如下。

❑ str：表示要进行分割的字符串。

❑ sep：表示分隔符，默认为 None，即空白字符（包括空格、换行符 "\n"、制表符 "\t" 等）。它也可以是字符串中的字符或字符串。

❑ num：分割的次数，如果不指定或者指定为-1，则分割次数没有限制。如果指定次数（如 X），则最多分割出来 X+1 部分。

【实例 10-16】下面定义字符串，并使用 split()方法分割字符串。

（1）定义字符串，代码如下：

```
>>> Song='来也匆匆 去也匆匆 恨不能相逢 爱也匆匆 恨也匆匆 一切都随风'
```

字符串 Song 一共有 6 句话，每句话之间都有一个空格。

（2）不使用任何参数分割字符串，它会以空格符作为分隔符来分割字符串，代码如下：

```
>>> Song.split()
['来也匆匆','去也匆匆','恨不能相逢','爱也匆匆','恨也匆匆','一切都随风']
```

输出结果是一个列表，列表中包含了 6 个字符串。这 6 个字符串就是分割后的字符串信息，它们之间使用逗号进行分隔。

（3）以指定的字符进行分割，如使用"匆匆"分隔，代码如下：

```
>>> Song.split('匆匆')
['来也',' 去也',' 恨不能相逢 爱也',' 恨也',' 一切都随风']
```

从输出信息中可以看到，字符串中的字符"匆匆"被去掉了，从去掉的部分进行了分隔，分隔成了 5 部分。

（4）指定分隔次数，如分割 3 次，代码如下：

```
>>> Song.split('匆匆',3)
['来也',' 去也',' 恨不能相逢 爱也',' 恨也匆匆 一切都随风']
```

从输出信息中可以看到，字符串被分割为 4 部分。

10.3.3 插入字符串

插入字符串是将一个字符串插入到另一个字符串中的每一个字符之间，从而构成一个新的字符串。插入字符串要用到 join()方法。其语法格式如下：

> str.join(sequence)

语法中各参数含义如下。

❑ str：要进行插入的字符串，相当于分隔符，将分隔符插入到另一个字符串或可迭代对象中。

❑ sequence：被插入的字符串或可迭代对象（列表、元组）。

【实例 10-17】下面定义两个字符串，分别是 Str1 和 Str2，将字符串 Str1 插入到字符串 Str2 中。

（1）定义的字符串如下：

```
>>> Str1='的'
```

```
>>> Str2='我你他'
```

（2）插入字符串，并显示插入后字符串的信息，代码如下：

```
>>> New_Str=Str1.join(Str2)                    #插入字符串
>>> print(New_Str)
我的你的他
```

在代码中，将字符串 Str1 插入到字符串 Str2 后，新的字符串赋值给了变量 New_Str，并通过 print()语句输出新字符串，内容为"我的你的他"。

10.3.4　统计字符次数

由于字符串的元素允许重复，所以在一个长字符串中，可能会包含相同的字符或子串。我们可以统计指定的字符或子串在字符串中出现了多少次，在统计时还可以指定范围。该功能使用 count()方法实现。如果要统计的字符不存在，则返回 0；反之，返回出现的次数。其语法格式如下：

```
str.count(sub,start,end)
```

语法中各参数含义如下。

❑ str：表示原字符串。

❑ sub：要统计的字符或子串。

❑ start：表示开始搜索的位置。如果不指定，则从头开始搜索，即字符序号为 0 处。

❑ end：表示字符串中结束搜索的位置。如果不指定，则搜索到最后一个位置。

【实例 10-18】下面定义字符串，并统计字符串中指定字符出现的次数。

（1）定义字符串，代码如下：

```
>>> Song='来也匆匆 去也匆匆 恨不能相逢 爱也匆匆 恨也匆匆 一切都随风'
```

（2）统计字符"也"在字符串中出现的次数，代码如下：

```
>>> Song.count("也")
4
```

输出结果表示，字符"也"在字符串中出现了 4 次。

（3）统计字符"也"在字符串中从第 5 个字符到第 20 个字符之间出现的次数，代码如下：

```
>>> Song.count("也",5,20)
2
>>> Song[4:20]
' 去也匆匆 恨不能相逢 爱也匆匆'
```

输出信息表示，字符"也"在指定的字符范围内出现了 2 次。这里使用 Song[4:20]来获取指定的字符范围，以查看验证，可以看到"也"的确在这个范围内出现了 2 次。

（4）统计子串"匆匆"在字符串中出现的次数，代码如下：

```
>>> Song.count("匆匆")
4
```

输出结果表示，子串"匆匆"在字符串中出现了 2 次。

（5）统计子串"狂笑一声"在字符串中出现的次数，代码如下：

```
>>> Song.count("狂笑一声")
0
```

输出结果表示，原字符串不包含子串"狂笑一声"。

10.3.5 替换字符

在编写字符串时，如果字符串中出现了错误的字符，并且出现了多次，则可以将这些错误的字符替换，起到修正的作用。替换字符可以使用 replace()方法来实现。在替换时，可以替换全部，也可以指定替换次数。replace()方法的语法格式如下：

str.replace(old,new,num)

语法中各参数含义如下。

❑ str：表示原字符串。

❑ old：表示字符串中要被替换的子串。

❑ new：表示用于替换的子串。

❑ num：表示要替换的次数，是可选参数。

【实例 10-19】下面定义字符串，使用 replace()方法进行字符替换。

（1）定义字符串，代码如下：

```
>>> Tag="叽叽复叽叽，木兰当户织。不闻机杼声，惟闻女叹息。"
```

其中，字符串中的"叽叽"是错误的。

（2）将字符串中的"叽"替换为"唧"，代码如下：

```
>>> Tag.replace("叽","唧")
'唧唧复唧唧，木兰当户织。不闻机杼声，惟闻女叹息。'
```

从输出信息中可以看到，字符串中的"叽"全部替换为了"唧"。

（3）下面指定次数为 3 进行替换，代码如下：

```
>>> Tag.replace("叽","唧",3)
'唧唧复唧叽，木兰当户织。不闻机杼声，惟闻女叹息。'
```

从输出信息中可以看到，字符串"叽叽复叽叽"中前 3 个"叽"被替换为"唧"，而第 4个字符"叽"没有被替换。

10.3.6 居中显示

字符串在显示时，默认以字符串的实际长度进行显示，并以左边对齐。有时为了美观，需要改变字符串的显示宽度，以此宽度居中显示，并在两侧填充指定的字符，可以使用 center()方法实现该功能。其语法格式如下：

str.center(width,fillchar)

语法中各参数含义如下。

❑ str：表示原字符串。

❑ width：表示字符串的总宽度。

❑ fillchar：表示要填充的字符。如果不指定，则默认以空格填充。

【实例 10-20】下面定义字符串，设置字符串的显示宽度并居中显示。

（1）定义字符串，并查看字符串的长度，代码如下：

```
>>> Str='活到老，学到老'
>>> len(Str)
7
```

代码中定义的字符串 Str 有 7 个字符。

（2）设置字符串宽度，如将宽度设置为 23。代码及执行结果如图 10.3 所示。Str.center(23) 中的 23 为字符串的总宽度，由于字符长度为 7，居中显示，所以两侧使用了空格进行了填充，长度各为 8。

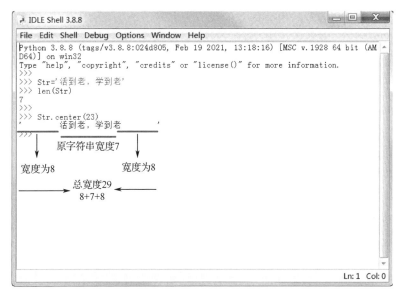

图 10.3　代码及执行结果（使用空格填充）

（3）使用 "#" 进行填充，代码及执行结果如图 10.4 所示。

图 10.4　代码及执行结果（使用 "#" 填充）

10.3.7　头尾去除

头尾去除是指去除字符串的头部或尾部指定的字符。用户在创建字符串时，可能无意间在头部或尾部输入了多余的空格或字符。这时就可以进行去头去尾处理。根据去头、去尾或同时去头去尾，可以分为 3 种情况。对于每种情况，Python 都提供了对应的方法进行处理。下面依次进行介绍。

1. 去头去尾

去头去尾是指既能去除字符串头部多余的字符，也能去除尾部多余的字符。可以使用 strip()方法实现该功能。其语法格式如下：

```
str.strip(chars)
```

语法中各参数含义如下。

❑ str：表示原字符串。

❑ chars：表示要去除的字符，值为字符串类型。如果不指定字符，则默认去除头部或尾部的空格、制表符\t、换行符\n、回车符\r 等。如果指定的字符不是头部或尾部的字符，则不会对字符串进行处理，返回原字符串。

【实例 10-21】下面定义字符串，并对字符串进行去头去尾处理。

（1）定义包含空格的字符串，并去除头尾部空格，代码如下：

```
>>> Str1=' Python'                          ##头部有空格
>>> len(Str1)
7
>>> Str2='Python '                          #尾部有空格
>>> len(Str2)
7
>>> Str3=' Python '                         #头部、尾部都有空格
>>> len(Str3)
8
>>> New_Str1=Str1.strip()                   #对字符串 Str1 进行去头去尾处理
>>> New_Str1
'Python'
>>> len(New_Str1)
6
>>> New_Str2=Str2.strip()                   #对字符串 Str2 进行去头去尾处理
>>> New_Str2
'Python'
>>> len(New_Str2)
6
>>> New_Str3=Str3.strip()                   #对字符串 Str3 进行去头去尾处理
>>> New_Str3
'Python'
>>> len(New_Str3)
6
```

代码依次定义了 3 个字符串 Str1、Str2、Str3，并计算了字符串的长度。然后，对 3 个字符串依次进行了去头去尾处理，将处理结果分别赋值给了 New_Str1、New_Str2、New_Str3。最后，显示处理结果，统计字符长度。处理的结果是相同的，都为字符串"Python"，长度为 6。

（2）定义不包含空格的字符串，并去除头尾部指定的字符，代码如下：

```
>>> Str='我是我，你是你，他是他'                    #定义的字符串
>>> Str.strip('我')                                #处理 1
'是我，你是你，他是他'
>>> Str.strip('他')                                #处理 2
'我是我，你是你，他是'
```

```
>>> Str.strip('我他')                                    #处理 3
'是我，你是你，他是'
>>> Str.strip('他我')                                    #处理 4
'是我，你是你，他是'
>>> Str.strip('你他')                                    #处理 5
'我是我，你是你，他是'
```

这里定义了 1 个字符串 Str，并对该字符串分别进行了 5 次处理。前 2 次去除的是一个字符，其中头尾部包含该字符，直接去除即可。后 3 次处理使用了 2 个字符。这种处理方式是对每个字符进行去除。例如，在第 5 次的处理中，要去除的字符为"你他"。其实，它分为两步进行去除。

❑ 第 1 步先去除字符"你"。由于字符串头部或尾部都不包含该字符，因此返回原字符串，代码如下：

```
>>> One=Str.strip('你')
>>> One
'我是我，你是你，他是他'
```

❑ 第 2 步是在第一步处理完成的基础上，再去除字符"他"，代码如下：

```
>>> Two=One.strip('他')
>>> Two
'我是我，你是你，他是'
```

2. 只去头

只去头是指只去除字符串头部多余的字符，使用 lstrip()方法实现该功能。其语法格式如下：

```
str.lstrip(chars)
```

语法中各参数含义如下。

❑ str：表示原字符串。

❑ chars：表示要去除的字符。

【实例 10-22】下面定义字符串，去除头部指定的字符，代码如下：

```
>>> Str='鹅,鹅,鹅,曲项向天歌'                           #定义的字符
>>> Str.lstrip('鹅')                                     #去除 1 个字符"鹅"
',鹅,鹅,曲项向天歌'
>>> Str.lstrip('歌')                                     #去除 1 个字符"歌"
'鹅,鹅,鹅,曲项向天歌'
>>> Str.lstrip('鹅,')                                    #去除 2 个字符"鹅,"
'曲项向天歌'
```

这里定义了一个字符串 Str。当指定去除的字符是"鹅"时，成功去掉了头部的字符"鹅"。当指定去除的字符是"歌"时，字符串的尾部包含该字符，头部没有包含，因此，返回了原字符串。当指定去除的字符"鹅,"时，字符串头部连续包含了该字符，因此全部被去掉。

3. 只去尾

只去尾是指只去除字符串尾部多余的字符，使用 rstrip()方法实现该功能。其语法格式如下：

```
str.rstrip(chars)
```

语法中各参数含义如下。

❑ str: 表示原字符串。

❑ chars: 表示要去除的字符。

【实例 10-23】下面定义字符串，去除尾部指定的字符，代码如下：

```
>>> Str='鹅,鹅,鹅,曲项向天歌'
>>> Str.rstrip('鹅')
'鹅,鹅,鹅,曲项向天歌'
>>> Str.rstrip('歌')
'鹅,鹅,鹅,曲项向天'
```

10.3.8 头尾判断

头尾判断是指判断字符串是否以指定字符开头或结尾。Python 提供了对应的处理方法，可以对开头和结尾字符进行判断，下面依次进行介绍。

1. 开头判断

开头判断是指判断字符串或子串是否以指定的字符开始，需要使用 startswith()方法进行判断。如果以指定的字符开始，就返回 True；否则，返回 False。其语法格式如下：

```
str.startswith(prefix,start,end)
```

语法中各参数含义如下。

❑ str: 表示原字符串。

❑ prefix: 表示前缀字符串，判断是否以该字符串开头。

❑ start: 字符串开始搜索的位置，如果不指定，则从头开始搜索（从字符序号为 0 处开始）。

❑ end: 字符串中结束搜索的位置，如果不指定，则搜索到最后一个位置。

【实例 10-24】定义字符串，对字符串的开头字符进行判断。

（1）定义的字符串如下：

```
>>> Num='123456789'
```

（2）判断字符串 Num 是否以字符"1"开头，代码如下：

```
>>> Num.startswith("1")
True
```

输出结果表示，判断字符串 Num 是以字符"1"开头的。

（3）判断字符串 Num 中，从序号为 5 开始到结尾的子串是否以字符"6"开头。

```
>>> Num.startswith("6",5)
True
```

（4）判断字符串 Num 中，从序号 3 到序号 6 的子串是否以字符"3"开头。

```
>>> Num.startswith("3",3,6)
False
>>> Num[3:6]
'456'
```

输出信息表示，从序号 3 到序号 6 的子串不是以字符"3"开头的。通过切片功能 Num[3:6]，查看子串信息为"456"，验证后，发现的确不是以字符"3"开头的，而是以字符"4"开头的。

2. 结尾判断

结尾判断是指判断字符串或字符串中的子串是否以指定的字符结尾，需要使用 endswith()方法进行判断。如果以指定的字符结尾，就返回 True；否则，返回 False。其语法格式如下：

```
str.endswith(suffix,start,end)
```

语法中各参数含义如下。

❑ str：表示原字符串。

❑ suffix：表示后缀字符串，判断是否以该字符串结尾。

❑ start：字符串开始搜索的位置，如果不指定，则从头开始搜索（从字符序号为 0 处开始）。

❑ end：字符串中结束搜索的位置，如果不指定，则搜索到最后一个位置。

【实例 10-25】下面判断字符串是否以指定字符结尾，代码如下：

（1）定义的字符串如下：

```
>>> Num='123456789'
```

（2）判断字符串 Num 是否以字符"9"结尾，代码如下：

```
>>> Num.endswith("9")
True
```

（3）判断字符串 Num 中，从序号为-5 开始到结尾的子串是否以字符"1"结尾。

```
>>> Num.endswith("1",-5)
False
>>> Num[-5:]
'56789'
```

输出信息表示，从序号-5 开始到结尾的子串不是以字符"1"结尾的。通过切片功能 Num[-5:]，查看子串信息为"56789"，验证后，发现的确不是以字符"1"结尾的，而是以字符"9"结尾的。

10.3.9　查找字符

查找字符是指查询字符串中是否包含某个字符或子串。在查找时，可以在指定范围内进行。Python 提供了 find()方法和 index()方法实现查找字符功能。下面依次进行介绍。

1. find()方法

使用该方法进行字符查找时，如果在字符串中找到要查找的字符或子串，就返回首次出现该字符或子串的序号值；否则，返回-1。find()方法的语法格式如下：

```
str.find(sub,start,end)
```

语法中各参数含义如下。

❑ str：表示原字符串。

❑ sub：表示要查找的字符或子串。

❑ start：字符串开始搜索的位置，如果不指定，则从头开始搜索，即从字符序号为 0 处开始。

❑ end：字符串中结束搜索的位置，如果不指定，则搜索到最后一个位置。

【实例 10-26】下面检测字符串中是否包含指定的字符。

（1）定义的字符串如下：

```
>>> Num='123456789'
```

（2）判断字符串中是否包含字符"6"，代码如下：

```
>>> Num.find('6')
5
```

输出信息表示，返回的不是-1，这说明字符串中包含了字符"6"，输出的 5 是字符"6"的序号值。

（3）判断字符串中从序号 5 开始到结尾的子串中是否包含字符"5"，代码如下：

```
>>> Num.find('5',5)
-1
>>> Num[5:]
'6789'
```

输出信息表示，返回了-1，这说明从序号 5 开始到结尾的子串中不包含字符"5"。通过切片功能 Num[5:]，查看子串信息为"6789"，验证后，发现的确不包含字符"5"。

（4）判断字符串中从序号 1 到序号 5 的子串中是否包含字符"45"，代码如下：

```
>>> Num.find('45',1,5)
3
>>> Num[1:5]
'2345'
```

输出信息表示，返回的是 3，这说明从序号 1 到序号 5 的子串中包含字符"45"。通过切片功能 Num[1:5]，查看子串信息为"2345"，验证后，发现的确包含字符"45"。

2. index()方法

该方法与 find()方法类似，区别在于，当使用 index()方法查找字符或子串时，如果找到，则返回该字符或子字符串的索引序号值；如果没有找到，则会抛出异常。index()方法的语法格式如下：

```
str.index(sub,start,end)
```

语法中各参数含义如下。

❑ str：表示原字符串。

❑ sub：表示要查找的字符或子串。

❑ start：字符串开始搜索的位置，如果不指定，则从头开始搜索（从字符序号为 0 处开始）。

❑ end：字符串中结束搜索的位置，如果不指定，则搜索到最后一个位置。

【实例 10-27】下面检测字符串中是否包含指定的字符。

（1）定义的字符串如下：

```
>>> Num='123456789'
```

（2）判断字符串中是否包含字符"8"，代码如下：

```
>>> Str.index('8')
7
```

输出信息表示，字符串中包含字符"8"，该字符对应的序号值为 7。

（3）如果查找一个不存在的字符，如字符 0，代码会报错，如下：

```
>>> Str.index('0')
```

```
Traceback (most recent call last):
    File "<pyshell#162>", line 1, in <module>
        Str.index('0')
ValueError: substring not found
```

10.3.10 字符串构成类型判断

一个字符串中可以包含多种类型的字符，如字母、数字、符号和空格等。不同字符拥有不同的数据类型。为了了解字符串到底由哪些类型的数据构成，Python 提供了多种方法来判断不同构成类型的字符串。以下面代码中的字符串为例，讲解每种构成类型判断所用到的方法。字符串代码如下：

```
>>> s1="2021"                        #全为数字
>>> s2="python"                      #全为小写字母
>>> s3="2021python"                  #数字+小写字母
>>> s4="2021@python"                 #数字+符号+小写字母
>>> s5="20 21"                       #数字+空格+数字
>>> s6="p y t h o n"                 #小写字母+空格+小写字母
>>> s7="2020 python"                 #数字+空格+小写字母
>>> s8="PYTHON"                      #全为大写字母
>>> s9="Bob"                         #大写字母+小写字母+小写字母
>>> s10="2021Bob"                    #数字+大写字母+小写字母+小写字母
>>> s11="2021BOB"                    #数字+大写字母
>>> s12=""                           #空字符
>>> s13="     "                      #全为空格
>>> s14="Bob And Tom 123"            #首字母大写单词+空格+数字
>>> s15="bob and tom 123"            #小写字母单词+空格+数字
>>> s16="Bod and tom 123"            #首字母大写单词+小写字母单词+空格+数字
```

1. isalnum()方法

该方法用来检测字符串中是否由字母、数字或字母+数字组成。其语法格式如下：

```
str.isalnum()
```

【实例 10-28】下面对上述定义的所有字符串的构成类型进行判断，代码如下：

```
>>> s1.isalnum()
True
>>> s2.isalnum()
True
>>> s3.isalnum()
True
>>> s4.isalnum()
False
>>> s5.isalnum()
False
>>> s6.isalnum()
False
>>> s7.isalnum()
False
```

```
>>> s8.isalnum()
```
True
```
>>> s9.isalnum()
```
True
```
>>> s10.isalnum()
```
True
```
>>> s11.isalnum()
```
True
```
>>> s12.isalnum()
```
False
```
>>> s13.isalnum()
```
False
```
>>> s14.isalnum()
```
False
```
>>> s15.isalnum()
```
False
```
>>> s16.isalnum()
```
False

从输出结果中可以看到，字符串变量 s1、s2、s3、s8、s9、s10、s11 返回的是 True，其余返回的是 False。

2. isalpha()方法

该方法用来检测字符串是否只由字母组成。其语法格式如下：

```
str.isalpha ()
```

【实例 10-29】下面对上述定义的所有字符串的构成类型进行判断，代码如下：

```
>>> s1.isalpha()
```
False
```
>>> s2.isalpha()
```
True
```
>>> s3.isalpha()
```
False
```
>>> s4.isalpha()
```
False
```
>>> s5.isalpha()
```
False
```
>>> s6.isalpha()
```
False
```
>>> s7.isalpha()
```
False
```
>>> s8.isalpha()
```
True
```
>>> s9.isalpha()
```
True
```
>>> s10.isalpha()
```
False
```
>>> s11.isalpha()
```
False

```
>>> s12.isalpha()
False
>>> s13.isalpha()
False
>>> s14.isalpha()
False
>>> s15.isalpha()
False
>>> s16.isalpha()
False
```

从输出信息中可以看到，字符串变量 s2、s8 和 s9 返回的结果为 True，其余的都返回了 False。这是因为 s2、s8 和 s9 的组成字符全为字母。

3. isdigit()方法

该方法用来检测字符串是否只由数字组成。其语法格式如下：

```
str.isdigit()
```

【**实例 10-30**】下面对上述定义的所有字符串的构成类型进行判断，代码如下：

```
>>> s1.isdigit()
True
>>> s2.isdigit()
False
>>> s3.isdigit()
False
>>> s4.isdigit()
False
>>> s5.isdigit()
False
>>> s6.isdigit()
False
>>> s7.isdigit()
False
>>> s8.isdigit()
False
>>> s9.isdigit()
False
>>> s10.isdigit()
False
>>> s11.isdigit()
False
>>> s12.isdigit()
False
>>> s13.isdigit()
False
>>> s14.isdigit()
False
>>> s15.isdigit()
False
```

```
>>> s16.isdigit()
False
```

从输出信息中可以看到，只有字符串变量 s1 返回的结果为 True，其余的都返回了 False。这是因为 s1 的组成字符全为数字。

4. islower()方法

该方法用来检测字符串中是否包含字母，并且字符全为小写字母。其语法格式如下：

```
str.islower()
```

【实例 10-31】下面对上述定义的所有字符串的构成类型进行判断，代码如下：

```
>>> s1.islower()
False
>>> s2.islower()
True
>>> s3.islower()
True
>>> s4.islower()
True
>>> s5.islower()
False
>>> s6.islower()
True
>>> s7.islower()
True
>>> s8.islower()
False
>>> s9.islower()
False
>>> s10.islower()
False
>>> s11
>>> s11.islower()
False
>>> s12.islower()
False
>>> s13.islower()
False
>>> s14. islower ()
False
>>> s15. islower ()
True
>>> s16. islower ()
False
```

从输出信息中可以看到，字符串变量 s2、s3、s4、s6、s7 和 s15 返回的结果为 True，其余的都返回了 False。这是因为 s2、s3、s4、s6、s7 和 s15 的组成字符中包含了字母，并且所有字母都为小写。

5. isupper()方法

该方法用来检测字符串中是否包含字母，并且字符全为大写字母。其语法格式如下：

```
str.isupper()
```

【实例10-32】下面对上述定义的所有字符串的构成类型进行判断，代码如下：

```
>>> s1.isupper()
False
>>> s2.isupper()
False
>>> s3.isupper()
False
>>> s4.isupper()
False
>>> s5.isupper()
False
>>> s6.isupper()
False
>>> s7.isupper()
False
>>> s8.isupper()
True
>>> s9.isupper()
False
>>> s10.isupper()
False
>>> s11.isupper()
True
>>> s12.isupper()
False
>>> s13.isupper()
False
>>> s14.isupper()
False
>>> s15.isupper()
False
>>> s16.isupper()
False
```

从输出信息中可以看到，字符串变量 s8 和 s11 返回的结果为 True，其余的都返回了 False。这是因为 s8 和 s11 的组成字符全为字母，并且都是大写的。

6. isspace()方法

该方法用来检测字符串是否只由空格组成。其语法格式如下：

```
str.isspace()
```

【实例10-33】下面对上述定义的所有字符串的构成类型进行判断，代码如下：

```
>>> s1.isspace()
False
```

```
>>> s2.isspace()
False
>>> s3.isspace()
False
>>> s4.isspace()
False
>>> s5.isspace()
False
>>> s6.isspace()
False
>>> s7.isspace()
False
>>> s8.isspace()
False
>>> s9.isspace()
False
>>> s10.isspace()
False
>>> s11.isspace()
False
>>> s12.isspace()
False
>>> s13.isspace()
True
>>> s14.isspace()
False
>>> s15.isspace()
False
>>> s16.isspace()
False
```

从输出信息中可以看到，只有字符串变量 s13 返回的结果为 True，其余的都返回了 False。这是因为 s13 的组成字符全为空格。

7. istitle()方法

如果字符串中包含多个单词，可以使用.istitle()方法对字符串中的单词拼写进行检测。如果每个单词的拼写首字母为大写，则返回 True，否则返回 False。其语法格式如下：

```
str.istitle()
```

【实例 10-34】下面对上述定义的所有字符串的构成类型进行判断，代码如下：

```
>>> s1.istitle()
False
>>> s2.istitle()
False
>>> s3.istitle()
False
>>> s4.istitle()
False
>>> s5.istitle()
```

```
False
>>> s6.istitle()
False
>>> s7.istitle()
False
>>> s8.istitle()
False
>>> s9.istitle()
True
>>> s10.istitle()
True
>>> s11.istitle()
False
>>> s12.istitle()
False
>>> s13.istitle()
False
>>> s14.istitle()
True
>>> s15.istitle()
False
>>> s16.istitle()
False
```

从输出信息中可以看到，只有字符串变量 s14 返回的结果为 True，其余的都返回了 False。这是因为 s14 的组成字符中包含了多个单词，并且单词的拼写首字母为大写。

10.3.11　标题化字符串

标题的首字母一般都是大写的。Python 提供了 title()方法，用来返回"标题化"的字符串。也就是说，所有单词的首字母都为大写，其余字母均为小写。其语法格式如下：

```
str.title()
```

其中，str 表示字符串或字符串变量。

【实例 10-35】定义字符串，并将其标题化。

（1）定义字符串，如下：

```
>>> Str1='He is a computer programmer'
```

字符串 Str1 的字符都为字母。

（2）对字符串 Str1 进行标题化，如下：

```
>>> Str1.title()
'He Is A Computer Programmer'
```

标题化后可以看到每个单词的首字母都变为了大写。如 is 变为了 Is，computer 变为了 Computer。

（3）再定义一个字符串，如下：

```
>>> Str2='蓝色 green,绿色 BLUE,红色 Red'
```

字符串 Str2 的字符不仅包含字母，还包含中文。

（4）对字符串 Str2 进行标题化，代码如下：

```
>>> Str2.title()
'蓝色 Green,绿色 Blue,红色 Red'
```

标题化后可以看到，它只对英文单词进行了标题化，中文不会发生变化。

10.4　格式化字符串

字符串是一个常量，当完成字符串的定义后，字符串的信息就固定了。但有时为了更灵活地使用字符串，需要将部分字符进行替换。被替换的字符使用槽来表示。也就是说，这样的字符串是由固定字符和槽组成的。槽使用花括号（{}）表示。

为了实现这个功能，Python 提供了字符串格式化功能。该功能使用 format()对字符串进行格式化，将该函数的参数传递给字符串的槽中。其语法格式如下：

```
"固定字符{}".format(<参数>)
```

其中，花括号（{}）表示槽。一个字符串可以包含一个或多个槽。格式化时，会将后面的参数传递到该槽中。

【实例 10-36】下面定义字符串，并对其进行格式化。

（1）定义字符串，代码如下：

```
>>> Title='好好{}'
```

代码定义了字符串 Title，该字符串中的"好好"是 2 个固定的字符，"{}"是槽，可以在格式化时向槽中传入字符。

（2）对字符串 Title 格式化，传入字符串"学习"，代码如下：

```
>>> Title.format("学习")
'好好学习'
```

从输出信息中可以看到，格式化后，字符串为"好好学习"。它将 format()中的参数"学习"赋值到槽中。

10.4.1　默认顺序传递参数值

在字符串中不仅可以包含一个槽，还可以包含多个槽。这时，可以为每个槽都传递一个参数。它按照默认顺序，即按照槽出现的顺序分别对应 format()中的不同参数。例如，字符串中包含 2 个槽，传递的参数与槽对应关系如图 10.5 所示。图中，将参数 1 传递给字符串中从左边数的第 1 个槽，将参数 1 传递给字符串中从左边数的第 2 个槽.

图 10.5　传递的参数与槽对应关系

【实例 10-37】定义一个包含多个槽的字符串，并对其进行格式化。

（1）定义字符串，如下：

```
>>> Title='好好{}，天天{}，考试要考{}分'
```

定义的字符串 Title 包含了 3 个槽。

（2）对字符串 Title 格式化，依次传入字符串"学习""向上"和整数 100，代码如下：

```
>>> Title.format("学习",'向上',100)
'好好学习，天天向上，考试要考 100 分'
```

10.4.2 使用参数序号

为了能够灵活地运用字符串，Python 提供了使用参数序号，来为槽指定要使用的参数值。format()中参数序号从 0 开始，依次递增。在为槽传递参数时，直接在槽中输入对应的参数序号即可。这样，格式化后按照对应参数序号来传递参数值，如图 10.6 所示。

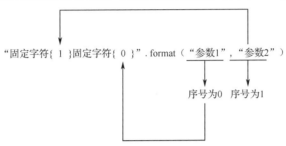

图 10.6　按照对应参数序号来传递参数值

【**实例 10-38**】定义字符串，并通过参数序号来格式化字符串。

（1）定义的字符串如下：

```
>>> '早晨{}点早餐，中午{}点吃午餐，晚上{}点吃晚餐'
```

定义的字符串包含了 3 个槽。

（2）使用参数序号对字符串 Str 格式化，代码如下：

```
>>> '早晨{0}点早餐，中午{2}点吃午餐，晚上{1}点吃晚餐'.format(7,9,12)
'早晨 7 点早餐，中午 12 点吃午餐，晚上 9 点吃晚餐'
```

其中，第 1 个槽的参数序号为 0，对应 format 的第 1 个参数 7；第 2 个槽的参数序号为 2，对应 format 的第 3 个参数 12；第 3 个槽的参数序号为 1，对应 format 的第 2 个参数 9。

（3）使用序号还可以让多个槽公用同一个参数，代码如下：

```
>>> "{0}复{0}，木兰当户织。".format("唧唧")
'唧唧复唧唧，木兰当户织。'
```

其中，字符串有 2 个槽，而 format()只有 1 个参数"唧唧"。这里，两个槽的参数序号都为 0，使用了 format()的唯一参数。

10.4.3 使用格式控制符

字符串的槽不仅可以使用参数序号，还可以使用格式控制符。格式控制符可以控制参数在字符串中的显示格式。为了和序号进行分隔，格式控制符必须以引导符号冒号（:）开始。其语法格式如下：

```
{<参数序号>:<格式控制符>}
```

格式控制符分为 6 类，下面依次介绍每类的作用。

1. 设置显示宽度

宽度是指当前槽设定输出字符的宽度。其语法格式如下：

```
{:value}
```

其中，value 为参数显示的宽度值。

如果设定的宽度大于槽对应参数的实际长度，则以设定的宽度进行显示，多余的部分使用空格字符补充，代码如下：

```
>>> "开始→{:5}".format("运动")
'开始→运动  '                              #运动右侧有 3 个空格
```

说明：字符串的槽使用了 ":5"。其中，5 表示参数显示的宽度。format() 的参数 "运动" 长度为 2。由于显示宽度 5 大于参数长度 2，因此显示时补充 3 个空格。

如果设定的显示宽度小于对应参数的实际长度，则以参数实际长度进行显示，代码如下：

```
>>> "开始→{:1}".format("运动")
'开始→运动'
```

说明：其中，槽的显示宽度为 1，参数 "运动" 的实际宽度为 2。格式化后，以参数的长度进行显示。

2. 设置对齐方式

对齐方式是指参数在字符串中的水平对齐方式。Python 提供了 3 种对齐方式。

（1）第一种为左对齐方式。其语法格式如下：

```
{:<value}
```

其中，小于号（<）表示左对齐；value 表示显示宽度。

【实例 10-39】下面以左对齐方式格式化字符串，代码如下：

```
>>> "开始→{:<6}".format("运动")
'开始→运动    '                            #运动右侧有 4 个空格
```

输出信息显示，参数 "运动" 与字符→紧挨着，表示左对齐。

（2）第二种为右对齐方式。其语法格式如下：

```
{:>value}
```

其中，大于号（>）表示右对齐。

【实例 10-40】下面以右对齐方式格式化字符串，代码如下：

```
>>> "开始→{:>6}".format("运动")
'开始→    运动'                            #运动左侧有 4 个空格
```

输出信息显示，参数 "运动" 与右侧引号紧挨着，表示右对齐。

（3）第三种为居中对齐方式。其语法格式如下：

```
{:^value}
```

其中，次方符号（^）表示居中对齐。

【实例 10-41】下面以居中对齐方式格式化字符串，代码如下：

```
>>> "开始→{:^6}".format("运动")
'开始→  运动  '                            #运动两侧各有 2 个空格
```

输出信息显示，参数 "运动" 在字符→与右侧引号中间，进行了居中显示。

3. 设置填充符号

默认填充符号为空格。在设置宽度对齐时，可以指定填充的字符，填充字符只能为一个。

其语法格式如下：

```
{:character^value}
```

其中，character 表示填充使用的字符。

【实例 10-42】居中对齐时，使用星号（*）进行填充，代码如下：

```
>>> "开始→{:*^10}".format("运动")
'开始→****运动****'                        #运动两侧各有 4 个星号
```

输出信息显示，参数运动左右两侧的空格字符被替换为指定的填充字符星号（*）。

4. 设置千分位符号

Python 输出数字类型时，并不输出千分位符号。用户可以指定千分位符号。其语法格式如下：

```
{:,}
```

其中，逗号为千分位符号。

【实例 10-43】下面使用逗号作为千分位符号，对字符串进行格式化，代码如下：

```
>>> "数字{:,}".format(123456789)
'数字 123,456,789'
```

输出信息显示，参数 123456789 每 3 位之间显示一个千分位符号（,）。

5. 设置显示精度

由于小数精度有限，为了避免输出无效位数，用户可以指定输出小数的位数。在 Python 中，用户可以对浮点数参数进行精度限制，也可以对字符串参数进行精度限制。

（1）当参数为浮点数时，表示输出小数部分的有效位数。其语法格式如下：

```
{:+.valuef}
```

其中，加号（+）用来输出符号，可省略；小数点（.）表示精度，需要放在冒号后边、value 的前面；value 表示要显示的有效位数；f 表示对数字进行精度限制。

【实例 10-44】下面对浮点数 123.456789 进行精度限制，只保留小数点后两位，代码如下：

```
>>> "数字{:.2f}".format(123.456789)
'数字 123.46'
```

输出信息显示，槽中最后只保留到参数小数点的后两位。

（2）当参数为字符串时，表示要输出的字符串的最大长度。其语法格式如下：

```
{:.value}
```

其中，value 表示显示字符的个数。

【实例 10-45】下面设置格式化字符串，只保留参数的前 10 个字符，代码如下：

```
>>> "{:.10}".format("唧唧复唧唧，木兰当户织。不闻机杼声，惟闻女叹息。")
'唧唧复唧唧，木兰当户'
```

输出信息显示，只显示了参数中的前 10 个字符，后面的都被舍弃了。

6. 指定显示类型

当参数为数值类型时，用户可以指定值的显示类型。其语法格式如下：

```
{:str}
```

其中，str 表示输出参数使用的类型。如果参数为整数，则其支持的形式及含义如表 10-2 所示。

表 10-2　整数支持的形式及含义

支持的形式	含　　义
b	输出整数的二进制形式
c	输出整数对应的 Unicode 字符
d	输出整数的十进制形式
o	输出整数的八进制形式
x	输出整数的小写十六进制形式
X	输出整数的大写十六进制形式

如果参数为浮点数，则其支持的形式及含义如表 10-3 所示。

表 10-3　浮点数支持的形式及含义

支持的形式	含　　义
e	输出浮点数对应的小写字母 e 的指数形式
E	输出浮点数对应的大写字母 E 的指数形式
f	输出浮点数的标准浮点形式
%	输出浮点数的百分比形式

【实例 10-46】下面演示参数值为整数 12。格式化字符串时，设置以二进制形式显示，并进行验证。操作如下：

```
>>> "整数 35 的二进制数为：{:b}".format(35)
'整数 35 的二进制数为：100011'
>>> bin(35)
'0b100011'
```

10.5　小　　结

本章首先介绍了字符串的编码表示及转换；然后介绍了对字符串的常用操作，其中，统计字符个数、访问字符、拼接字符串等都是要掌握的；接着又讲解了字符串的处理方法，其中，分割字符串、插入字符串等也是要掌握的；最后讲述了字符串的格式化功能，可以使程序员更加灵活地使用字符串。通过本章的学习，程序员需要了解以下内容。

❏ 字符串中的字符是有序的，如"1234"与"1243"是两个不同的字符串。

❏ 字符串中的字符可以重复，如"112233"。

❏ 两个字符串拼接组成一个新的字符串，使用加号（＋）进行连接即可。

❏ 使用 split()方法可以分割字符串，使用的分割符是字符串中的字符，分割时，会去掉该字符，分割的每一部分均为列表中的元素。

❏ 使用 join()方法可以往字符串中的每个字符之间插入指定的字符串。

❏ 如果字符串中包含了槽(花括号)，对于这样的字符串可以使用 format()对其格式化。

10.6 习　　题

一、选择题

1. 以下代码是通过逗号"，"分割字符串的，执行结果正确的是（　　）。

```
>>> Tag="问女何所思,问女何所忆,女亦无所思,女亦无所忆。"
>>> Tag.split(',')
```

    A．('问女何所思', '问女何所忆', '女亦无所思', '女亦无所忆。')

    B．('问女何所思,', '问女何所忆,', '女亦无所思,', '女亦无所忆。')

    C．['问女何所思', '问女何所忆', '女亦无所思', '女亦无所忆。']

    D．['问女何所思,', '问女何所忆,', '女亦无所思,', '女亦无所忆,。']

2. 以下代码对字符串进行格式化，执行结果正确的是（　　）。

```
>>> "比赛时间从{1}开始，到{0}结束".format("12 点","9 点")
```

    A．比赛时间从 9 点开始，到 1 点结束

    B．'比赛时间从 9 点开始，到 12 点结束'

    C．'比赛时间从 12 点开始，到 9 点结束'

    D．比赛时间从 12 点开始，到 1 点结束'

二、填空题

1. 字符串中的元素包含 2 个特征，分别为＿＿＿＿性和＿＿＿＿性。

2. 拼接字符串使用的连接符号为＿＿＿＿。

三、简答题

儿歌《小了白了兔》的部分歌词，如下：

```
小了白了兔
白了又了白
两了只了耳了朵了竖了起了来
爱了吃了萝了卜了和了青了菜
蹦了蹦了跳了跳了真了可了爱
```

这些歌词的每一句都有一个特点，每个字之间都存在一个字符"了"。利用插入字符的拼接字符串功能实现并输出这样的歌词内容。

第 11 章 列　　表

我们日常生活中会经常用到列表，如一本书的目录、饭店菜单等。Python 中的列表也是如此，把菜单名、章节名这样的信息集中存储在列表中，查起来一目了然，非常方便。列表中的每个信息被称为列表元素，它们按一定的顺序进行排列。本章对列表进行详细讲解。

本章要求

- ❏ 了解列表的特征
- ❏ 学会如何创建列表
- ❏ 学会对列表元素的访问
- ❏ 灵活掌握列表的元素添加功能
- ❏ 学会灵活使用列表元素排序功能

11.1　列表的特征与创建

学习列表首先需要了解列表有哪些特征，然后根据这些特征创建有效的列表。

11.1.1　列表特征

列表中的元素是有序的，元素之间存在先后关系，并且元素可以重复。这点与字符串相同，不同的是，列表中的元素类型可以是多样的。因此，列表有以下三个特征。

- ❏ 有序性：列表中元素与元素之间是有序的。这点与字符串相同，与集合不同。
- ❏ 可重复性：列表中可以包含重复的元素。这点与字符串相同，与集合不同。
- ❏ 元素类型：元素类型可以不同。这点与集合相同，与字符串不同。

列表中的元素可以是整数、字符串、列表、集合、元组等任何类型的内容，因为它们之间没有任何关系。

11.1.2　创建列表

Python 提供了以下两种创建列表的方法。

1. 使用方括号（[]）创建

使用方括号（[]）创建列表时，元素与元素之间使用逗号进行分隔。其语法格式如下：

```
<Name>=[元素 1, 元素 2, 元素 3,…, 元素 n ]
```

其中，Name 表示列表的名称，也可以为列表变量名。该名称由用户自己定义，只要符合 Python 命名规则即可。

【实例 11-1】下面创建一个菜单列表。

（1）创建菜单列表 menu，代码如下：

```
>>> menu=['鱼香肉丝','麻辣豆腐','红烧茄子','宫保鸡丁','回锅肉']
```

（2）查看菜单，代码如下：

```
>>> print(menu)
['鱼香肉丝', '麻辣豆腐', '红烧茄子', '宫保鸡丁', '回锅肉']
```

如果方括号（[]）内没有元素，则构成一个空列表。

【实例 11-2】下面创建一个空列表，并进行查看，代码如下：

（1）创建空列表 ls，代码如下：

```
>>> ls=[]
```

（2）查看列表信息，代码如下：

```
>>> print(ls)
[]
```

输出信息是一个列表，没有任何元素。也就是创建的 ls 为空列表。

2. 使用 list()创建

Python 还提供了 list()，用于创建列表。它可以将字符串、元组、range 迭代对象或其他可迭代的对象转换为列表。该函数的语法格式如下：

```
<Name>=list(iterable)
```

其中，iterable 表示要转换为列表的可迭代对象。如果不执行指定 iterable，则创建一个空列表。

【实例 11-3】下面使用字符串"Python"创建列表 ls，代码如下：

```
>>> ls=list('Python')
>>> print(ls)
['P', 'y', 't', 'h', 'o', 'n']
```

从输出信息中可以看到，这里将字符串的每一个字符作为列表的一个元素，元素类型为字符串类型。

【实例 11-4】使用 list()创建一个空列表，代码如下：

```
>>> ls=list()
>>> ls
[]
```

输出信息是一个列表，没有任何元素。也就是创建的 ls 为空列表。

11.2　列表的常用操作

Python 同样提供了对列表的操作，可以利用这些操作实现列表元素个数的统计、访问元素，以及检查是否包含指定元素等。下面介绍列表的常用操作。

11.2.1　统计元素个数

列表中的每一个元素看作一个长度。如果想统计列表中有多少个元素，则只要计算该列表的长度即可。使用 len()可以计算列表的长度。

【实例 11-5】下面定义多个列表，并统计列表中元素的个数。

（1）定义 6 个不同的字符串，代码如下：

```
>>> ls1=[1,2,3,4,5]                           #由数字构成
```

```
>>> ls2=['1','2','3','4','5']                    #由字符串构成
>>> ls3=['1',2,'3',4,'5']                        #由数字和字符串构成
>>> ls4=[1,'2',{3,4,5}]                          #由数字、字符串、集合构成
```

代码定义了 4 个列表，列表中的元素使用了不同的类型。

（2）统计这些列表中元素的个数，代码及结果如下：

```
>>> len(ls1)
5
>>> len(ls2)
5
>>> len(ls3)
5
>>> len(ls4)
3
```

输出信息表示，列表 ls1 包含了 5 个元素；列表 ls2 包含了 5 个元素；列表 ls3 包含了 5 个元素；列表 ls4 包含了 3 个元素。

11.2.2　访问元素

列表往往会包含多个元素，并且元素都是有序的。因此，访问列表元素与访问字符串中的字符方法一样，使用索引的方法访问即可，并且支持正向索引和反向索引，这里不再介绍。

【实例 11-6】定义列表，使用正向索引和反向索引访问元素。

（1）定义的列表如下：

```
>>> ls=['语文','数学','音乐','英语','美术','体育']
```

定义的列表 ls 中包含了 6 个元素。

（2）正向索引访问序号为 5 的元素，代码如下：

```
>>> ls[5]
'体育'
```

输出信息表示，列表 ls 中序号为 5 的元素为字符串"体育"。

（3）正向索引访问序号为-5 的元素，代码如下：

```
>>> ls[-5]
'数学'
```

输出信息表示，列表 ls 中序号为-5 的元素为字符串"数学"。

11.2.3　获取多个元素

上述方法只能获取一个元素，如果想同时获取多个元素，就需要用到切片功能。它可以获取列表中 0 个或多个元素。这些元素可以是连续的，也可以是不连续的。获取后的元素重新组成一个新的列表。列表的切片有以下两种方法。

1. 普通切片

普通切片的方法与字符串序列中讲到的切片方法相同，这里不再介绍。

【实例 11-7】下面定义一个课程科目列表 ls，获取课程。

（1）定义的列表如下：

>>> ls=['语文','数学','音乐','英语','美术','体育']

（2）获取前 3 节课程，代码如下：

>>> ls[:3]

['语文', '数学', '音乐']

输出信息表示，成功输出了列表 ls 中的前 3 个元素。

（3）获取后 3 节课程，代码如下：

>>> ls[-3:]

['英语', '美术', '体育']

输出信息表示，成功输出了列表 ls 中的后 3 个元素。

（4）获取中间课程，代码如下：

>>> ls[1:-1]

['数学', '音乐', '英语', '美术']

输出信息表示，成功输出了列表 ls 中除第一个元素和最后一个元素外的剩余其他元素。

2. 挑选切片

挑选切片在普通切片的基础上进行了扩展，它使用 K 作为步长，用来从获取到的元素中，每隔 K 个元素提取第一个元素，再次组成新的列表。挑选切片语法格式如下：

< Name>[N:M:K]

其中，Name 表示列表名称；N 表示起始索引；M 表示终止索引；K 表示步长。N、M、K 之间使用冒号进行分隔。

【实例 11-8】下面定义一个列表，对列表进行挑选切片操作。

（1）定义的列表如下：

>>> ls=[0,1,2,3,4,5,6,7,8,9]

列表中包含了 0~9 的 10 个元素。

（2）使用普通切片获取序号 1~9 的元素，代码如下：

>>> ls[1:9]

[1, 2, 3, 4, 5, 6, 7, 8]

从输出信息中可以看到，由于没有指定 K 值，所以获取了连续的元素。

（3）从获取的元素中每 3 个元素保留一个元素。这里使用挑选切片方法，指定 K 为 3，代码如下：

>>> ls[1:9:3]

[1, 4, 7]

与步骤（2）的对比可以看出，将普通切片获取的元素以 3 个元素进行了分组，分为 1, 2, 3 和 4, 5, 6 及 7, 8 共 3 组。从这 3 个组中提取第一个元素，因此，最终结果为[1, 4, 7]。

11.2.4　遍历列表

如果想依次访问列表中的每一个元素，并且进一步使用这些元素，则可以使用遍历循环语句 for in 实现全部元素的依次访问。

【实例 11-9】下面定义一个课程科目列表 ls，通过 for in 语句遍历访问列表中的每一个元素，并且与字符串"课程"进行拼接后输出显示，代码如下：

```
>>> ls=['语文','数学','音乐','英语','美术','体育']          #定义的课程科目列表
>>> Str='课程：'                                        #拼接要使用的字符串
>>> for i in ls:                                       #遍历列表
    print(Str+i)                                        #进行拼接
```

代码的输出结果如下：

```
课程：  语文
课程：  数学
课程：  音乐
课程：  英语
课程：  美术
课程：  体育
```

代码中通过 for in 语句依次遍历列表 ls 中的每一个元素，并将该元素赋值给 i；然后，将字符串 Str 与 i 进行拼接输出。

11.2.5 求最大元素

当列表中的元素类型相同时，还可以使用 max() 返回列表元素中的最大值。其语法格式如下：

```
max(list)
```

其中，list 表示列表。

【实例 11-10】下面定义列表并返回列表中元素的最大值。

（1）定义的列表如下：

```
>>> ls1=[[2,4],[1,5],[6],[1,8],[1,3,5]]
>>> ls2=['a','c','g','b','f']
>>> ls3=[80,78,92,88,69]
```

代码定义了 3 个列表，分别为 ls1、ls2、ls3。

（2）求这 3 个列表中的最大元素，代码如下：

```
>>> max(ls1)
[6]
>>> max(ls2)
'g'
>>> max(ls3)
92
```

输出信息表示，列表 ls1 中的最大元素为列表 [6]；列表 ls2 中的最大元素为字符串"g"；列表 ls3 中的最大元素为整数 92。

11.2.6 求最小元素

当列表中的元素类型相同时，还可以使用 min() 返回列表元素中的最小值。其语法格式如下：

```
min(list)
```

其中，list 表示列表。

【**实例 11-11**】下面对上述实例定义的列表返回元素的最小值，代码如下：

```
>>> ls1=[[2,4],[1,5],[6],[1,8],[1,3,5]]
>>> ls2=['a','c','g','b','f']
>>> ls3=[80,78,92,88,69]
>>> min(ls1)
[1, 3, 5]
>>> min(ls2)
'a'
>>> min(ls3)
69
```

输出信息表示，列表 ls1 中的最小元素为列表[1, 3, 5]；列表 ls2 中的最小元素为字符串"a"；列表 ls3 中的最小元素为整数 69。

11.2.7　拼接列表

拼接列表与拼接字符串类似，也就是使用加号（+）进行拼接。其语法格式如下：

```
List1+List2
```

其中，List1 和 List2 均表示列表。

【**实例 11-12**】下面定义列表，并进行组合。

（1）定义的列表如下：

```
>>> ls1=['数学', '音乐', '英语']
>>> ls2=['语文','美术','体育']
>>> ls3=['语文','音乐','英语','美术']
```

（2）进行列表组合，代码如下：

```
>>> ls1+ls2
['数学', '音乐', '英语', '语文', '美术', '体育']
>>> ls1+ls3
['数学', '音乐', '英语', '语文', '音乐', '英语', '美术']
>>> ls2+ls3
['语文', '美术', '体育', '语文', '音乐', '英语', '美术']
```

代码将列表 ls1、ls2、ls3 两两进行了拼接，可以看到，这里只是将后面的列表内容添加到前面的列表中，重复的元素仍然存在。

11.2.8　列表的重复使用

列表的重复使用与字符串的重复使用一样，也是将元素重复指定的次数后组成新的列表，同样使用星号（*）表示重复。其语法格式如下：

```
List*N
```

其中，List 表示列表，N 表示要重复的次数。

【**实例 11-13**】下面定义列表，重复次数为 3，代码如下：

```
>>> 
>>> ls=['这是','我的']
>>> ls*3
['这是', '我的', '这是', '我的', '这是', '我的']
```

代码将列表 ls 重复了 3 次，产生了一个新列表，新列表的元素为列表 ls 的元素，并且对元素重复了 3 次。

11.2.9　元素判断

元素判断是指判断某个元素是否在列表中。在 Python 中，使用 in 或 not in 语句来实现，这与集合中的元素判断方法相同，也分为正面、反面两种判断方式。

1.　正面判断

正面判断是指判断指定元素是否在列表。如果在，则返回 True；如果不在，则返回 False。正面判断使用 in 语句来实现。其语法格式如下：

```
element in List_Name
```

其中，element 表示要判断的元素，List_Name 表示列表名称。

【实例 11-14】下面使用 in 语句判断指定元素是否在定义的列表中，代码如下：

```
>>> ls=['语文','数学','音乐','英语','美术','体育']
>>> '英语' in ls
True
>>> '生物' in ls
False
```

在输出信息中，True 表示列表中包含元素"英语"，False 表示列表中不包含元素"生物"。

2.　反面判断

反面判断是指，如果集合中不包含指定元素，则返回 True；否则，返回 False。反面判断使用 not in 语句来实现。其语法格式如下：

```
element not in Set_Name
```

其中，element 表示要判断的元素，Set_Name 表示集合名称。

【实例 11-15】下面使用 not in 语句判断指定元素是否在集合中，代码如下：

```
>>> ls=['语文','数学','音乐','英语','美术','体育']
>>> '英语' not in ls
False
>>> '生物' not in ls
True
```

在输出信息中，False 表示列表中包含元素"英语"，True 表示列表中不包含元素"生物"。

11.2.10　删除列表

如果不再需要列表，则可以删除列表。删除后，列表将不存在。Python 提供了 del 语句删除列表。其语法格式如下：

```
dle List_Name
```

其中，List_Name 表示列表名称。

【实例 11-16】下面使用 del 语句删除定义好的列表。

（1）创建列表，代码如下：

```
>>> ls=['语文','数学','音乐','英语','美术','体育']          #创建的列表
```

```
>>> print(ls)                                          #查看列表信息
['语文', '数学', '音乐', '英语', '美术', '体育']
```

（2）删除列表 ls，代码如下：

```
>>> del ls
```

代码执行后没有任何输出信息，列表 ls 被成功删除。如果再次查看列表 ls 信息，则会报错，代码如下：

```
>>> print(ls)
Traceback (most recent call last):
    File "<pyshell#294>", line 1, in <module>
        print(ls)
NameError: name 'ls' is not defined
```

输出的最后一行信息表示，名称 ls 没有被定义，即列表 ls 已经不存在，被成功删除了。

11.3　列表的处理方法

列表的元素是可变的。在创建好列表后，为了能够灵活运用列表，Python 提供了对列表的处理方法，可以进行元素的添加、替换、删除、排序等。下面介绍列表的常用处理方法。

11.3.1　添加元素

添加元素是指向一个已经定义好的列表中添加新的元素。添加的元素可以为单个，也可以为多个，并且可以添加索引位置。因此，添加元素分为以下三种方法。

1. 添加单个元素

如果需要在列表中添加新的元素，则可以使用 append()方法实现。它可以在列表的末尾添加新的元素。其语法格式如下：

```
List.append(obj)
```

其中，List 表示已经定义好的列表，也可以为空列表。obj 表示要添加的新元素。

【实例 11-17】下面定义课程科目列表 ls，并添加新的课程科目。

（1）定义列表，代码如下：

```
>>> ls=['语文', '数学', '英语', '体育']
```

目前列表中有 4 个科目。

（2）往列表中添加新的科目"美术"，代码如下：

```
>>> ls.append("美术")
```

代码执行后不会输出任何信息，但是会成功完成元素的添加。

（3）查看此时列表中的科目，如下：

```
>>> print(ls)
['语文', '数学', '英语', '体育', '美术']
```

从输出信息中可以看到，一共有 5 个科目，最后一个科目就是新添加的元素。

2. 添加多个元素

append()方法只能逐个地向列表末尾添加元素。为了批量快速地添加元素，可以将要添加的元素放在一个新的列表中，然后使用 extend()方法将新列表的所有元素添加到指定列表末尾。其语法格式如下：

```
List.extend(seq)
```

其中，List 表示原列表；seq 表示包含新元素的列表。

【实例 11-18】下面定义两个课程科目列表，并将其中一个列表中的元素添加到另一个列表末尾。

（1）定义列表，代码如下：

```
>>> ls1=['语文','数学','英语']
>>> ls2=['美术','体育','音乐']
```

列表 ls1 中包含了 3 个科目，列表 ls2 中也包含了 3 个科目，科目都不相同。

（2）将列表 ls2 中的所有科目，添加到列表 ls1 的末尾，代码如下：

```
>>> ls1.extend(ls2)
```

（3）查看此时列表 ls1 中的科目，代码如下：

```
>>> print(ls1)
['语文', '数学', '英语', '美术', '体育', '音乐']
```

3. 向指定位置添加

上述方法只能将元素添加到列表的末尾，如果需要添加到列表的其他位置，则可以使用 insert()方法实现。其语法格式如下：

```
List.insert(index, obj)
```

其中，List 表示原列表；index 表示要添加到的位置，位置通过索引序号指定；obj 表示要添加的元素。

【实例 11-19】下面定义列表，将元素添加到指定位置。

（1）定义列表，代码如下：

```
>>> ls=['a','b','d','e','f']
```

列表中的元素为字母字符串形式，并且字母是按照顺序进行排列的。

（2）将元素"c"添加到元素"b"和"d"之间，代码如下：

```
>>> ls.insert(2,'c')
```

这里将元素"c"添加到列表的索引序号为 2 的位置。

（3）查看列表信息，代码如下：

```
>>> ls
['a', 'b', 'c', 'd', 'e', 'f']
```

从输出信息中可以看到，成功地将元素"c"添加到了元素"b"和"d"之间。

11.3.2 替换元素

替换元素是指通过索引的方式获取该元素，然后通过赋值的方式改变元素的值。其语法格式如下：

```
List[N]=info
```

其中，List 表示原列表，N 表示原列表中的元素索引序号，info 表示要修改后的元素值。

【实例 11-20】下面定义列表并替换元素值。

（1）定义的列表如下：

```
>>> ls=[1,2,5,7,9]
```

列表 ls 中的 1、5、7、9 均为奇数，只有 2 为偶数。

（2）将列表中的元素 2 替换为 3，代码如下：

```
>>> ls[1]=3
```

（3）查看列表 ls 中的元素，代码如下：

```
>>> ls
[1, 3, 5, 7, 9]
```

此时，列表 ls 中的元素均为奇数。

11.3.3　删除元素

如果列表中存在不正确的元素，那么不需要重新定义列表，只要将这个元素删除即可。Python 提供了多种删除元素的方法，下面依次介绍。

1. 使用 del 语句删除

使用 del 语句删除时，只要指定删除元素对应的索引序号即可。其语法格式如下：

```
del List[N]
```

其中，List 表示列表；N 表示删除元素对应的索引序号。

【实例 11-21】下面定义列表，使用 del 语句删除指定元素。

（1）定义数字列表 ls，代码如下：

```
>>> ls=[1,2,3,5,7,9]
```

列表 ls 中包含了 6 个元素，其中，只有元素 2 是偶数，其他元素都是奇数。

（2）将不合适的元素 2 删除，代码如下：

```
>>> del ls[1]
```

由于元素 2 在列表中的对应序号为 1，因此为 ls[1]。

（3）再次查看原列表 ls，代码如下：

```
>>> print(ls)
[1, 3, 5, 7, 9]
```

从输出信息中可以看到，列表中不再包含元素 2 了。

2. 使用 remove()方法删除

该方法将删除列表中第一个匹配到的元素。其语法格式如下：

```
List.remove(obj)
```

其中，List 表示列表；obj 表示要删除元素的值。

【实例 11-22】定义列表，并使用 remove()方法实现元素的删除。

（1）定义列表 ls，如下：

```
>>> ls=['真','真','假','假','假','假','真','真','真','亦','假','时','假','亦','真']
```

其中，元素"真"出现了 6 次，元素"假"出现了 6 次。

（2）使用 remove()方法删除元素"真"，并查看结果，代码如下：

```
>>> ls.remove('真')
>>> print(ls)
['真','假','假','假','假','真','真','真','亦','假','时','假','亦','真']
```

从输出信息中可以看到，列表中从左到右，第 1 个元素为"真"，这个元素被删除了，其他的仍然存在。

（3）假如，使用 remove()方法删除元素"假"，并查看结果，代码如下：

```
>>> ls.remove('假')
>>> print(ls)
['真', '真', '假', '假', '假', '真', '真', '真', '亦', '假', '时', '假', '亦', '真']
```

从输出信息中可以看到，列表中从左到右，第 3 个元素为"假"，这个元素被删除了，其他的仍然存在。

3. 使用 pop()方法

该方法可以删除指定位置上的元素，并返回删除的元素。其语法格式如下：

```
List.pop(index)
```

其中，List 表示列表；index 表示要删除元素的索引序号。

【实例 11-23】下面定义列表，并删除指定位置的元素。

（1）定义列表，代码如下：

```
>>> ls=["土豆丝盖饭","红烧茄子盖饭","宫保鸡丁盖饭","烩面","辣子鸡丁盖饭","过油肉盖饭","麻辣豆腐盖饭"]
```

列表中显示了各种盖饭。其中，元素"烩面"不属于盖饭类，它的序号为 3。

（2）删除序号为 3 的元素"烩面"，代码如下：

```
>>> ls.pop(3)
'烩面'
```

输出信息中，"烩面"是返回的元素，表示该元素被删除了。

（3）输出列表信息，代码如下：

```
>>> ls
['土豆丝盖饭', '红烧茄子盖饭', '宫保鸡丁盖饭', '辣子鸡丁盖饭', '过油肉盖饭', '麻辣豆腐盖饭']
```

从输出信息中可以看到，列表中不再有元素"烩面"了。

11.3.4 统计元素出现的次数

由于列表元素的可重复性，因此一个列表中可能会出现多个相同的元素。如果想统计某个元素在列表中出现的次数，可以使用 count()方法。其语法格式如下：

```
List.count (obj)
```

其中，List 表示列表；obj 表示要统计的元素。

【实例 11-24】下面定义列表，并统计指定元素出现的次数。

（1）定义列表，代码如下：

```
>>> ls=['真', '真', '假', '假', '假', '假', '真', '真', '真', '亦', '假', '时', '假', '亦', '真']
```

（2）分别统计元素"真"、"假"和"亦"在列表 ls 中各出现的次数，代码如下：

```
>>> ls.count("真")
6
>>> ls.count("假")
6
>>> ls.count("亦")
2
```

输出结果表示，元素"真"在列表 ls 中出现了 6 次，元素"假"在列表 ls 中也出现了 6 次，元素"亦"在列表 ls 中出现了 2 次。

11.3.5　获取元素首次出现的索引序号

列表中可以包含多个相同的元素，但是有时只需要知道该元素第一次在什么位置出现。这时，可以使用 index()方法来获取元素首次出现的索引序号。其语法格式如下：

List.index(seq)

其中，List 表示列表，seq 表示要查找的元素。

【实例 11-25】下面定义列表，查找指定元素在列表中首次出现的位置。

（1）定义下午课程科目列表 ls，代码如下：

>>> ls=['语文', '数学', '英语', '数学', '体育', '自习课']

列表信息表示下午的科目一共有 6 节。

（2）下午首次上"数学"科目是下午的第几节课，代码如下：

>>> ls.index('数学')
1

输出信息给出了 1，表示元素的序号为 1。由于序号从 0 开始，因此，数学科目是下午的第二节课。

11.3.6　列表元素排序

虽然列表元素具有可序性，但是为了更加灵活地运用列表，Python 提供了对列表排序的功能。可以使用 reverse()方法和 sort()方法对列表中的元素重新排序。下面介绍这两种不同的排序方法。

1．使用 reverse()方法排序

该方法用来把列表中的元素顺序反过来，也就是对列表元素进行反序排列。其语法格式如下：

List.reverse()

其中，List 表示列表。

【实例 11-26】下面定义列表并进行反序排列。

（1）定义数值列表 ls，代码如下：

>>> ls=[1,2,3,4,5,6]

列表 ls 中的元素值是从小到大排序的。

（2）对列表 ls 进行反序排列，代码如下：

>>> ls.reverse()

（3）再次查看列表元素，代码如下：

>>> ls
[6, 5, 4, 3, 2, 1]

此时，列表 ls 中的元素是从大到小排序的。

2. 使用 sort()方法排序

该方法可以对列表按照指定排序规则进行排序，如按照升序、降序排列。其语法格式如下：

```
List.sort(reverse)
```

其中，List 表示列表；reverse 用来指定排序规则，可使用的值为 True 或 False，True 表示降序，False 表示升序，默认值为 False。

【实例 11-27】下面定义列表，并对列表元素进行升序和降序排列。

（1）定义数值列表，代码如下：

```
>>> ls=[1,3,5,7,9,2,4,6,8]
```

（2）对列表元素进行升序排列，并显示列表信息，代码如下：

```
>>> ls.sort()
>>> print(ls)
[1, 2, 3, 4, 5, 6, 7, 8, 9]
```

从输出信息中可以看到，列表中的元素按照从小到大的顺序进行了排列。

（3）对列表元素进行降序排列，并显示列表信息，代码如下：

```
>>> ls.sort(reverse = True)
>>> print(ls)
[9, 8, 7, 6, 5, 4, 3, 2, 1]
```

从输出信息中可以看到，列表中的元素按照从大到小的顺序进行了排列。

3. 使用 sorted()方法排序

使用 sorted()方法也可以对列表元素进行降序和升序排列。与 sort()方法不同的是，它不会改变原来的列表，只是对原来的列表元素进行排序，然后生成新的列表。其语法格式如下：

```
sorted(iterable,reverse=False)
```

其中，iterable 表示可迭代的对象，如列表；reverse 表示排序规则，可使用的值为 True 或 False，True 表示降序，False 表示升序，默认值为 False。

【实例 11-28】下面定义数值列表，并使用 sorted()进行升序和降序排列。

（1）定义数值列表，代码如下：

```
>>> ls=[1,3,5,7,9,2,4,6,8]
```

（2）对列表元素进行升序排列，将其赋值给列表 ls1，并查看列表信息。代码如下：

```
>>> ls1=sorted(ls)              #升序
>>> ls1                         #查看升序后的列表信息
[1, 2, 3, 4, 5, 6, 7, 8, 9]
>>> ls                          #查看原列表信息
[1, 3, 5, 7, 9, 2, 4, 6, 8]
```

从输出信息中可以看到，升序后不会对原来的列表 ls 产生影响。

（3）对列表元素进行降序排列，将其赋值给列表 ls2，并查看列表信息。代码如下：

```
>>> ls2=sorted(ls,reverse=True)
>>> ls2                         #查看降序后的列表信息
[9, 8, 7, 6, 5, 4, 3, 2, 1]
>>> ls                          #查看原列表信息
[1, 3, 5, 7, 9, 2, 4, 6, 8]
```

从输出信息中可以看到,降序后不会对原来的列表 ls 产生影响。

11.3.7 元素求和

当列表中包含的元素都是数值时,可以对列表中的所有元素进行求和计算。Python 提供了 sum() 来对列表进行求和计算。其语法格式如下:

```
sum(iterable[,start])
```

其中,iterable 表示进行求和计算的列表;start 表示求和计算的起始元素索引。如果没有指定,默认值为 0,则表示从第一个元素开始累加。

【实例 11-29】下面定义一个保存成绩的列表,计算这些成绩之和。

(1)定义一个 10 名学生数学成绩的列表,代码如下:

```
>>> ls=[87,89,86,95,92,99,68,71,99,89]
```

(2)计算这些成绩之和,代码如下:

```
>>> sum(ls)                                    #列表求和
875
>>> 87+89+86+95+92+99+68+71+99+89              #通过算术运算验证
875
```

输出结果表示这 10 名学生的数字成绩之和为 875。经过验证后,求和正确。

(3)假如,还有一位学生的成绩为 93,统计这 11 名学生的成绩之和。代码如下:

```
>>> sum(ls,93)
968
```

11.4 小　结

本章首先介绍了列表特征,以及如何创建列表;然后讲解了列表的常用操作,如统计元素个数、访问元素、拼接列表等;最后讲述了列表的处理函数,其中,添加元素、列表元素排序、元素求和是经常用到的,需要重点掌握。通过本章的学习,程序员需要了解以下内容。

❑ 列表中的元素是有序的,如[1,2,3,4]与[1,2,4,3]是两个不同的列表。

❑ 列表中的元素可以重复,如[1,2,3,2,1]。

❑ 两个列表进行拼接组成一个新的列表,使用加号（+）进行连接即可。

❑ 使用 append() 方法可以往列表中添加新的元素,该元素被添加到列表的末尾。

❑ 使用 extend() 方法可以将一个列表中的所有元素添加到另一个列表的末尾。

❑ 使用 insert() 方法可以将元素添加到列表中指定的位置,指定的位置通过索引序号指定。

❑ 使用 reverse() 方法可以对列表中的元素进行反序排列。

❑ 对列表中的元素进行升序或降序排列有两种方法:使用 sort() 方法;使用 sorted() 方法。当排序规则为 True 时表示降序,为 False 时表示升序（默认）。

❑ 当列表中的所有元素均为整数类型时,可以使用 sum() 对所有整数进行求和。

11.5 习　　题

一、选择题

1. 列表的 pop()方法的功能是（　　　）。

    A．删除列表中第一个元素　　　　　　B．返回并删除列表中第一个元素

    C．删除列表中最后一个元素　　　　　D．返回并删除列表中最后一个元素

    E．删除列表中指定的元素　　　　　　F．返回并删除列表中指定的元素

2. A 和 B 是两个列表，将它们的内容合并为列表 C，内容都为列表 C 的元素。正确的方法是（　　　）。

    A．C=[A,B]　　　　B．C=[A+B]　　　　C．C=A+B　　　　D．C=[AB]

二、填空题

列表中的元素包含的特征，分别为_____性和_____性，元素类型_____（需要或不需要）一致。

三、简答题

奇偶数分类，下面的代码中定义了 3 个列表 ls、ls1、ls2。定义的列表如下：

```
ls=[1,2,3,4,5,6,7,8,9]
ls1=[]
ls2=[]
```

将列表 ls 中的奇数添加到列表 ls1 中，将列表 ls 中的偶数添加到列表 ls2 中。

第 12 章　元　　组

元组（Tuple）与列表类似，也是由 0 个或多个元素，按照特定顺序排列组成的。元组与列表的区别在于，元组一旦创建，元素是不能被修改的。元组往往用于储存一些固定的数据信息。例如，我们日常生活中经常说的星期是从周一到周日，一共七天。这是固定不变的，可以用元组存储。本章对元组进行详细讲解。

本章要求

❑ 了解元组的特征
❑ 学会如何创建元组
❑ 掌握元组元素的访问

12.1　元组的特征与创建

在学习元组之前，同样需要先来了解元组有哪些特征，然后才能根据这些特征创建有效的元组。

12.1.1　元组特征

由于元组类似于列表，因此它的特征如下。

❑ 有序性：在元组中，元素与元素之间是有序的。这点与列表相同，与集合不同。
❑ 可重复性：元组中可以包含重复的元素。这点与列表相同，与集合不同。
❑ 元素类型：元组的元素类型可以不同。这点与列表相同，与字符串不同。

12.1.2　创建元组

Python 提供了两种创建元组的方法。

1．使用圆括号（()）创建

使用圆括号（()）创建元组时，元素与元素之间使用逗号进行分隔。其语法格式如下：
```
<Name>=(元素 1, 元素 2, 元素 3,…, 元素 n)
```
其中，Name 表示元组的名称，也可以为元组变量名。

【实例 12-1】下面创建一个包含奥运会吉祥物 5 个福娃的元组。

（1）创建福娃元组 tup，代码如下：
```
>>> tup=("贝贝","晶晶","欢欢","迎迎","妮妮")
```
（2）查看元组中的福娃信息，代码如下：
```
>>> print(tup)
('贝贝', '晶晶', '欢欢', '迎迎', '妮妮')
```

【实例 12-2】创建一个空元组 tup，并查看，代码如下：

```
>>> tup=()
>>> tup
()
```

2. 使用 tuple()创建

Python 提供的 tuple()也可以创建元组。它可以将字符串、列表、range 迭代对象或其他可迭代的对象转换为元组。其语法格式如下：

```
<Name>= tuple(seq)
```

其中，seq 表示要转换为元组的可迭代对象。如果不指定 seq，则创建一个空元组。

【实例 12-3】下面使用 tuple()创建一个空元组，代码如下：

```
>>> tup=tuple()
>>> tup
()
```

【实例 12-4】下面定义字符串和列表，并使用 tuple()将字符串和列表转换为元组。

（1）定义字符串和列表，代码如下：

```
>>> Str='Python'
>>> ls1=['P','y','t','h','o','n']
>>> ls2=[2021,'P','y','t','h','o','n']
```

代码定义了 1 个字符串 Str；定义了 2 个列表 ls1 和 ls2。其中，ls1 列表中的元素都为字符串类型，ls2 列表中的元素包含了整数 2021 和字符串。

（2）分别将字符串 Str、列表 ls1 和 ls2 转换为元组，代码如下：

```
>>> tup1=tuple(Str)
>>> tup2=tuple(ls1)
>>> tup3=tuple(ls2)
```

（3）查看转换后元组的信息，代码如下：

```
>>> print(tup1)
('P', 'y', 't', 'h', 'o', 'n')
>>> print(tup2)
('P', 'y', 't', 'h', 'o', 'n')
>>> print(tup3)
(2021, 'P', 'y', 't', 'h', 'o', 'n')
```

从输出信息中可以看到，只是将字符串和列表转换为元组，元素的类型不会发生改变。

12.2 元组的常用操作

Python 提供了一些对元组的常用操作，利用这些操作，可以实现元素的访问、统计元素个数等。下面介绍这些常用操作。

12.2.1 统计元素个数

元组中的每一个元素看作一个长度。如果想统计元组中有多少个元素，则只要计算该元组的长度即可。使用 len()计算元组的长度。

【实例 12-5】创建元组，并统计元组中元素的个数，代码如下：

```
>>> tup=(1,2,3,4,5,6)
>>> len(tup)
6
```

输出信息中的 6 表示该元组 tup 有 6 个元素。

12.2.2　访问元素

元组中的元素是有序的。因此，访问元组元素的方法与访问字符串元素、列表元素的方法一样，使用索引访问即可。

【实例 12-6】下面定义元组，并通过索引访问元组中的元素，代码如下：

```
>>> tup=("星期一","星期二","星期三","星期四","星期五","星期六","星期日")
>>> tup[3]
'星期四'
>>> tup[4]
'星期五'
```

该代码使用了正向索引和反向索引访问了元组中的元素。

12.2.3　遍历元组

使用 for in 语句可以遍历列表，同样可以遍历元组。

【实例 12-7】通过 for in 语句遍历星期元组，并将遍历出的元素与字符串"2021："进行拼接，代码如下：

```
>>> tup=("星期一","星期二","星期三","星期四","星期五","星期六","星期日")
>>> Str='2021：'
>>> for i in tup:
        print(Str+i)
```

代码的输出结果如下：

```
2021：星期一
2021：星期二
2021：星期三
2021：星期四
2021：星期五
2021：星期六
2021：星期日
```

12.2.4　获取多个元素

如果想同时获取多个元素，可以使用切片功能。其实现方法与列表的切片使用方法相同，这里不再赘述。

【实例 12-8】下面定义一个元组，并使用切片功能获取多个元素，代码如下：

```
>>> tup=("狮子","猴子","老虎","大象","熊猫","袋鼠","犀牛","鸵鸟","野猪","河马","鳄鱼")
>>> tup[1:5]
```

('猴子', '老虎', '大象', '熊猫')
>>> tup[1:10:2]
('猴子', '大象', '袋鼠', '鸵鸟', '河马')

其中，第一种方法获取了元组中索引序号 1～5 对应的元素；第二种方法指定了步长，获取索引序号 1～10，每 2 个元素取第一个元素。

12.2.5 求最大元素

对于元组，用户也可以使用 max()来求元组中元素的最大值。其语法格式如下：

max(tuple)

其中，tuple 表示元组。

【实例 12-9】下面定义元组，并返回元组中元素的最大值。

（1）定义元组，代码如下：

>>> tup1=(1,2,3,4,5)
>>> tup2=("a","b","c","d")
>>> tup3=("1","2","3","a","b","c")

（2）返回定义的元组中元素的最大值，代码如下：

>>> max(tup1)
5
>>> max(tup2)
'd'
>>> max(tup3)
'c'

提示：获取元组中最大元素，元素要为同类型。如果元素为数值类型，如整数，则获取数值的最大值。如果元素为字符类型，则获取对应 ASCII 的最大值，其大小关系为：数字 0～9<大写字母 A～Z<小写字母 a～z。

12.2.6 求最小元素

使用 min()来求元组中元素的最小值。其语法格式如下：

min(tuple)

其中，tuple 表示元组。

【实例 12-10】下面对上述实例定义的元组返回元素的最小值，代码如下：

>>> min(tup1)
1
>>> min(tup2)
'a'
>>> min(tup3)
'1'

12.2.7 检查某个元素是否在元组中

一个元组可以包含多个元素。为了检查是否包含指定元素，用户可以使用 in 语句来判断。

如果包含，就返回 True；否则，返回 False。用户也可以使用 not in 语句判断是否不包含。如果不包含，就返回 True；否则，返回 False。

【实例 12-11】下面定义成绩分数的元组，并查询指定分数是否在元组中。

（1）定义元组，代码如下：

```
>>> tup=(86,82,100,95,91,80,88,97,99,89)
```

（2）使用 in 语句查询，判断分数 90 和分数 95 是否属于该元组中的元素，代码如下：

```
>>> 90 in tup
False
>>> 95 in tup
True
```

输出信息表示，分数 90 不在元组中，分数 95 在元组中。

（3）使用 not in 语句查询，代码如下：

```
>>> 90 not in tup
True
>>> 95 not in tup
False
```

12.2.8　删除元组

如果不再使用定义好的元组，则可以使用 del 语句删除整个元组。其语法格式如下：

```
dle Tuple_Name
```

其中，Tuple_Name 表示元组名称。

【实例 12-12】下面使用 del 语句删除定义好的元组。

（1）创建元组并查看信息，代码如下：

```
>>> tup=("星期一","星期二","星期三","星期四","星期五","星期六","星期日")
>>> print(tup)
("星期一", "星期二", "星期三", "星期四", "星期五", "星期六", "星期日")
```

（2）删除元组 tup，代码如下：

```
>>> del tup
```

（3）再次查看元组信息，会报错，如下：

```
>>> print(tup)
Traceback (most recent call last):
    File "<pyshell#113>", line 1, in <module>
        print(tup)
NameError: name 'tup' is not defined
```

输出的最后一行信息表示名称 tup 没有被定义，即元组 tup 已经不存在，被成功删除了。

12.3　小　　结

本章首先介绍了元组特征，以及如何创建元组；然后讲解了元组的常用操作，如访问元素、遍历元组等。由于元组是不可变的，所以没有对元组的处理方法。通过本章的学习，程序员需要了解以下内容。

❏ 元组与列表类似，区别在于，列表元素是可变的，元组元素是不可变的。

❑ 创建元组有两种方法：使用圆括号（()）或使用 tuple()。

❑ 访问元组元素通过索引序号进行。

❑ 依次访问元组中的每个元素，可以通过 for in 语句进行遍历来实现。

12.4 习　　题

一、选择题

1．下面说法正确的是（　　　）。

A．元组就是列表、列表就是元组，没有区别

B．元组类似于列表，凡是能对列表使用的处理方法，对元组也可以使用

C．元组类似于列表，但是，也有区别之处。例如，列表元素可以被修改或删除，元组元素则不能

D．元组和列表不能进行转换

2．下面创建元组方法不正确的是（　　　）。

A．tup=(1,2,3,4,5,6)　　　　　　　　B．tup= tuple('123456')

C．tup= Tuple('123456')　　　　　　　D．tup=()

二、填空题

1．元组中的元素具有的特征，分别为＿＿＿性和＿＿＿性，元素类型＿＿＿（需要或不需要）一致。

2．元组的元素＿＿＿（可以或不可以）被修改、添加或删除。

三、简答题

谁有资格参加竞赛？

老师选出了 10 名学生参加竞赛，并将可以参加竞赛的学生名单保存在元组中，如下：

names=('马仁毅','冯洲龙','吕聪','郭山刚','周慧敏','刘莉莉','赵美丽','杜娟','张蓉蓉','刘乐乐')

编写代码，让学生输入自己的名字，查看自己能否参加竞赛，如果能，则输出"能参加"，反之，输出"不能参加"。

第 13 章 字 典

集合、字符串、列表、元组都是用来将多个数据存储起来，并且存储的这些数据都是单独的值。但是，日常生活的数据信息往往是复合信息。例如，存储个人数据信息时，姓名是×××，年龄是×××等。这些数据信息包括数据名和数据值两部分。这类信息不能使用字符串、列表直接表示。即使强行表示，也不能通过数据名访问对应的数据值。数据名与数据值这种对应关系被为映射。数据名称为"键"，整个数据称为"键值对"。Python 提供字典实现这种键值之间的映射。本章讲解如何使用字典

本章要求

❑ 了解字典的特征
❑ 学会如何创建字典
❑ 学会如何通过"键"获取对应的"值"，以及获取所有值
❑ 灵活掌握键值对的添加与删除

13.1 字典的特征与创建

学习字典，首先要了解字典有哪些特征，然后才能根据这些特征创建有效的字典。

13.1.1 字典特征

字典的特征如下。
❑ 无序性：字典中的键值对与键值对之间是无序的。
❑ 不重复性：字典中的键不能重复。如果键重复了，则保留最后一个键值对，忽略前面重复的键值对。

13.1.2 创建字典

Python 提供了两种创建字典的方法。

1. 使用花括号（{}）创建

在 Python 中，可以使用花括号（{}）创建字典。其语法格式如下：

`<Name>={<键 1>:<值 1>,<键 2>:<值 2>,…,<键 n>:<值 n>}`

其中，Name 表示字典名称或变量名。键和值之间使用冒号（:）进行分隔，键值对与键值对之间使用逗号（,）进行分隔。字典中的键可以是字符串、数字、元组，键值对可以为 0 个也可以为多个。

【实例 13-1】下面创建学生名与成绩对应关系的字典。

（1）创建成绩字典 score，代码如下：

```
>>> score={"张三":87,"李四":85,"王五":82,"赵六":90}
```

字典中包含了 4 个键值对，即 4 名学生的名字与对应的成绩。

（2）查看字典信息，代码如下：

```
>>> print(score)
{'张三': 80, '李四': 85, '王五': 85, '赵六': 90}
```

（3）在创建时，包含了重复的名字，如以下代码：

```
>>> score={"张三":87,"李四":85,"王五":82,"赵六":90,"王五":92}
```

字典中包含了 2 个王五，第 1 个王五，对应的成绩为 82，第 2 个王五，对应的成绩为 92。

（4）再次查看字典信息，代码如下：

```
>>> print(score)
{'张三': 87, '李四': 85, '王五': 92, '赵六': 90}
```

输出信息表示，当字典中存在重复的键时，将保留后面的键值对。因此，留下了"'王五': 92"。

（5）当然，如果不指定任何键值对，则创建一个空字典，代码如下：

```
>>> score={}
>>> print(score)
{}
```

2. 使用 dict()创建

Python 还提供了 dict()，用于创建字典。创建时，又可以分为三种方式。

（1）通过指定键值对创建。

用户可以直接指定键值对来创建字典。其语法格式如下：

```
<Name>=dict(key1=value1, key2=value2,···,keyn=valuen)
```

语法中各参数含义如下。

❑ Name：表示字典名称或变量名。

❑ key1,key2,···,keyn：表示字典中键值对的键，必须是唯一的。

❑ value1,value2,···, valuen：表示字典中键值对的值，可以不唯一。

【实例 13-2】下面使用 dict()指定键值对方式来创建学生名与成绩对应关系的字典，代码如下：

```
>>> score=dict(张三=87,李四=85,王五=82,赵六=90)
>>> print(score)
{'张三': 87, '李四': 85, '王五': 82, '赵六': 90}
```

如果在创建时不指定任何键值对，那么创建的字典也是一个空字典，如下：

```
>>> score=dict()
>>> print(score)
{}
```

（2）通过可迭代对象创建。

用户也可以指定可迭代对象来创建字典。其语法格式如下：

```
dict(iterable)
```

其中，iterable 表示可迭代对象，可以是列表、也可以是元组，它们的元素也为元组或列表形式。

【实例 13-3】下面使用 dict()的可迭代对象来创建学生名字与成绩对应关系的字典，代码如下：

```
>>> score1=dict([("张三",87),("李四",85),("王五",82),("赵六",90)])
>>> score2=dict([["张三",87],["李四",85],["王五",82],["赵六",90]])
>>> score3=dict((("张三",87),("李四",85),("王五",82),("赵六",90)))
>>> score4=dict((["张三",87],["李四",85],["王五",82],["赵六",90]))
>>> print(score1)
{'张三': 87, '李四': 85, '王五': 82, '赵六': 90}
>>> print(score2)
{'张三': 87, '李四': 85, '王五': 82, '赵六': 90}
>>> print(score3)
{'张三': 87, '李四': 85, '王五': 82, '赵六': 90}
>>> print(score4)
{'张三': 87, '李四': 85, '王五': 82, '赵六': 90}
```

代码中定义了 4 个字典, 分别为 score1、score2、score3、score4。其中, 可迭代对象如下。

❑ 字典 score1: dict()中的可迭代对象为列表, 列表中的元素是元组形式。

❑ 字典 score2: dict()中的可迭代对象为列表, 列表中的元素是列表形式。

❑ 字典 score3: dict()中的可迭代对象为元组, 列表中的元素是元组形式。

❑ 字典 score4: dict()中的可迭代对象为元组, 列表中的元素是列表形式。

从输出字典 score1、score2、score3、score4 的信息中可以看到其内容是一样的。

（3）通过映射函数创建。

用户还可以使用映射函数来创建字典。其语法格式如下:

dict(zip(iterable1,iterable2))

语法中各参数含义如下。

❑ zip(): 表示一个函数, 用于将可迭代对象作为参数, 将对象中对应的元素打包成一个个元组, 然后返回由这些元组组成的列表。可迭代对象可以为列表, 也可以为元组。

❑ iterable1 和 iterable2: 均表示可迭代对象。

【实例 13-4】下面通过映射函数来创建学生名字与成绩对应关系的字典, 代码如下:

```
>>> score5=dict(zip(['张三','李四','王五','赵六'], [87,85,82,90]))
>>> score6=dict(zip(['张三','李四','王五','赵六'], (87,85,82,90)))
>>> score7=dict(zip(('张三','李四','王五','赵六'), (87,85,82,90)))
>>> score8=dict(zip(('张三','李四','王五','赵六'), [87,85,82,90]))
>>> print(score5)
{'张三': 87, '李四': 85, '王五': 82, '赵六': 90}
>>> print(score6)
{'张三': 87, '李四': 85, '王五': 82, '赵六': 90}
>>> print(score7)
{'张三': 87, '李四': 85, '王五': 82, '赵六': 90}
>>> print(score8)
{'张三': 87, '李四': 85, '王五': 82, '赵六': 90}
```

代码中定义了 4 个字典, 分别为 score5、score6、score7、score8。其中, 可迭代对象如下。

❑ 字典 score5: zip()中的可迭代对象依次为列表、列表。

❑ 字典 score6: zip()中的可迭代对象依次为列表、元组。

❑ 字典 score7: zip()中的可迭代对象依次为元组、元组。

❑ 字典 score8: zip()中的可迭代对象依次为元组、列表。

从输出字典 score5、score6、score7、score8 的信息中可以看到其内容是一样的。

13.2 字典的常用操作

Python 提供了对字典的常用操作功能，用户可以利用这些功能实现键值对的统计、访问等。下面讲解字典的常用操作。

13.2.1 统计键值对数量

字典中的每一个键值对是一个元素，长度为 1。因此，统计字典中有多少个键值对，就是计算字典的长度。用户可以使用 len()计算字典的长度。

【实例 13-5】下面创建字典，并统计字典中键值对数量。

（1）创建字典，代码如下：

```
>>> score={"张三":87,"李四":85,"王五":82,"赵六":90}
```

（2）统计键值对数量，代码如下：

```
>>> len(score)
4
```

输出信息为 4，表示字典 score 中有 4 个键值对。

13.2.2 查询键对应的值

字典中包含的都是键值对，因为在访问字典中的元素时，需要通过映射关系来进行。在Python 中，用户可以直接指定键来访问对应的值。其语法格式如下：

```
<Dict_Name>[<Key_Name>]
```

其中，Dict_Name 表示字典名称，Key_Name 表示键名称。

【实例 13-6】下面定义一个字典，并通过键访问对应的值。

（1）定义个人信息字典，代码如下：

```
>>> information={"姓名":"张三","性别":"男","年龄":"35","身高":"1.72 米","血型":"A 型"}
```

（2）查找个人信息中身高对应的值，代码如下：

```
>>> information["身高"]
'1.72 米'
```

输出信息成功显示了身高对应的值。

（3）如果指定的键不存在，则会抛出异常，如查询"体重"对应的值，代码如下：

```
>>> information["体重"]                    #访问"体重"键对应的值
Traceback (most recent call last):
  File "<pyshell#107>", line 1, in <module>
    information["体重"]
KeyError: '体重'
```

错误信息表示，字典中不存在"体重"这个键。

13.2.3 获取键的最大值

字典中的键可以为整数，当键为整数时，可以使用 max()返回键的最大值。其语法格式如下：

max(dict)

其中，dict 表示字典。

【实例 13-7】 定义字典，并返回字典中键的最大值。

（1）定义字典，代码如下：

```
>>> month={1:"January",2:" February",3:"March ",4:" April ",5:"May",6:"June"}
```

字典中包含了 6 个键，分别为 1、2、3、4、5、6。

（2）返回最大值，代码如下。

```
>>> max(month)
6
```

输出信息显示该字典键的最大值为 6。

13.2.4　获取键的最小值

min()用来返回键的最小值。其语法格式如下：

```
min(dict)
```

其中，dict 表示字典。

【实例 13-8】 下面演示返回字典 month 中键的最小值，代码如下：

```
>>> month={1:"January",2:" February",3:"March ",4:" April ",5:"May",6:"June"}
>>> min(month)
1
```

输出信息显示该字典键的最小值为 1。

13.2.5　删除字典

如果不再使用定义好的字典，可以使用 del 语句删除这个字典。其语法格式如下：

```
del Dict_Name
```

其中，Dict_Name 表示字典名称。

【实例 13-9】 下面使用 del 语句删除定义好的字典。

（1）创建字典，代码如下：

```
information={"姓名":"张三","性别":"男","年龄":"35","身高":"1.72 米","血型":"A 型"}
>>> print(information)
{'姓名': '张三', '性别': '男', '年龄': '35', '身高': '1.72 米', '血型': 'A 型'}
```

（2）删除字典并在此查看字典信息，代码如下：

```
>>> del information
>>> print(information)
Traceback (most recent call last):
  File "<pyshell#200>", line 1, in <module>
    print(information)
NameError: name 'information' is not defined
```

删除字典后，当再次查看时会报错。最后一行信息表示名称 information 没有被定义，这说明我们成功地将字典 information 删除了。

13.3 字典的处理方法

虽然字典不同于列表，但是也有相同之处。字典中的元素（键值对）也是可以进行添加与删除的。同时，Python 还提供了其他方法用于对字典的处理。下面介绍字典的常用处理方法。

13.3.1 用序列生成新字典

Python 允许用户以一个序列建立字典。这时，序列中的元素作为字典中的键。每个键对应的值是相同的。这种创建方式需要使用 fromkeys()方法。其语法格式如下：

```
dict.fromkeys(seq,value)
```

其中，seq 表示列表；value 表示值，属于可选的。如果不指定 value，则使用 None 作为值。

【实例 13-10】下面首先定义一个列表，然后使用 fromkeys()方法创建新字典。

（1）定义列表，代码如下：

```
>>> list=['a','b','c','d','e']
```

该代码定义了列表 list，包含了 5 个元素。

（2）下面以列表 list 的元素作为键，创建新的字典，代码如下：

```
>>> Dict=dict.fromkeys(list)
>>> Dict
{'a': None, 'b': None, 'c': None, 'd': None, 'e': None}
```

输出信息表示，字典 Dict 包含了 5 个键值对。每个键都是列表 list 的元素，对应的值都为默认值 None。

（3）下面将键对应的值，统一指定为 10，代码如下：

```
>>> Dict=dict.fromkeys(list,10)
>>> Dict
{'a': 10, 'b': 10, 'c': 10, 'd': 10, 'e': 10}
```

输出信息表示，字典中的所有键对应的值均为 10。

13.3.2 获取指定键对应的值

在 13.2.2 节中讲到，通过指定"键"来访问对应值。除此之外，Python 提供了 get()方法和 setdefault()方法，实现同样的功能。下面依次进行介绍。

1. get()方法获取值

该方法可以获取指定键对应的值。如果"键"不存在，则不会返回任何信息。其语法格式如下：

```
<Dict_Name>.get (key)
```

其中，Dict_Name 表示字典名称；key 表示要访问的键。

【实例 13-11】下面定义字典，使用 get()方法返回指定键对应的值，代码如下：

```
>>> month={1:"January",2:" February",3:"March ",4:" April ",5:"May",6:"June"}
>>> month.get(3)                                            #键存在，返回了对应值
'March '
```

>>> month.get(8)   #键不存在，不返回值

2. setdefault()方法获取值

setdefault()方法也可以获取指定键对应的值。与 get()方法不同的是，如果指定的键不存在，则为字典添加键，并指定对应的值。其语法格式如下：

<Dict_Name >.setdefault (key, value)

其中，Dict_Name 表示字典名称；key 表示键；value 表示键对应的值，是可选的。只有当字典中不存在 key 时，value 才生效。

【实例 13-12】下面获取字典中指定键的值。

（1）定义字典，并获取指定键的值，代码如下：

>>> month={1:"January",2:" February",3:"March ",4:" April ",5:"May",6:"June"}
>>> month.get(6)
'June'

输出信息表示，成功获取了键 6 的值为 June。

（2）获取键 7 对应的值，代码如下：

>>> month.setdefault(7)

代码执行后，若没有任何输出信息，则表示键 7 不在字典中，将为字典添加该键，并使用了默认值 None。

（3）此时，查看字典 month 中的信息，代码如下：

>>> print(month)
{1: 'January', 2: ' February', 3: 'March ', 4: ' April ', 5: 'May', 6: 'June', **7: None**}

输出信息表示，字典末尾新添加了键 7，对应的值为 None。

（4）为字典添加键 7，并指定值为"July"，代码如下：

>>> month.setdefault(7,'July')
'July'
>>> print(month)
{1: 'January', 2: ' February', 3: 'March ', 4: ' April ', 5: 'May', 6: 'June', 7: 'July'}

输出信息表示，成功添加了键 7，对应的值为指定的值 July。

13.3.3　获取所有键对应的值

get()方法和 setdefault()方法只能返回指定键对应的值，如果想返回所有键对应的值，则可以使用 values()方法来实现。它以列表形式返回字典中所有键对应的值。其语法格式如下：

<Dict_Name >.values()

其中，Dict_Name 表示字典名称。

【实例 13-13】下面定义一个字典，并返回字典中所有键对应的值，代码如下：

>>> month={1:"January",2:" February",3:"March ",4:" April ",5:"May",6:"June"}
>>> month.values()
dict_values(['January', ' February', 'March ', ' April ', 'May', 'June'])

输出信息显示了一个列表，该列表的元素都是字典中键对应的值。

13.3.4 遍历字典

字典中的元素都是键值对的形式。如果想获取所有键值对，则可以通过遍历的方法实现。如果使用 items()方法，则可以将字典中的每个键值对作为元素，组成一个元组。items()方法语法格式如下：

```
Dict_Name.items()
```

其中，Dict_Name 表示字典名称。

【实例 13-14】下面定义一个字典，并遍历该字典中的所有键值对。

（1）定义字典，代码如下：

```
>>> dict={1: '小明', 2: '小红', 3: '小花', 4: '小亮'}
```

这里定义了字典 dict，包含了 4 个键值对。

（2）遍历字典，显示所有"键值对"信息，代码如下：

```
>>> dict.items()
dict_items([(1, '小明'), (2, '小红'), (3, '小花'), (4, '小亮')])
```

输出信息以列表的形式显示了字典中的所有键值对。每个键值对是列表中的元素，为元组形式。

（3）遍历信息是为了进一步处理，常常与循环语句 for in 使用，代码如下：

```
>>> for key,value in dict.items():        #用到了循环语句 for in
        print('第',key,'名:',value)           #用到了 print()语句，输出多条信息
```

代码执行结果如下：

```
第 1 名: 小明
第 2 名: 小红
第 3 名: 小花
第 4 名: 小亮
```

13.3.5 获取所有键

如果用户只想获取字典中所有的键，则可以使用 keys()方法。它可以以列表的形式返回字典中所有的键。其语法格式如下：

```
Dict_Name.keys()
```

其中，Dict_Name 表示字典名称。

【实例 13-15】下面定义字典，并获取字典中所有的键，代码如下：

```
>>> dict={1: '小明', 2: '小红', 3: '小花', 4: '小亮'}
>>> dict.keys()
dict_keys([1, 2, 3, 4])
```

输出信息以列表的形式显示了字典中所有的键，这些键组成了一个列表。

13.3.6 字典合并

字典合并是指将一个字典的键值对添加到另一个字典中。用户可以使用 update()方法实现这个功能。其语法格式如下：

dict1.update(dict2)

其中，dict1 表示添加到的字典，dict2 表示被添加的字典。

【实例 13-16】下面定义两个字典，将其中一个字典添加到另一个字典中。

（1）定义两个字典，代码如下：

>>> dict1={1: '小明', 2: '小红'}
>>> dict2={3: '小花', 4: '小亮'}

（2）将字典 dict2 中的键值对添加到 dict1 中，代码如下：

>>> dict1.update(dict2)

（3）查看字典 dict1 的信息，代码如下：

>>> print(dict1)
{1: '小明', 2: '小红', 3: '小花', 4: '小亮'}

此时，字典 dict1 中包含了字典 dict2 的键值对。

13.3.7　添加、修改元素

字典是一个可变序列。因此，用户可以对字典中的键值对进行添加、修改。下面依次进行介绍。

1. 添加元素

向字典中添加新的元素，语法格式如下：

Dict_Name[key]=value

语法中各参数含义如下。

❑ Dict_Name: 表示字典名称。

❑ key: 表示要添加的键。

❑ value: 表示键对应的值。

【实例 13-17】下面定义字典，并向字典中添加新的元素。

（1）定义字典，代码如下：

>>> dict={1: '小明', 2: '小红', 3: '小花', 4: '小亮'}

定义的字典 dict 包含了 4 个元素，即 4 个键值对。

（2）添加一个新元素，键为 5，对应的值为 "小王"，代码如下：

>>> dict[5]='小王'

（3）查看此时字典的元素信息，代码如下：

>>> print(dict)
{1: '小明', 2: '小红', 3: '小花', 4: '小亮', 5: '小王'}

输出信息表示，成功为字典添加了新元素。

2. 修改元素

在添加新元素时，如果添加键已经存在，那么指定的值将会替换原来的值，从而实现修改字典的功能。其语法格式如下：

Dict_Name[key]=value

语法中各参数含义如下。

❑ Dict_Name: 表示字典名称。

❑ key：表示已经存在的键。

❑ value：表示修改后键对应的值。

【实例 13-18】下面定义字典，并修改其中的元素。

（1）定义字典，代码如下：

```
>>> dict={1: '小明', 2: '小红', 3: '小花', 4: '小亮'}
```

定义的字典 dict 包含了 4 个元素，其中，第 3 个元素的键为 3，对应的值为"小花"。

（2）将第 3 个元素的键对应的值修改为"小王"，代码如下：

```
>>> dict[3]='小王'
```

（3）查看此时字典的元素信息，代码如下：

```
>>> print(dict)
{1: '小明', 2: '小红', 3: '小王', 4: '小亮'}
```

其中，字典中第 3 个元素键对应的值由"小花"变为了"小王"。

13.3.8 删除元素

如果字典存在多余的元素，则可以将其删除。删除元素有 3 种方法。

1. 使用 del 语句删除

使用 del 语句可以删除字典中指定的元素。其语法格式如下：

```
del Dict_Name[key]
```

其中，Dict_Name 表示字典名称；key 表示要删除元素的键。指定键以后，就会将该键所在的键值对都删除。

【实例 13-19】下面定义字典，并删除元素。

（1）定义字典，代码如下：

```
>>> dict={1: '小明', 2: '小红', 3: '小花', 4: '小亮'}
```

（2）删除字典中的键为 3 的元素，代码如下：

```
>>> del dict[3]
```

（3）查看此时字典的元素信息，代码如下：

```
>>> print(dict)
{1: '小明', 2: '小红', 4: '小亮'}
```

该字典中原有键为 3 的元素被删除。

2. 使用 pop()方法删除

pop()方法也可以用来删除字典中指定键的"键值对"，并返回该键对应的值。其语法格式如下：

```
Dict_Name.pop(ley)
```

其中，Dict_Name 表示字典名称；key 表示要删除的键。

【实例 13-20】下面定义字典并删除指定键对应的键值对。

（1）定义字典，代码如下：

```
>>> dict={1: '小明', 2: '小红', 3: '小花', 4: '小亮'}
```

（2）删除字典中键为 2 的键值对，代码如下：

```
>>> dict.pop(2)
```

'小红'

输出信息表示，键为 2 对应的值为"小红"。

（3）查看字典信息，代码如下：

```
>>> print(dict)
{1: '小明', 3: '小花', 4: '小亮'}
```

输出信息表示，成功删除了字典中键为 2 对应的键值对。

3. 使用 popitem()方法

上述两种方法可以删除指定的元素，而 popitem()方法可以只删除字典最后一个元素，并以元组的形式返回。其语法格式如下：

```
Dict_Name.popitem()
```

其中，Dict_Name 表示字典名称。

【实例 13-21】下面定义字典，并随机删除其中的一个元素。

（1）定义字典，代码如下：

```
>>> dict={1: '小明', 2: '小红', 3: '小花', 4: '小亮'}
```

定义的字典 dict 中有 4 个元素。

（2）获取并删除最后一个元素，代码如下：

```
>>> dict.popitem()
(4, '小亮')
```

输出的信息是一个元组，即字典中的最后一个元素。

（3）查看字典中的元素信息，代码如下：

```
>>> print(dict)
{1: '小明', 2: '小红', 3: '小花'}
```

输出信息表示，此时字典 dict 中只包含了 3 个元素。

13.3.9　清空字典

使用上述方法只能逐个删除字典中的元素。为了快速删除，用户可以使用 clear()方法。它可以一次性删除字典中所有的键值对。其语法格式如下：

```
Dict_Name.clear()
```

其中，Dict_Name 表示字典名称。

【实例 13-22】下面定义字典并清空键值对。

（1）定义字典，并清空键值对，代码如下：

```
>>> dict={1: '小明', 2: '小红', 3: '小花', 4: '小亮'}
>>> dict.clear()                                              #清空键值对
```

（2）查看字典信息，代码如下：

```
>>> print(dict)
{}
```

输出信息表示，当前字典为空，不包含任何元素。

（3）下面统计字典中键值对数量，代码如下：

```
>>> len(dict)
0
```

输出信息表示，字典长度为 0，即字典中没有键值对。

13.3.10　字典的复制

Python 提供了 copy()方法用来返回一个字典的浅复制。浅复制是指字典中最内层的序列信息。如果没有序列，那么整个字典将作为最内层。copy()方法的语法格式如下：

Dict_Name.copy()

其中，Dict_Name 表示字典名称。

使用 copy()方法可以将字典赋值给其他变量。当然，使用直接赋值的方法也可以将字典赋值给其他变量，但实际上它们有区别。下面通过实例进行对比讲解。

【实例 13-23】下面定义一个字典，分别使用直接赋值和 copy()方法将字典赋值给其他变量。

（1）定义字典 dict，代码如下：

```
>>> dict={1:"小明",2:"小红",3:"小花",4:["小亮","小李"],5:"小王"}
```

该字典中包含了 5 组键值对，键分别为 1、2、3、4、5。其中，键 4 对应的值是一个列表，包含了两个元素"小亮"和"小李"。

（2）将字典直接赋值给变量 A，并显示变量的信息，代码如下：

```
>>> A=dict
>>> print(A)
{1: '小明', 2: '小红', 3: '小花', 4: ['小亮', '小李'], 5: '小王'}
```

输出信息表示，变量 A 与字典变量 dict 一样。

（3）将字典 dict 使用 copy()方法赋值给变量 B，并显示变量 B 的信息，代码如下：

```
>>> B=dict.copy()
>>> print(B)
{1: '小明', 2: '小红', 3: '小花', 4: ['小亮', '小李'], 5: '小王'}
```

输出信息表示，变量 B 与字典 dict 一样。

（4）下面修改字典 dict 中的元素，代码如下：

```
>>> dict[1]="小张"
>>> dict[4].remove("小李")
```

这里，第一行代码将字典中键 1 对应的值修改为"小张"；第二行代码将键 4 对应的值"小李"删除。

（5）查看修改后字典 dict 的元素，代码如下：

```
>>> print(dict)
{1: '小张', 2: '小红', 3: '小花', 4: ['小亮'], 5: '小王'}
```

从输出信息中可以看到，字典元素已经被修改了。此时，确认字典 dict 的修改是否会影响变量 A 和 B 的元素。

（6）查看变量 A 的元素，代码如下：

```
>>> print(A)
{1: '小张', 2: '小红', 3: '小花', 4: ['小亮'], 5: '小王'}
```

从输出信息中可以看到，变量 A 和字典 dict 完全一样。这说明直接赋值的变量会完全受到原有字典的影响。

（7）查看变量 B 的元素，代码如下：

```
>>> print(B)
{1: '小明', 2: '小红', 3: '小花', 4: ['小亮'], 5: '小王'}
```

从输出信息中可以看到，变量 B 和字典 dict 的元素不一样。其中，键 1 对应的值是修改前的值，键 4 对应的值是修改后的值。

13.4 小 结

本章首先介绍了字典与集合、字符串、列表、元组之间的区别，它可以更好地存储非单独数据，即通过键值对方式进行存储；接着介绍了字典特征，以及如何创建字典；然后讲解了字典的常用操作；最后讲述了字典的处理方法，其中，获取指定键对应的值、获取所有键对应的值、字典合并是需要掌握的重点知识。本章相关知识点如下。

- 字典中的元素，以键值对的形式出现，表示复合信息，信息分为数据名和数据值两部分。
- 获取键对应的值有 3 种方法：第一种是使用键；第二种是使用 get()方法；第三种是使用 setdefault()方法。
- 使用 keys()方法可以获取字典中的所有键信息。
- 使用 values()方法可以获取字典中的所有值信息。
- 使用 update()方法可以将一个字典中的所有键值对添加到另一个字典末尾。
- 往字典中添加新的键值对有两种方法：第一种是直接指定键和值；第二种是使用 setdefault()方法。

13.5 习 题

一、选择题

1. 以下创建字典方法错误的是（ ）。
   A．Dict={1:[1,2],3:[3,4]}　　　　　　　B．Dict={[1,2]:1,[3,4]:3}
   C．Dict={(1,2):1,(3,4):3}　　　　　　　D．Dict={1:'张三',3:'李四'}
2. 将一个字典的内容添加到另一个字典中的方法是（ ）。
   A．update()　　　　B．keys()　　　　C．items()　　　　D．get()

二、填空题

1. 字典中的"键值对"具有的特征，分别为_____性和_____性。
2. 字典中的键可以使用的数据类型有_____、_____、_____。

三、简答题

以下代码创建了一个字典，字典中的每个键是阿拉伯数字 1~9，值为对应的大写形式。字典如下：

```
>>> number={1:'壹',2:'贰',3:'叁',4:'肆',5:'伍',6:'陆',7:'柒',8:'捌',9:'玖',10:'拾'}
```

通过使用本章学过的知识，对字典信息处理后输出如下结果：

```
1 壹
2 贰
3 叁
```

4　肆
5　伍
6　陆
7　柒
8　捌
9　玖
10　拾

第 14 章 文件和数据存储

前面章节讲到的变量、列表、元组、字符串、字典中存储的数据是暂时的，程序结束后就会丢失。为了能够长久保存程序中的数据，就需要使用文件。在应用程序中，文件是保存数据的重要途径之一。程序会创建文件用以保存数据，或者从文件中读取数据。本章介绍如何使用文件存储数据。

本章要求

❑ 学会文件的基本使用：创建、打开与关闭
❑ 掌握如何写入和读取文件内容
❑ 学会查看文件的状态信息
❑ 掌握对一维数据的处理：表示、存储和处理
❑ 掌握对二维数据的处理：表示、存储和处理

14.1 文件的基本使用

文件是用来存储数据的。在使用文件前，首先需要拥有这样的文件。因此，本节介绍文件的基本使用，如创建文件、打开文件和关闭文件。

14.1.1 文件类型

在 Python 中，根据文件编码方式的不同，文件分为两种类型，文本文件和二进制文件。下面依次介绍。

1. 文本文件

文本文件一般由单一特定编码（如 UTF-8 编码）的字符组成。文本文件中的数据信息称为文本数据。在前面的章节中提到过文本数据是以字符串类型表示的，这是因为文本文件由编码组成，而每个字符串都有唯一的编码值，所以文本文件可以被看作长字符串，如一个 txt 格式的文本文件。大部分文本文件可以通过文本编辑软件或文字处理软件（如记事本）进行编辑。

2. 二进制文件

二进制文件直接由二进制码 0 和 1 组成，它没有统一的字符编码，但是有特定的格式。不同的格式决定文件的用途。例如，png 格式文件用来显示图片、avi 格式文件用来显示视频等。由于二进制文件没有统一的字符编码，因此只能看作字节流，不能看作字符串，以字节为单位进行访问。二进制文件是不能用记事本进行直接编辑的。

提示： 无论文件创建为文本文件或二进制文件，都可以用"文本文件方式"和"二进制文件方式"打开，只是打开后可进行的操作不同。

14.1.2 文件的创建与打开

操作系统中的文件默认处于存储状态，当文件打开以后就可以对文件进行操作了（如读写）。此时，文件将由原来的存储状态变为占用状态，另一个进程将不能对文件进行操作。打开文件的状态变化如图 14.1 所示。

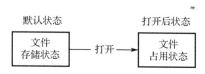

图 14.1　打开文件的状态变化

在 Python 中，内置了文件（File）对象。在使用文件对象时，首先需要通过内置函数 open()创建一个文件对象，然后通过该对象提供的方法对文件进行一系列的操作。使用 open()创建并打开文件的语法格式如下：

`<object>=open(name[, mode[, buffering]])`

语法中各参数含义如下。

❑ object: 表示文件对象，相当于文件变量，是必需的。当文件被打开时将会创建文件对象，有了文件对象以后，就可以通过调用文件对象对文件进行相关操作了，如读写、追加等。

❑ name: 要创建或打开的文件名，为字符串形式。如果要打开的文件和当前文件在同一个目录下，那么直接使用文件名即可，反之，需要使用完整的路径。

❑ mode: 表示打开文件时使用的打开模式，是可选参数。

❑ buffering: 用于指定文件的缓存模式，是可选参数。值为 0 时，表示不缓存；值为 1 时，表示缓存；值为大于 1 的整数时，表明这就是寄存区的缓冲大小；如果值为负值，则寄存区的缓冲大小为系统默认值。

其中，文件打开模式及含义如表 14-1 所示。

表 14-1　文件打开模式及含义

文件打开模式	含　　义	注 意 事 项
t	文本文件模式，默认值	文件必须存在
b	二进制文件模式	
r	只读模式。以只读方式打开文件，文件的指针将会放在文件的开头，默认值	
rb	以二进制格式打开文件，并且采用只读模式。文件指针将会放在文件的开头	
r+	读写模式。打开文件后，可以读取文件内容，也可以写入新的内容覆盖原有的内容（从文件开头进行覆盖）	
rb+	以二进制格式打开文件，并且采用读写模式	
x	写模式，新建一个文件	文件不能存在

续表

文件打开模式	含　义	注 意 事 项
w	只写入模式。打开一个文件只用于写入。如果该文件已存在，则打开文件，并且从开头开始编辑，即原有内容会被删除。如果该文件不存在，则创建新文件	文件存在，写入数据时，将覆盖原来的数据；文件不存在，创建新的　文件
wb	以二进制格式打开文件，并且采用只写入模式。如果该文件已存在，则打开文件，并且从开头开始编辑，即原有内容会被删除。如果该文件不存在，则创建新文件	
w+	打开一个文件用于读写。打开文件后，先清空原有内容，使其变为空文件，对该文件有读写权限	
wb+	以二进制格式打开文件，并且采用读写模式。如果该文件已存在，则打开文件，并且从开头开始编辑，即原有内容会被删除。如果该文件不存在，则创建新文件	
a	追加写模式。打开一个文件用于追加。如果该文件已存在，则文件指针将会放在文件的结尾。也就是说，新的内容会被写入已有内容之后。如果该文件不存在，则创建新文件	文件存在，写入数据时，新的数据放在原来数据的后面；文件不存在，创建新的文件
ab	以二进制格式打开文件，并且采用追加写模式。如果该文件已存在，则文件指针将会放在文件的结尾。也就是说，新的内容将会被写入已有内容之后。如果该文件不存在，则创建新文件	
a+	打开一个文件用于读写。如果该文件已存在，则文件指针将会放在文件的结尾。如果该文件不存在，则创建新文件	
ab+	以二进制格式打开文件，并且采用追加写模式。如果该文件已存在，则文件指针将会放在文件的结尾。也就是说，新的内容会被写入已有内容之后。如果该文件不存在，则创建新文件	

文件的打开模式及操作对比如表 14-2 所示。

表 14-2　文件的打开模式及操作对比

文件打开模式	r	r+	w	w+	a	a+
可以读取数据	√	√	×	√	×	√
可以写入数据	×	√	√	√	√	√
可以创建文件	×	×	√	√	√	√
覆盖原数据	×	√	√	√	×	×
指针在开头	√	√	√	√	×	×
指针在结尾	×	×	×	×	√	√

表中的对号（√）表示符合对应行上的功能；错号（×）表示不符合对应行上的功能。

1. 打开已经存在的文件

使用 open()可以打开一个已经存在的文件，指定打开模式即可。

【实例 14-1】下面演示使用 open()打开现有的文件。

（1）现有的文件 file.txt 如图 14.2 所示。

图 14.2　现有的文件 file.txt

（2）使用 open()打开该文件，代码如下：

```
>>> Obj=open('file.txt','r')
```

代码以只读的方式打开了文件 file.txt。此时，该文件处于被占用状态。

（3）这是在文件管理器中找到的文件 file.txt，是无法删除的。因为此时该文件被 Python 打开了，所以删除时会弹出"文件正在使用"对话框，如图 14.3 所示。

图 14.3　无法删除被打开的文件

2. 打开不存在的文件

当用户使用的打开模式为 r、rb、r+、rb+，或者以默认模式打开一个不存在的文件时，将会抛出异常，如下：

```
>>> Obj=open('file1','r+')                                #打开文件 file1
Traceback (most recent call last):
    File "<pyshell#8>", line 1, in <module>
        Obj=open('file1','r+')
FileNotFoundError: [Errno 2] No such file or directory: 'file1'
```

由于代码要打开的文件 file1 不存在，所以运行时抛出异常。最后一行信息表示没有找到文件 file1。

这种问题的解决方法有以下两种。

❏ 第一种：提前创建文件 file1。

❏ 第二种：使用其他打开模式，如 w、w+、a、a+。这样，即使要打开的文件不存在，代码也会创建一个新的文件。

【实例 14-2】下面演示使用追加模式打开不存在的文件 file1，代码如下：

```
>>> Obj=open('file1','a+')
```

虽然文件 file1 不存在，但是在打开的同时自动创建了该文件，如图 14.4 所示。

图 14.4　创建新的文件

从图中可以看到，新创建的文件 file1，大小为 0 字节。这是因为只是创建了一个文件，并打开了，还没有向文件中写入任何数据。在文件没有关闭之前，文件 file1 仍然处于占用状态，也是无法删除的，如图 14.5 所示。

图 14.5　无法删除被打开的文件

14.1.3　关闭文件

文件打开以后就可以对文件进行读写操作了，当操作完成后，需要关闭文件。只有关闭文件后，其他程序才能打开文件。关闭文件后，文件状态将回到默认状态，如图 14.6 所示。

图 14.6　文件状态变化

在 Python 中，关闭文件需要使用文件对象的 close() 方法。其语法格式如下：

```
<object>.close()
```

其中，object 表示打开的文件对象。

【实例 14-3】下面关闭上述实例中的文件对象 Obj，代码如下：

```
Obj.close()
```

14.2　文件的读写操作

文件被打开后，就可以对文件进行操作了，如写入内容、读取内容等。本节介绍如何向文件中写入内容和读取文件中的内容。

14.2.1　文件的写入

文件的写入是指为文件增加新的内容。Python 提供了两种写入方法。

1. 写入字符串内容

文件对象提供了 write()方法，用来向文件中写入字符串。其语法格式如下：

```
<object>.write(str)
```

其中，object 表示文件对象；str 表示要写入的字符串类型的内容。

【实例 14-4】下面将字符串"春眠不觉晓，处处闻啼鸟。夜来风雨声，花落知多少?"写入文件 file1.txt 中。

（1）以写入方法打开文件 file1.txt，代码如下：

```
>>> Obj=open('file1.txt','w')
```

（2）将信息写入文件中，代码如下：

```
>>> Obj.write('春眠不觉晓, \n 处处闻啼鸟。\n 夜来风雨声, \n 花落知多少?')
27
```

输出信息为 27，表示添加的内容为 27 个字符长度。

（3）写入完成后需要关闭文件，代码如下：

```
>>> Obj.close()
```

（4）打开文件 file1.txt，验证写入的内容，如图 14.7 所示。

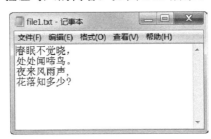

图 14.7　成功写入了信息

2. 写入字符串列表内容

如果要添加的内容不是一个字符串，而是一个以字符串为元素的列表，则需要使用文件对象的 writelines()方法来完成写入。其语法格式如下：

```
<object>.writelines(list)
```

其中，list 表示列表或列表变量，该列表中的元素为字符串。

【实例 14-5】下面将列表中的内容添加到文件 file1.txt 中。

（1）列表中的内容如下：

['白日依山尽，','黄河入海流。','欲穷千里目，','更上一层楼。']

列表中，每一句诗是一个字符串。

（2）将列表内容添加到文件 file1.txt 中，代码如下：

```
>>> Obj=open('file1.txt','a+')
>>> Obj.writelines(['\n 白日依山尽，\n','黄河入海流。\n','欲穷千里目，\n','更上一层楼。'])
>>> Obj.close()
```

代码使用了追加写模式"a+"打开文件，在打开文件的结尾添加内容。

（3）再次打开文件 file1.txt 查看信息，如图 14.8 所示。

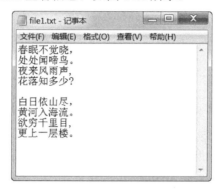

图 14.8　列表内容被追加到文件中

14.2.2　文件的读取

文件的读取是指读取文件中的内容。Python 提供了多种读取方法，程序员既可以一次性读取全部内容，也可以读取指定字符长度的内容。下面依次介绍不同的读取方法。

1. 读取指定字符长度

文件对象提供了 read()方法，可以读取指定个数的字符。其语法格式如下：

```
<object>.read(size)
```

其中，object 表示文件对象；size 表示从文件中读取的字符个数，如果为负数或不指定，则读取文件的所有内容。读出的结果是一个字符串。

【实例 14-6】下面使用 read()方法读取上述文件 file1.txt 中的内容。

（1）以只读方式打开文件，代码如下：

```
>>> Obj=open('file1.txt','r')
```

（2）读取文件中全部信息，代码如下：

```
>>> Obj.read()
'春眠不觉晓，\n 处处闻啼鸟。\n 夜来风雨声，\n 花落知多少?\n\n 白日依山尽，\n 黄河入海流。\n 欲穷千里目，\n 更上一层楼。'
```

（3）只读取文件中的前 35 个字符，代码如下：

```
>>> Obj.close()
>>> Obj=open('file1.txt','r')
```

```
>>> Obj.read(35)
'春眠不觉晓，\n 处处闻啼鸟。\n 夜来风雨声，\n 花落知多少?\n\n 白日依山尽，'
```

（4）如果打开方式使用的是二进制格式，那么在显示信息时，将以字节流的形式显示内容，代码如下：

```
>>> Obj.close()
>>> Obj=open('file1.txt','rb')
>>> Obj.read()
b'\xb4\xba\xc3\xdf\xb2\xbb\xbe\xf5\xcf\xfe\xa3\xac\r\n\xb4\xa6\xb4\xa6\xce\xc5\xcc\xe4\xc4\xf1\xa1\xa3\r\n
\xd2\xb9\xc0\xb4\xb7\xe7\xd3\xea\xc9\xf9,\r\n\xbb\xa8\xc2\xe4\xd6\xaa\xb6\xe0\xc9\xd9?\r\n\r\n\xb0\xd7\xc8\xd5\
xd2\xc0\xc9\xbd\xbe\xa1\xa3\xac\r\n\xbb\xc6\xba\xd3\xc8\xeb\xba\xa3\xc1\xf7\xa1\xa3\r\n\xd3\xfb\xc7\xee\xc7\xa
7\xc0\xef\xc4\xbf,\r\n\xb8\xfc\xc9\xcf\xd2\xbb\xb2\xe3\xc2\xa5\xa1\xa3'
```

输出信息以字节流的形式显示了文件的内容。

2. 读取全部内容

上述讲到的 read()方法可以读取文件的所有内容，读取结果以字符串形式显示。如果想以列表形式显示，则需要使用 readlines()方法来实现，列表中的每一个元素为文件的一行内容。其语法格式如下：

```
<object>.readlines()
```

其中，object 表示文件对象。

【实例 14-7】下面使用 readlines()方法读取文件 file1.txt 中的所有内容，代码如下：

```
>>> Obj=open('file1.txt','r')
>>> Obj.readlines()
['春眠不觉晓，\n', '处处闻啼鸟。\n', '夜来风雨声，\n', '花落知多少?\n', '\n', '白日依山尽，\n', '黄河入海
流。\n', '欲穷千里目，\n', '更上一层楼。']
```

输出结果是一个列表，列表中的每一个元素是 file1.txt 文件中的一行内容。

3. 读取一行内容

如果要读取的文件很大，则读取全部内容到内存时，容易造成内存不足。为了避免这个问题，通常会采用逐行读取的方法。文件对象提供了 readline()方法，用于每次只读取一行内容。其语法格式如下：

```
<object>.readline(size)
```

其中，object 表示文件对象；size 为可选参数，如果不指定则读取文件中第一行的内容，如果指定则读取第一行中前 size 个字符的内容。

【实例 14-8】下面使用 readline()方法读取文件 file1.txt 中第一行的内容。

（1）读取文件中第一行的全部内容，代码如下：

```
>>> Obj=open('file1.txt','r')
>>> Obj.readline()
'春眠不觉晓，\n'
```

输出信息只显示了文件 file1.txt 中第一行的全部内容，并且换行符也属于第一行的内容。

（2）读取文件中第一行内容的前 3 个字符，代码如下：

```
>>> Obj=open('file1.txt','r')
>>> Obj.readline(3)
'春眠不'
```

输出信息只显示了第一行内容的前 3 个字符。

14.2.3　文件指针

文件指针用来标识文件读写操作的当前位置。在对文件进行读写操作之前，文件指针的位置在内容的开头。此时，指针值为 0，表示在第一个字节位置。当对文件进行读写操作时，指针的位置将移动，移动到进行读写操作的最后字节位置处。下面介绍文件指针的相关知识。

1. 获取文件指针位置

为了更清楚地了解文件读写后指针所在字节位置，可以使用文件对象的 tell() 方法来获取。其语法格式如下：

```
<object>.tell()
```

其中，object 表示文件对象。

【实例 14-9】下面以文件 file1.txt 中的内容为例，演示使用文件指针读取内容。该文件中的内容如图 14.9 所示。

图 14.9　file1.txt 中的内容

（1）以只读模式打开文件 file1.txt，代码如下：

```
>>> Obj=open('file1.txt','r')
```

（2）在对文件操作之前，查看指针的所在位置，代码如下：

```
>>> Obj.tell()
0
```

输出信息为 0，表示文件打开时指针位置在内容的开头，也就是在内容"春眠不觉晓"的左侧。

（3）在对文件进行读取时指针将发生改变。例如，读取第一行内容的前 4 个字符，代码如下：

```
>>> Obj.readline(4)
'春眠不觉'
```

（4）查看此时指针的所在位置，代码如下：

```
>>> Obj.tell()
8
```

输出信息为 8，表示指针在 8 字节位置处。这里，由于内容是 4 个中文字符"春眠不觉"，一个中文为 2 字节，所以指针位置在 8 字节位置处。也就是说，指针在"春眠不觉"的"觉"后面。当进行第二次操作时，指针将从该位置算起。

（5）接着再次读取第一行内容的前 1 个字符，代码如下：

```
>>> Obj.readline(1)
'晓'
```

输出信息表示，从指针位置开始读取了 1 个字符的内容，为"晓"。

2. 移动文件指针

当对文件进行读写时，指针会随着操作移动，这属于自动移动指针。文件对象提供了 seek() 方法，它可以手动移动文件指针位置。其语法格式如下：

```
<object>.seek(offset,whence)
```

语法中各参数含义如下。

❑ object：表示文件对象。

❑ offset：表示移动的偏移量，单位为字节，需要移动的字节数。

❑ whence：可选参数，用来定义从何处开始移动。当参数值为 0 时（默认值），表示从内容开头向尾部方向移动；当参数值为 1 时，表示从当前位置开始移动；当参数值为 2 时，表示从内容尾部向开头方向移动。

【实例 14-10】下面使用 seek() 方法移动指针。

（1）读取文件 file1.txt 第一行内容，代码如下：

```
>>> Obj=open('file1.txt','r')
>>> Obj.readline()
'春眠不觉晓，\n'
```

（2）查看指针位置，代码如下：

```
>>> Obj.tell()
14
```

（3）移动指针使指针从内容开头移动，移动 6 字节，代码如下：

```
>>> Obj.seek(6,0)
6
```

输出信息为 6，表示指针移动了 6 字节。

（4）此时，再次读取文件 file1.txt 第一行的内容，代码如下：

```
>>> Obj.readline()
'觉晓，\n'
```

输出信息表示，此时的第一行内容是从"觉晓"开始算起的。这是因为，步骤（3）将指针移动了 6 字节，也就是指针位于"春眠不"的右侧。

14.3　文件对象属性

当使用 open() 方法打开文件时，将会创建一个文件对象。通过查看该文件对象就可以了解此时文件的相关属性信息了，如文件的状态（打开还是关闭）、文件名等。下面介绍如何进行查询。

14.3.1　查看文件状态

文件状态是指文件当前处于何种状态，是打开状态，还是关闭状态。判断文件状态可以使用 closed 进行判断。其语法格式如下：

```
<object>closed
```

其中，object 表示文件对象。如果文件处于关闭状态，则返回 True；反之，返回 False，表示处于打开状态。

【实例 14-11】下面判断文件 file1.txt 状态。

```
>>> Obj=open('file1.txt','r')              #打开文件 file1.txt
>>> Obj.closed                             #判断文件状态
False
>>> Obj.close()                            #关闭文件 file1.txt
>>> Obj.closed                             #判断文件状态
True
```

在输出信息中，False 表示当前文件处于打开状态；True 表示当前文件处于关闭状态。

14.3.2　查看文件名

创建文件对象后，可以通过文件对象获取文件名。获取时，需要使用文件对象的 name 属性。其语法格式如下：

```
<object>.name
```

其中，object 表示文件对象。

【实例 14-12】下面获取文件对象 Obj 对应的文件名，代码如下：

```
>>> Obj.name
'file1.txt '
```

输出信息表示，文件对象 Obj 的文件名为 file1.txt。

14.3.3　文件的打开模式

文件的打开模式有多种。当文件被打开后，可以使用 mode 获取打开模式。其语法格式如下：

```
<object>mode
```

其中，object 表示文件对象。

【实例 14-13】下面获取文件 file1.txt 的打开模式，代码如下：

```
##########只读模式##########
>>> Obj=open("file1.txt","r")
>>> Obj.mode
'r'
>>> Obj.close()
##########读写模式##########
>>> Obj=open("file1.txt","r+")
>>> Obj.mode
'r+'
>>> Obj.close()
##########只写入模式#########
>>> Obj=open("file1.txt","w")
>>> Obj.mode
```

```
'w'
>>> Obj.close()
##########读写覆盖模式######
>>> Obj=open("file1.txt","w+")
>>> Obj.mode
'w+'
>>> Obj.close()
#########追加写模式#####
>>> Obj=open("file1.txt","a")
>>> Obj.mode
'a'
>>> Obj.close()
#########追加读写模式#####
>>> Obj=open("file1.txt","a+")
>>> Obj.mode
'a+'
>>> Obj.close()
```

14.4   数据组织的维度

数据在被计算机处理之前都需要进行一定的组织，表示数据之间的基本关系和逻辑，进而形成"数据的维度"。根据数据关系的不同，这些被组织的数据可以分为一维数据和二维数据。

14.4.1   一维数据

一维数据由对等关系的有序或无序数据构成，采用线性方式组织，对应于数学中的数组概念。例如，我国的直辖市列表即可表示为一维数据，一维数据具有线性特点，如下：

北京、上海、天津、重庆

14.4.2   二维数据

二维数据也称表格数据，由关联关系数据构成。它们使用二维表格方式组织，对应于数学中的矩阵，常见的表格都属于二维数据。

14.5   一维数据的处理

Python 提供了对一维数据的处理功能，下面进行介绍。

14.5.1   一维数据的表示

一维数据是最简单的数据组织类型，它由对等关系的有序或无序数据构成，采用线性方式组织，类似于数据中的数组和集合等概念。前面章节中讲到的列表、集合的内容都可以看作一维数据。在 Python 中，一维数据使用列表形式表示。例如，将我国的 5 个自治区表示为一维数据，如下：

```
list=["内蒙古自治区","广西壮族自治区","西藏自治区","宁夏回族自治区","新疆维吾尔自治区"]
```

14.5.2　一维数据的存储

一维数据中的数据信息可以保存在文件中，通过文件进行存储。下面介绍一维数据的文件存储。

1.　分隔元素

当将一维数据存储到文件中时，需要考虑每个元素之间使用的分隔符。在 Python 中提供了常见的 4 种分隔方式。

（1）使用空格分隔元素，文件内容信息如下：

```
内蒙古自治区　广西壮族自治区　西藏自治区　宁夏回族自治区　新疆维吾尔自治区
```

（2）使用逗号分隔元素，文件内容信息如下：

```
内蒙古自治区,广西壮族自治区,西藏自治区,宁夏回族自治区,新疆维吾尔自治区
```

注意：使用的逗号为英文逗号。

（3）使用换行分隔元素，文件内容信息如下：

```
内蒙古自治区
广西壮族自治区
西藏自治区
宁夏回族自治区
新疆维吾尔自治区
```

（4）使用特殊符号分隔元素，文件内容信息如下：

```
内蒙古自治区:广西壮族自治区:西藏自治区:宁夏回族自治区:新疆维吾尔自治区
```

提示：这里使用的特殊符号为冒号（:）。

2.　CSV 文件格式

在上述 4 种分隔元素中，使用逗号进行分隔的存储格式叫作 CSV（Comma-Separated Values，逗号分隔值）格式。它是一种通用的且简单的文件格式。大部分编辑器都可以直接读取或保存为 CSV 格式文件。下面以简单的实例讲解如何将列表存储为 CSV 格式文件，并对文件信息进行读取。

【实例 14-14】下面将一维数据存储为 CSV 格式文件 autonomous-region.csv，并读取文件信息。

（1）定义一维数据，代码如下：

```
list=["内蒙古自治区","广西壮族自治区","西藏自治区","宁夏回族自治区","新疆维吾尔自治区"]
```

列表中包含了 5 个元素。

（2）创建 CSV 格式文件 autonomous-region.csv，使用读写覆盖模式打开，代码如下：

```
>>> Obj=open("autonomous-region.csv","w+")
```

（3）将一维数据写入该 CSV 格式文件中，设置使用逗号进行分隔，代码如下：

```
>>> Obj.writelines(",".join(list))
```

提示：代码中的 join()在 10.3 节中讲过。

（4）移动指针位置，将其移到开头，代码如下：

```
>>> Obj.seek(0,0)
0
```

（5）读取该文件中的全部信息，代码如下：

```
>>> Obj.read()
'内蒙古自治区,广西壮族自治区,西藏自治区,宁夏回族自治区,新疆维吾尔自治区'
```

输出信息为文件 autonomous-region.csv 中的内容，这说明成功地将列表 list 中的信息存储到了 CSV 格式文件中。

（6）关闭 CSV 格式文件，代码如下：

```
>>> Obj.close()
```

（7）在当前的目录中可以看到生成的 CSV 格式文件，如图 14.10 所示。

图 14.10　成功创建了 CSV 格式文件

（8）打开 CSV 格式文件，可以看到存储的一维数据的内容，如图 14.11 所示。

图 14.11　CSV 格式文件中的一维数据内容

14.5.3　一维数据的处理

一维数据的处理主要是指如何从文件中读取一维数据。使用上述方法将一维数据存储在文件中，这些数据将被当作一个字符串。在读取文件信息时，将不会显示出原来的一维数据信息，还需要进一步处理。

【实例 14-15】下面以上述的 autonomous-region.csv 文件为例，读取文件信息，并显示为一维数据。

（1）打开文件并读取。使用 read()方法读取文件内容，代码如下：

```
>>> Obj=open("autonomous-region.csv","r")
>>> Obj.read()
'内蒙古自治区,广西壮族自治区,西藏自治区,宁夏回族自治区,新疆维吾尔自治区'
```

读出来的信息是一个字符串，不是一个正规的一维数据，因为一维数据用列表形式表示。

（2）使用 readlines()方法读取文件内容，代码如下：

```
>>> Obj.seek(0,0)
0
>>> Obj.readlines()
['内蒙古自治区,广西壮族自治区,西藏自治区,宁夏回族自治区,新疆维吾尔自治区']
```

输出信息是一个列表，列表内容为一维数据的内容，但这个列表中的所有信息是一个元素，与一维数据不同，因为一维数据是 5 个元素。

（3）在读取文件内容时需要进行处理。使用逗号进行分隔，将分隔出来的内容作为一个元素，代码如下：

```
>>> Obj.seek(0,0)
0
>>> list2=Obj.read().split(",")          #处理，使用逗号分隔字符串
>>> list2
['内蒙古自治区', '广西壮族自治区', '西藏自治区', '宁夏回族自治区', '新疆维吾尔自治区']
```

此时的输出信息与一维数据列表 list 中的信息完全一样了。

14.6　二维数据的处理

Python 提供了对二维数据的处理功能，下面进行介绍。

14.6.1　二维数据的表示

二维数据由多个一维数据构成，可以看作一维数据的组合形式。因此，二维数据也使用列表来表示。每个元素对应二维数据的一行，这个元素又是一个列表类型，其内部的元素对应二维数据这行中各列的值。

1. 生活中的形式

二维数据类似于生活中的表格形式，如表 14-3 所示。

表 14-3　二维数据表格形式

学生	张三	李四	王五	赵六
年龄/岁	21	25	19	23
身高/cm	152	164	155	174
体重/kg	58	60	50	55
血型	A	B	O	AB

2. 代码中的形式

在 Python 中，二维数据是一个二维列表形式，如下：

```
>>> list2=[
    ["学生","张三","李四","王五","赵六"],
    ["年龄","21","25","19","23"],
    ["身高","152","164","155","174"],
    ["体重","58","60","50","55"],
    ["血型","A","B","O","AB"]
    ]
```

提示：为了便于操作，二维数据一般采用相同的数据类型存储数据。因此，代码中的数字使用了字符串形式。

14.6.2 二维数据的存储

由于二维数据是多个一维数据的组合，而一维数据是使用 CSV 格式文件进行数据存储的。这里推荐二维数据也使用 CSV 格式文件进行数据存储。下面以简单的实例讲解如何将二维数据存储为 CSV 格式文件。

【实例 14-16】下面将二维数据存储为 CSV 格式文件 information.csv，并读取文件信息。

（1）定义二维数据，代码如下：

```
>>> list2=[
    ["学生","张三","李四","王五","赵六"],
    ["年龄","21","25","19","23"],
    ["身高","152","164","155","174"],
    ["体重","58","60","50","55"],
    ["血型","A","B","O","AB"]
    ]
```

列表 list2 中包含了 5 个元素，每个元素又是一个一维列表。

（2）创建 CSV 格式文件 information.csv，使用读写覆盖模式打开，代码如下：

```
>>> Obj2=open("information.csv","w+")
```

（3）将二维数据写入该 CSV 格式文件中，并进行处理，设置使用逗号进行分隔，代码如下：

```
>>> for row in list2:
    Obj2.writelines(",".join(row)+"\n")
```

代码中使用了 for in 遍历循环语句。它将从二维数据列表 list2 中，依次提取每个元素传递给 row，然后将 row 写入 CSV 格式文件中，并在写入时进行处理，即使用逗号进行分隔。代码中的"\n"为换行符。

（4）移动指针位置，将其移动到开头，代码如下：

```
>>> Obj2.seek(0,0)
0
```

（5）读取该文件中的全部信息，代码如下：

```
>>> Obj2.readlines()
['学生,张三,李四,王五,赵六\n', '年龄,21,25,19,23\n', '身高,152,164,155,174\n', '体重,58,60,50,55\n', '血型,A,B,O,AB\n']
```

输出信息为文件 information.csv 中的内容，这说明成功地将二维列表 list2 中的信息存储到了 CSV 格式文件中。

（6）关闭 CSV 格式文件，代码如下：

```
>>> Obj2.close()
```

（7）在当前的目录中找到生成的 CSV 格式文件并打开，可以看到存储的二维数据的内容，如图 14.12 所示。

图 14.12　CSV 格式文件中的二维数据内容

14.6.3　二维数据的处理

二维数据的处理是指读取二维数据。当读取 CSV 格式文件中的二维数据时，也需要对数据进行处理，才能显示出二维数据。处理方法类似于读取一维数据。

【实例 14-17】下面读取上述 information.csv 文件中的二维数据。

（1）以只读方式打开文件，代码如下：

```
>>> Obj2=open("information.csv","r")
```

（2）定义一个空列表，代码如下：

```
>>> ls=[]
```

代码 ls 是一个空列表，为了存放从 CSV 格式文件中读取的二维数据。

（3）读取 CSV 格式文件中的二维数据并处理，代码如下：

```
>>> for line in Obj2:
        ls.append(line.strip("\n").split(","))
```

代码中使用 for in 语句，依次从 CSV 格式文件中读取每一行的信息，传递给 line。因为每一行的信息中包含了空格符 "\n"，所以使用 strip()方法去掉空格符；因为读取的每一行信息是字符串类型，所以需要使用 split()方法进行处理，即使用逗号对字符串进行分隔。最后，将每一次处理的结果使用 append()方法依次添加到 ls 中。

（4）查看读取的二维数据信息，代码如下：

```
>>> print(ls)
[['学生', '张三', '李四', '王五', '赵六'], ['年龄', '21', '25', '19', '23'], ['身高', '152', '164', '155', '174'], ['体重', '58', '60', '50', '55'], ['血型', 'A', 'B', 'O', 'AB']]
```

输出信息表示列表 ls 不是空列表，列表中的信息为二维数据信息。

14.7　小　　结

本章首先介绍了文件的基本使用，如文件的创建、打开与关闭；接着讲解了对文件的操作，如读取文件内容、写入文件内容等；最后讲述了一维数据和二维数据概念及其表示、存储和处理方法。通过本章的学习，程序员需要了解以下内容。

❑ 文件被成功打开后，此时的文件处于占用状态，另一个进程将不能对该文件进行操作。

❑ 往文件中写入内容有两种模式：第一种是追加写模式，即将内容写入到原内容之后；第二种是读写覆盖模式，即删除原内容，写入新内容。

❑ 在写入内容时，写入的内容类型不同，使用的写入方法也不同。如果写入字符串内容，则使用 write()方法；如果写入字符串列表内容，则使用 writelines()方法。

❑ 读取文件内容有三种方法：第一种是使用 read()方法，读取全部内容；第二种是使用 readlines()方法，以行为单位读取所有内容；第三种是使用 readline()方法，按行读取。

❑ 当不再对文件进行读写操作时，务必使用 close()方法关闭文件。

14.8　习　　题

一、选择题

1. 使用 open()方法可以打开一个文件，表示"只读"的模式是（　　　）。

    A．'a'　　　　　　　　B．'r+'　　　　　　　　C．'r'　　　　　　　　D．'w'

2. 在下面的方法中，不可以对文件进行操作的是（　　　）。

    A．read()　　　　　　B．readlines()　　　　　C．readline()　　　　　D．look()

二、填空题

1. 打开文件后，可以对文件进行读写操作。操作完成后，应该调用_____方法来关闭文件，释放文件资源。

2. 调用_____方法可以获取文件指针的位置。

三、简答题

从键盘输入字符等内容，保存到.txt 文件中。

第 15 章 函　　数

在前面的章节中，编写的代码都是顺序执行的，也就是从上到下依次执行代码。如果某段代码需要多次使用，那么需要编写多次该段代码。这样不仅容易出错，也影响开发效率。为此，Python 提供了函数机制，把实现某一功能的代码定义为一个函数，然后在需要使用时，直接调用即可。

本章要求

❑ 掌握如何定义和调用函数
❑ 学会灵活使用函数的形参和实参
❑ 学会灵活使用函数的返回值
❑ 了解变量的作用域
❑ 掌握匿名函数的使用

15.1　什么是函数

函数是一段具有特定功能的、可重用的语句块。它的本质是一个实现特定功能的多行代码。在日常生活中，我们经常提到成语"狐假虎威"。它的寓意是比喻仰仗或倚仗别人的权势来欺压、恐吓人。只要使用"狐假虎威"四个字，就可以表达整个寓意内容。

这个寓意相当于语句块，成语和寓意共同构成一个函数。Python 的函数可以反复使用，以完成特定的功能。在前面章节中讲到的循环语句，也可以反复执行语句块，但它是连续执行的。而函数不是连续执行的，是什么时候需要，就什么时候通过函数名调用执行。

15.2　函数的基本使用

在前面的章节中已经多次接触过函数，如输入函数 input()、输出函数 print()等。这些都是 Python 的内置函数，可以直接使用。除这些可以直接使用的内置函数外，Python 还支持用户自定义函数，即通过将一段能够完成特定功能的代码定义为函数。其中，函数名是用户自己定义的。可以实现一次编写、多次调用执行代码的目的，从而提高代码的利用率。下面介绍 Python 中包含的内置函数及如何自定义函数和调用函数。

15.2.1　内置函数

在 Python 中，有大量函数可以直接使用。这些函数称为内置函数，被集成在解释器中。内置函数及含义如表 15-1 所示。

表 15-1 内置函数及含义

函 数 名 称	含 义
abs(x)	获取 x 的绝对值，x 可以为整数、浮点数或复数。结果是一个非负数值
all(x)	x 为组合类型数据。该函数用来判断组合类型数据中所有元素是否都为真。如果都为真，则返回 True；否则，返回 False。其中，元素为 0、空、None、False 时都被视为假，返回 False；而空元组、空列表被视为真，返回 True
any(x)	x 为组合类型数据。该函数用来判断组合类型数据中任意一个元素是否为真。如果有一个为真，则返回 True；如果全部为假，则返回 False
bin(x)	将整数 x 转换为对应的二进制字符串
bool(x)	将 x 转换为布尔值 True 或 False，用来判断 x 的真假。其中，x 为要转换的参数。当 x 为空或 0 时，转换为 False
bytearray()	返回一个新字节数组。这个数组里的元素是可变的，并且每个元素值的范围为大于或等于 0 且小于 256
callable(x)	检查 x 是否可被调用。如果可以被调用，则返回 True；否则，返回 False
chr(x)	用来返回 Unicode 编码位整数 x 对应的单字符。其中，x 为整数，可以是十进制也可以是十六进制的数字
classmethod()	返回函数的类方法
compile()	将一个字符串编译为字节代码
complex(x, y)	创建一个 x+yj 的复数。如果 x 为字符串，则 y 需要省去，如 complex("3") 的结果为 3+0j
delattr(object, name)	删除 object 的 name 属性
dict()	创建一个字典
dir(object)	获取 object 的属性列表
divmod(a, b)	把除数和余数运算结果结合起来，返回一个包含商和余数的元组
enumerate()	将一个可遍历的数据对象（如列表、元组或字符串）组合为一个索引序列，同时列出数据和数据下标
eval(x)	执行一个字符串表达式，并返回表达式的值
filter(function, iterable)	用于过滤序列，过滤掉不符合条件的元素，返回由符合条件元素组成的新列表
float(x)	将 x 转换为浮点数，x 可以是整数或字符串
frozenset(x)	返回 x 对应的冻结集合，冻结后无法再添加或删除任何元素
getattr(object, name)	返回 object 的 name 对应的属性值
globals()	以字典类型返回当前位置的全部全局变量
hasattr(object, name)	判断对象是否包含对应的属性。如果对象有该属性，则返回 True；否则，返回 False
hash(object)	获取 object 对应的哈希值，object 可以为字符串和数值
help(object)	查看函数或模块用途的详细说明
hex()	将十进制数转换成十六进制数，并以字符串形式表示
id(object)	获取 object 的内存地址
input()	获取用户输入信息，返回字符串类型
int()	将一个字符串或数字转换为整数
isinstance(object, classinfo)	判断 object 是否为一个已知的 classinfo 类型。如果是，则返回 True；否则，返回 False
issubclass(class, classinfo)	判断参数 class 是否为类型参数 classinfo 的子类。如果是，则返回 True；否则，返回 False

函 数 名 称	含　　义
iter()	生成迭代器
len(x)	计算 x 的长度。其中，x 可以为字符、列表、元组等
list()	将元组转换为列表
locals()	以字典类型返回当前位置的全部局部变量
map(function, iterable, …)	根据提供的函数对指定序列做映射
max()	返回给定参数的最大值，参数可以为序列
memoryview(obj)	返回给定参数的内存查看对象
min()	返回给定参数的最小值，参数可以为序列
next()	返回迭代器的下一个项目
oct()	将一个整数转换成八进制字符串
open()	打开一个文件
ord(x)	返回单字符对应 Unicode 编码的十进制数
pow(x,y)	计算 x 的 y 次方
print()	打印输出
range()	创建一个整数列表
repr(object)	将 object 转化为解释器可读取的形式
round(x)或 round(x,d)	对 x 进行四舍五入，保留 d 位小数。如果不指定 d 参数，则返回四舍五入后的整数值
set()	创建集合数据
setattr(object, name, value)	设置属性值
slice()	进行切片
sorted(x)	对组合类型数据 x 进行重新排序，默认从小到大
staticmethod(function)	返回函数的静态方法
str(x)	将 x 转换为字符串，x 可以为整数或浮点数
sum(x)	对组合数据类型 x 计算求和结果
super(type[, object-or-type])	用于调用父类（超类）的一个方法
tuple()	将字符串或列表转换为元组
type(x)	返回变量 x 的数据类型
vars(object)	以字典类型返回 object 的属性和属性值
xrange()	与 range()类似，所不同的是生成的不是一个数组，而是一个生成器
zip(iterable1,iterable2, …)	将可迭代对象作为参数，将对象中对应的元素打包成一个元组，然后返回由这些元组组成的对象。如果各个可迭代对象的元素个数不一致，则返回的对象长度与最短的可迭代对象相同

15.2.2　自定义函数

　　利用自定义函数机制，用户可以创建一个属于自己的函数，即定义一个自己想要实现的功能函数。在 Python 中，使用保留字 def 定义一个函数。其基本语法结构如下：

```
def <函数名>():
    注释
```

语句块

语法中各参数含义如下。

❏ def：Python 中的保留字，用来定义函数。

❏ <函数名>：表示函数的名称，可以是任何有效的 Python 标识符，主要用来调用函数时使用。

❏ ()：用来设置函数的参数，其内容可以为空，也可以为参数或参数列表。

❏ 注释：可选参数，表示为函数指定注释。注释的内容通常是说明该函数的功能、传递参数作用等，可以为用户提供帮助信息。

❏ 语句块：可选参数，用于指定函数体，即函数被调用后要执行的代码。

提示：<函数名>()的后面必须使用冒号，语句块前面使用缩进。

【实例 15-1】下面定义一个名称为 words 的函数，实现输出字符串"学习 Python，从现在开始"，代码如下：

```
>>> def words():
        print("学习 Python，从现在开始")
```

15.2.3 调用函数

调用函数是指使用函数完成对应的功能。如果把定义的函数理解为制作了一个具有某种功能的工具，那么调用函数就相当于使用该工具实现这种功能。在 Python 中，调用函数是通过函数名来实现的。其语法格式如下：

函数名()

说明：语法中的()被称为函数调用运算符，所以调用函数时必须加上()。

【实例 15-2】下面调用上述定义的函数 words，代码如下：

```
>>> words()
学习 Python，从现在开始
```

输出结果为函数的执行结果，也就是函数中 print("学习 Python，从现在开始")代码的执行结果。

提示：在自定义函数时，函数中可以包含注释信息。如果函数中设置了注释信息，则在调用函数、输入函数名及左侧的圆括号时，就会显示该函数的注释信息。这样，可以帮助用户对该函数的功能有所了解。例如，图 15.1 中定义的函数内包含了相关注释信息。在调用时，该函数的注释信息显示给了用户。

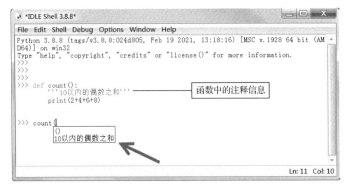

图 15.1 调用函数时显示注释信息

15.3　函数的参数传递

定义函数时，在函数名后面的圆括号中，程序员可以设置参数。设置了参数，函数的每一次执行结果就可以不同。其原因在于，调用函数时可以对函数的参数赋予不同的数值。如果这些值参与函数内部代码运算，则得出的结果就会有所不同。本节讲解参数的相关知识。

15.3.1　声明形参

调用函数得出的结果不同，其原因在于参数值的不同。因此，在定义函数时，需要为函数声明参数。该参数相当于函数语句块中的变量，在函数内使用。它们常被称为形式参数，简称形参。其作用是在调用函数时专门为函数传递对应的值。在 Python 中，形参在函数内部使用前进行声明，即写在函数名后面的()中。其语法格式如下：

```
def <函数名>(<形参>):
    语句块
```

当声明的参数为多个时，就构成了形参列表，每个形参之间使用逗号分隔。其语法格式如下：

```
def <函数名>(<形参 1>, <形参 2>, <形参 3>, …):
    语句块
```

【实例 15-3】下面定义一个函数来计算长方形的面积。已知长方形的长为 8，宽是个未知数。将宽声明为形参，代码如下：

```
def Area(b):
    print(8*b)
```

说明：代码中 Area 为函数名；b 为形参，用来表示长方形的宽；print(8*b)为函数语句块，用来计算并显示长方形的面积。形参 b 参与了语句块的运算。因此，当调用函数时，用户就可以为这个形参 b 赋予不同的数值，从而计算宽为不同值时，长方形的面积。

【实例 15-4】下面演示长方形长与宽都未知，定义函数来计算长方形的面积。将长和宽均声明为形参，代码如下：

```
def Area(a,b):
    print(a*b)
```

说明：代码中 Area 为函数名；a 和 b 为形参，分别表示长和宽。

15.3.2　传递实参

为函数声明形参以后，就可以在调用函数时进行参数传递了。这里传递的参数是实际参数，相当于为形参赋值，将该值应用到函数中进行运算。调用函数时，传递实参。其语法格式如下：

```
<函数名>(<实参>)
```

当实参为多个时，实参与实参之间使用逗号分隔。其语法格式如下：

```
<函数名>(<实参 1>, <实参 2>, <实参 3>, …)
```

由于定义函数时，声明的形参可以为 1 个或多个，所以在调用函数时，要使用的实参也可以为 1 个或多个。需要注意的是，在调用函数进行传递参数时，使用的实参要与形参的数量一致、顺序要对应。

1. 实参与形参数量要一致

在调用函数时，使用的实参数量必须与形参的数量一致。

【实例 15-5】小明的妈妈给他留了一些钱，小明花掉了一些钱，计算剩下多少钱？

（1）将计算剩余钱定义为函数，并声明形参，代码如下：

```
>>> def Money(M,N):
        print(M-N)
```

其中，Money 为函数名，该函数定义了两个形参，分别是 M 和 N。M 表示妈妈留给小明的钱数，N 表示小明花了的钱数。print(M-N)表示函数语句块。形参 M 和 N 都参与了语句块的运算。

（2）假设妈妈给了小明 50 元钱，小明花了 15 元。调用函数，计算剩下多少钱，代码如下：

```
>>> Money(50,15)
35
```

输出信息表示还剩下 35 元。

说明： 调用函数时传递了两个实参，分别是 50 和 15，与形参数量一致，50 对应于 M，15 对应于 N。如果在调用函数时，传递的实参与形参数量不一致，则会抛出异常，如下：

```
>>> Money(50)
Traceback (most recent call last):
    File "<pyshell#29>", line 1, in <module>
        Money(50)
TypeError: Money() missing 1 required positional argument: 'N'
```

代码在调用函数时，只写了一个实参 50，没有写实参 15。

2. 实参与形参顺序要对应

在调用函数时，使用的实参要与形参的顺序保持一致，顺序为从左往右。

【实例 15-6】仍然通过上述实例进行讲解。

（1）假设，妈妈给了小明 100 元钱，小明花了 60 元。调用函数计算剩下的钱数。传递的实参要与形参顺序要对应，代码如下：

```
>>> Money(100,60)
40
```

输出的结果 40 为正确的结果。

（2）如果使用的实参与形参顺序没有对应，则函数的执行结果会与预期的不相符。例如，顺序相反，代码如下：

```
>>> Money(60,100)
-40
```

输出的结果为-40，该结果就不是一个正确的结果。

3. 实参与形参的数据类型要一致

在调用函数时，实参与形参除数量一致、顺序对应外，两者的数据类型也要一致。如果不一致，也会抛出异常，如下：

```
>>> Money(100,"60")
Traceback (most recent call last):
```

```
    File "<pyshell#32>", line 1, in <module>
        Money(100,"60")
    File "<pyshell#27>", line 2, in Money
        print(M-N)
TypeError: unsupported operand type(s) for -: 'int' and 'str'
```

代码在调用函数传递的实参为 100 和 "60"。其中，100 为整数类型，而 "60" 为字符串类型，类型不一致。

15.3.3　为形参设置默认值

前面讲到调用函数时，实参的数量要与形参的数量一致，否则将抛出异常。为了避免因为数量不一致而出现错误，可以在定义函数时，为形参设置默认值。这样，在调用函数时，如果少传递了实参，则函数会使用形参设置的默认值，从而避免出错。为形参设置默认值语法格式如下：

```
def <函数名>(<形参1>, <形参2>, …, <形参n>=Value):
    语句块
```

语法中各参数含义如下。

❑ <函数名>：定义的函数名称。

❑ <形参1>, <形参2>, …：表示形参，没有对应的值，它的值需要在调用函数时，通过实参来传递。

❑ <形参n>=Value：表示形参，它的值为 Value，该值是由用户自己指定的默认值。在调用函数时，如果为 <形参n> 指定了参数值，则使用实参的参数值。反之，使用默认值 Value。

注意： 在定义函数时，指定默认值的形参必须放在所有形参的最后。

【**实例 15-7**】老师要求学生画一个平行四边形，并计算所画平行四边形的面积。预计平行四边形的高为 5，底随意画。

（1）声明形参。假设，平行四边形的底为 a，高为 h，代码如下：

```
def Area(a,h=5):
    print(a*h)
```

函数声明了两个形参，分别是 a 和 h。其中，h 设置了默认值 5。

（2）学生小明画的平行四边形的底为 15，高正好为 5。调用函数计算面积，代码如下：

```
def Area(a,h=5):
    print(a*h)
Area(15)
```

代码在调用函数时，只传递了一个实参 15，该数字赋值给了形参 a，形参 h 没有传递实参，使用设置的默认值 5。

（3）代码的执行结果如下：

```
75
```

输出结果表明，小明画的平行四边形的面积为 75。该面积是实参的参数值 15 与形参 h 的默认值 5 进行乘法运算所得的。

（4）学生小红画的平行四边形的高为 6，那么在计算面积时，高就不能使用默认的形参值了，需要通过实参来传递值，代码如下：

```
def Area(a,h=5):
    print(a*h)
Area(15,6)
```

代码在调用函数时，传递了两个实参 15 和 6。15 赋值给了形参 a，6 赋值给了形参 h。

（5）代码的执行结果如下：

```
90
```

输出结果表明，小红画的平行四边形的面积为 90。该面积是实参的参数值 15 与实参的参数值 6 进行乘法运算所得的。

15.3.4　参数名称传递

前面讲到调用函数时，实参要与形参的顺序保持一致，否则得到的结果与预期的不相符。为了避免因为顺序问题导致错误，用户可以在调用函数时，使用形参名称进行传值，直接为形参指定值。其语法格式如下：

```
<函数名>(<形参 1>=Value1, <形参 2>=Value2, …, <形参 n>=Valuen)
```

【实例 15-8】下面演示小明成绩为 85 分，小红成绩为 92 分，小王成绩为 81 分。记录这 3 名学生的成绩分数。

（1）将 3 名学生的分数作为形参，记录学生成绩，定义的函数代码如下：

```
>>> def score(a,b,c):
    print('小明成绩为：',a,'分')
    print('小红成绩为：',b,'分')
    print('小王成绩为：',c,'分')
```

函数的形参 a、b、c 依次对应学生小明、小红、小王的成绩。

（2）使用实参与形参的顺序对应，调用函数，显示记录的学生成绩，代码如下：

```
>>> score('85','92','81')
```

代码执行后，显示记录的学生成绩，如下：

```
小明成绩为：  85 分
小红成绩为：  92 分
小王成绩为：  81 分
```

（3）直接使用形参名称进行分数的传递，不需要注意实参与形参的顺序对应，代码如下：

```
>>> score(b='92',c='81',a='85')
```

在调用函数时，直接为形参 a、b、c 指定了分数值，并且没有与形参的顺序保持一致。执行结果如下：

```
小明成绩为：  85 分
小红成绩为：  92 分
小王成绩为：  81 分
```

输出信息的结果与步骤（2）的结果一样。

15.4　函数的返回值

在 Python 中，函数往往会包含大量代码。在调用函数时，可以使用这些代码进行各种运算，得到运算结果值。用户可以根据需要决定是否将这些值返回。如果需要返回，则在函数的代码中使用 return 语句。它可以将结果值返回到函数被调用的位置处。在函数的任何部分都可以使用 return 语句，并且可以同时将一个或多个函数的运算结果返回到函数被调用的位置处的变量。return 语句的语法格式如下：

```
reture [value]
```

其中，value 表示要返回的值，可以是一个值，也可以是多个值；如果是多个值，则值与值之间使用逗号分隔，从而形成一个元组。

下面以具体实例介绍 return 语句返回值的作用。

【实例 15-9】下面编写一段代码并进行调用。其中，使用 return 语句返回值。

（1）定义函数，以计算长方形的面积。其中，长与宽都未知，代码如下：

```
def Area(a,b):
    s=a*b
```

说明：代码中使用 a、b 作为形参表示长方形的长和宽。s=a*b 是函数中的语句块。其中，s 表示面积变量；a*b 是一个表达式，用来计算面积。

（2）调用函数。假设长和宽分别为 5 和 6，计算面积，代码如下：

```
def Area(a,b):
    s=a*b
A=Area(5,6)                    #调用函数
print(A)
```

在调用函数时，使用了实参 5 和 6，传递给了形参 a 和 b；并将函数的执行结果赋值给了变量 A；print(A) 将变量 A 的值输出，也就是将调用函数运算表达式得到的值进行输出显示。

（3）上述代码执行结果如下：

```
None
```

输出结果表示没有返回值，是一个空值 None。

说明：实际上调用函数后是有运算结果的，因为实参 5 和 6，成功传递给了形参 a 和 b，并参加了 s=a*b 的运算，运算的结果赋值给了变量 s。由于没有使用 return 语句返回运算的值，也没有使用任何输出语句（如 print()语句）输出运算结果 s 的值，所以显示为空值。

（4）为了能够在调用函数后返回值，需要在函数中插入 return 语句，代码如下：

```
>>> def Area(a,b):               #定义的函数
        s=a*b
        return s                 #函数中使用了 return 语句
>>> A=Area(5,6)                  #调用函数
>>> print(A)                     #查看函数返回值
```

代码中定义的函数里使用了 return 语句，用来返回变量 s 的值。

（5）此时代码执行后，将会输出变量 s 的值，即长方形面积，结果如下：

```
30
```

输出结果表示返回了值，该值为函数中用来计算面积变量 s 的值。

【实例 15-10】下面编写代码，使用 return 语句返回多个运算结果的值。

（1）代码如下：

```
>>> def A(a,b):
        m=a+b
        n=a-b
        return m,n
```

代码中存在两个变量 m 和 n，分别用来保存形参 a 和 b 的求和与求差的结果。使用 return

语句返回它们运算后的值。其中，m 与 n 之间使用逗号分隔。

（2）调用函数，查看返回的值，如下：

```
>>> A(35,12)
(47, 23)
```

调用函数后，返回了一个元组，该元组中有两个元素。其中，47 为形参 a 和 b 的求和结果，23 为形参 a 和 b 的求差结果。

注意：在使用 return 语句返回多个值时，需要注意顺序。上述的 return 语句，如果写为 return n,m，那么返回的值将变为(23, 47)。

15.5 变量的作用域

变量的作用域是指变量有效的范围，即程序代码能够访问该变量的区域。根据变量的有效范围将变量分为局部变量和全局变量。本节介绍局部变量和全局变量的相关知识。

15.5.1 局部变量

局部变量是指在函数内部定义的变量。例如，形参就是局部变量，它只在函数内部有效，当函数被调用完毕后，该变量就不存在了。

【实例 15-11】下面通过实例解释局部变量作用域。

（1）定义一个函数，在函数内定义一个变量，并输出该变量的值，代码如下：

```
>>> def demo():
        Info='我是局部变量，在函数内'
        return Info
```

定义的函数名为 demo。变量 Info 在该函数中被定义。

（2）当调用函数时，信息如下：

```
>>> demo()
'我是局部变量，在函数内'
```

输出信息表示，调用函数后，输出了变量 Info 的值。这说明，调用函数可以成功调用局部变量。

（3）直接使用 print()语句，输出变量 Info 的值，代码如下：

```
>>> print(Info)
Traceback (most recent call last):
    File "<pyshell#41>", line 1, in <module>
        print(Info)
NameError: name 'Info' is not defined
```

输出信息抛出了异常，最后一行表示 Info 没有被定义，这说明变量 Info 不存在。

15.5.2 全局变量

全局变量是指在函数外部被定义的变量。该变量在整个函数中都有效，即它能够作用于函数内外。全局变量的使用分为以下几种情况。

1. 在函数内外均可以访问全局变量

虽然全局变量定义在函数外，但在函数内和函数外都可以访问该变量。

【实例 15-12】下面通过实例演示全局变量的作用域。

（1）定义一个变量，再定义一个函数，并在函数中输出定义的变量值，代码如下：

```
>>> Info='我是一个全局变量，在函数外'
>>> def demo():
        print('函数内访问变量 Info：',Info)
```

定义的函数名为 demo。变量 Info 在该函数外被定义，不属于函数的语句。但是，函数的语句用来输出该变量的值。

（2）调用函数，代码如下：

```
>>> demo()
函数内访问变量 Info：  我是一个全局变量，在函数外
```

输出信息表示，调用函数时，成功输出了变量 Info 的信息。这说明，局部变量在函数内是可以被访问的。

（3）直接使用 print()，输出变量 Info 的值，代码如下：

```
>>> print('函数外访问变量',Info)
函数外访问变量 我是一个全局变量，在函数外
```

输出信息表示，成功输出了变量 Info 的信息。这说明，局部变量在函数外也是可以被访问的。

2. 全局变量不受局部变量的影响

如果在函数内定义的变量（局部变量）和在函数外定义的变量（全局变量）名称相同时（重名），那么局部变量不会影响全局变量。

【实例 15-13】下面通过实例演示全局变量不受局部变量的影响。

（1）定义一个全局变量 Info，再定义一个函数，在该函数内定义一个变量，该变量名称也为 Info，并输出变量的值，代码如下：

```
>>> Info='我是全局变量，在函数外'                          #全局变量
>>> def demo():
        Info='我是局部变量，在函数内'                        #局部变量
        print('函数内访问变量 Info,变量值为：',Info)
```

代码中全局变量和局部变量名称相同。

（2）调用函数，输出变量 Info 的值，代码如下：

```
>>> demo()
函数内访问变量 Info,变量值为：  我是局部变量，在函数内
```

输出信息表示，调用函数时，成功输出了局部变量 Info 的信息。这说明，函数内输出的变量是局部变量，而不是全局变量。

（3）直接使用 print()，输出变量 Info 的值，代码如下：

```
>>> print('函数外访问变量 Info,变量值为:',Info)
函数外访问变量 Info,变量值为: 我是全局变量，在函数外
```

输出信息表示，成功输出了全局变量 Info 的信息。这说明，全局变量不受局部变量的影响。

3. 在函数内修改全局变量

如果在函数内使用关键字 global 对全局变量进行声明，那么在函数内可以对全局变量的值进行修改。修改后，当再次调用全局变量时，全局变量的值为修改后的值。使用关键字 global 进行声明的语法格式如下：

```
global <变量名>
```

【实例 15-14】下面演示修改全局变量，并查看此时全局变量的值。

（1）定义一个全局变量 Info，再定义一个函数，使用 global 对变量进行声明。在该函数内对全局变量进行修改。代码如下：

```
>>> Info='我是全局变量，在函数外'
>>> def demo():
        global Info
        Info='我是局部变量，在函数内'
        print('函数内访问变量 Info,变量值为: ',Info)
```

其中，在函数外定义的全局变量 Info 的值为"我是全局变量，在函数外"。加粗部分的代码对全局变量进行声明。声明后对全局变量进行了修改，修改的值为"我是局部变量，在函数内"。

（2）调用函数，输出变量 Info 的值，代码如下：

```
>>> demo()
函数内访问变量 Info,变量值为:  我是局部变量，在函数内
```

从输出信息中可以看到，全局变量的值为修改后的值。

（3）直接使用 print()，输出变量 Info 的值，代码如下：

```
>>> print('函数外访问变量 Info,变量值为:',Info)
函数外访问变量 Info,变量值为: 我是局部变量，在函数内
```

从输出信息中可以看到，全局变量的值为修改后的值。这说明，使用 global 对全局变量进行声明后，可以成功修改全局变量的值。

15.6　函数的递归

函数一般是被其他程序进行调用的，当然函数也可以被自己内部代码调用。这种在函数自己内部代码中调用自身的方式称为递归。本节讲解函数的递归。

15.6.1　什么是递归

递归可以将复杂的问题简单化。它会把一个复杂的问题，按照特定的规律，逐步简化为多个更小的同类问题，并延续这个简化过程，简化到问题得以解决。然后返回，依次解决问题，最终解决复杂问题。

递归主要有两点内容，如下。

❑ 递归终点：递归结束条件，当结束时必须有对应的值。

❑ 递归方式：每次递归要执行的操作，并且该操作是向递归终点发展的。

我们在运算中计算阶乘时，就属于一种递归。例如，4 的阶乘就可以使用递归进行计算，如图 15.2 所示。

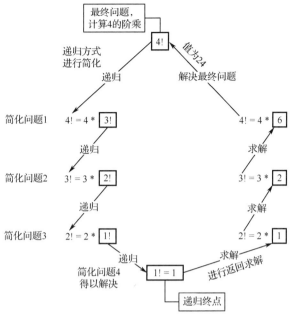

图 15.2　递归

计算 4 的阶乘，将其以递归的方式进行了简化，当单化到 2!=2*1! 时，就很容易计算出 1!，值为 1，此时递归结束。我们根据这个值进行返回操作，依次计算每次递归时的问题，直到解决最终问题，计算 4!，值为 24。

15.6.2　实现递归

函数中的递归是通过反复调用函数自身来实现的。在日常生活中，也有很多事情可以使用递归函数表示。下面介绍如何根据具体实例来编写递归函数。

【实例 15-15】下面演示小明的妈妈给了小明 100 元零花钱，小明用了 5 天将 100 元钱花完了。对于这个事件就可以使用递归函数进行表示，具体编写过程如下。

（1）假设，小明每天依次花的钱为 15 元、20 元、45 元、10 元、10 元。将小明每天手上可花的钱、花的钱和剩下的钱依次列出，如图 15.3 所示。从图中可以清晰地看到，小明每天手上可花的钱、花了的钱和剩下的钱的记录信息，在第 5 天时，小明将钱全部花完。

（2）将小明每天花钱的操作可以看作一种递归方式。假设，上一天小明可花的钱为 x 元，花了 y 元，剩下 x-y 元。那么，小明下一天可花的钱就是上一天剩下的钱，这是在进行递归。继续花钱，再次计算出剩下的钱，以此类推，如图 15.4 所示。

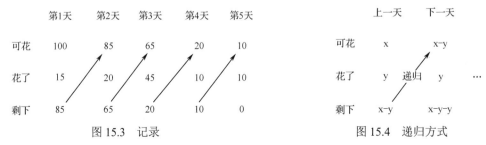

图 15.3　记录　　　　　　　　　　图 15.4　递归方式

（3）步骤（2）中的递归可以简单地编写代码为：

```
>>> def money(x):
        y=eval(input('请输入本次花的钱：'))
        y=int(y)
        money(x-y)
```

其中，money(x)表示函数，x 表示每天小明手上可花的钱；y 表示每天花了的钱； x-y 表示每天剩下的钱。由于小明下一天可花的钱是上一天剩下的钱，所以需要在上一天剩下钱的基础上再次花钱，继续计算剩下的钱。因此，代码中需要编写函数 money(x-y)，用来表示调用自己。

（4）有了函数的自身调用后，现在还需要有递归终点，编写递归的结束条件。当结束递归时，需要有对应的值。这里的结束条件是当剩余的钱 x-y 的值小于或等于 0 时，将不再进行递归。因此，继续对代码进行补充，添加结束条件，代码如下：

```
>>> def money(x):
        y=eval(input('请输入本次花的钱：'))
        y=int(y)
        if (x-y)<=0:
            pass
        else:
            money(x-y)
```

代码中，加粗部分为添加的 if-else 语句，是递归的结束条件。这里表示当函数的值小于或等于 0 时，将不再调用自己进行递归；反之，调用自己进行递归，继续执行函数自己，即 money(x-y)。

（5）递归函数编写好以后，就可以进行调用了。调用递归函数的代码如下：

```
money(100)
```

调用递归函数，这里表示将递归函数 money(x)中的 x 赋值为 100。

（6）代码执行后，依次输入每天花的钱 15、20、45、10、10，代码运行结果如下：

```
请输入本次花的钱：15
请输入本次花的钱：20
请输入本次花的钱：45
请输入本次花的钱：10
请输入本次花的钱：10
```

当输入第 5 次花的钱 10 时，小明手里的钱正好花完，满足条件 if (x-y)<=0，代码执行结束。

（7）为了能够返回明确的信息，以表示小明的钱已经花完，可以在当满足结束条件时，运用学过的 return 语句来返回字符串 "'钱已花完'"。代码修改如下：

```
>>> def money(x):
        y=eval(input('请输入本次花的钱：'))
        y=int(y)
        if (x-y)<=0:
            return '钱已花完'
        else:
            return money(x-y)
```

代码中加粗部分为修改的代码。此时，小明手上的钱数小于或等于 0，表示钱已经花完，不能再进行递归了，并输出字符串 "'钱已花完'"。

（8）再次调用函数，此时代码的执行结果如下：

```
>>> money(100)
请输入本次花的钱：15
请输入本次花的钱：20
请输入本次花的钱：45
请输入本次花的钱：10
请输入本次花的钱：10
'钱已花完'
```

最终，当小明手里没有钱时，成功输出了字符串"钱已花完"。

（9）为了能够每次显示小明花钱后剩下的钱数，继续完善代码，代码如下：

```
>>> def money(x):
        y=eval(input('请输入本次花的钱：'))
        y=int(y)
        u="剩下"
        v=str(x-y)
        w="元"
        Z=u+v+w                          #进行字符串的拼接
        print(Z)
        if (x-y)>0:
            return money(x-y)
        else:
            return '钱已花完'
```

代码中加粗部分为添加的代码，用来输出小明每天剩下的钱，代码中运用了前面学过的字符串的拼接。

（10）再次调用函数，此时代码的执行结果如下：

```
请输入本次花的钱：15
剩下 85 元
请输入本次花的钱：20
剩下 65 元
请输入本次花的钱：45
剩下 20 元
请输入本次花的钱：10
剩下 10 元
请输入本次花的钱：10
剩下 0 元
'钱已花完'
```

15.7　匿 名 函 数

在 Python 中，除内置的函数、def 自定义函数外，还有一种匿名函数。匿名，顾名思义就是没有名称的函数。本节讲解匿名函数的定义与用法。

15.7.1　定义匿名函数

匿名函数（lambda）是 Python 中的一种特殊函数。它没有函数名，并且代码只能写成一行。其语法格式如下：

lambda 参数:语句块

语法中各参数含义如下。

❑ lambda：Python 预留的关键字。

❑ 参数：匿名函数需要使用的参数，与普通函数的参数性质一样。函数中可以包含参数，也可以不包含参数。如果包含多个参数，则参数之间使用逗号分隔。

❑ :（冒号）：分隔符，用于分隔参数与语句块。

❑ 语句块：匿名函数要执行的代码，只能为一行。匿名函数返回的值就是其执行结果。

【实例 15-16】下面创建一个计算两个数之和的匿名函数，代码如下：

lambda x,y:x+y

其中，x 和 y 是匿名函数的参数；x+y 是该匿名函数要执行的代码，用来计算参数 x 与 y 之和。该函数是没有函数名的，并且必须写成一行。

15.7.2　标准用法

在函数编程中，有些函数需要使用匿名函数完成特定的功能。例如，使用 filter()从数字列表中过滤出大于 3 的数字，代码如下：

print(filter(lambda x:x>3,[1,2,3,4,5,6]))

其中，filter()的参数有两个：一个是匿名函数 lambda x:x>3；另一个是数字列表[1,2,3,4,5,6]。在运算过程中，直接使用匿名函数来进行，从序列中过滤出大于 3 的数字组成新的序列，并使用 print()输出结果。代码执行结果如下：

[4, 5, 6]

15.7.3　扩展用法

匿名函数是一个函数对象，因此可以将匿名函数赋值给一个变量或其他函数。

1. 赋值给变量

将匿名函数赋值给一个变量名，该变量名就相当于匿名函数的名称了。这样，可以通过变量名间接地调用匿名函数，其使用方法与调用普通函数的方法一样。

【实例 15-17】下面将匿名函数赋值给变量，并进行调用，代码如下：

Test=lambda x,y : x*y
Test(3,5)

该代码中，匿名函数包含了 2 个参数，分别为 x 和 y；其语句块用来计算 x 与 y 的乘积。代码将匿名函数赋值给了变量 Test。通过变量名调用匿名函数，同时传入参数 3 和 5，依次对应匿名函数的参数 x 和 y。代码执行结果如下：

15

2. 赋值给其他函数

将匿名函数赋值给其他函数，可以将该函数用匿名函数替换。

【实例 15-18】下面演示使用匿名函数替换普通函数，通过调用普通函数查看效果。

（1）定义一个普通函数，代码如下：

```
>>> def Test1(x):
        return '我是 def 函数的执行结果'
```

代码使用 def 定义了函数 Test1，有一个形参 x。

（2）调用该函数，执行结果如下：

```
>>> Test1(1)
'我是 def 函数的执行结果'
```

函数输出了执行结果。

（3）使用匿名函数替换普通函数，代码如下：

```
>>> Test1=lambda x : "我是匿名函数的执行结果"
```

代码中匿名函数的执行结果为输出字符串"我是匿名函数的执行结果"。

（4）当再次调用普通函数时，其执行结果将变成匿名函数的执行结果。调用普通函数，查看执行结果如下：

```
>>> Test1(1)
'我是匿名函数的执行结果'
```

其执行结果为匿名函数的执行结果。

15.8　小　　结

本章首先介绍了什么是函数和函数的功能；接着讲解了如何定义和调用函数，在调用函数时，如何使用函数的形参和实参，以及它们的对应关系；然后讲述了局部变量和全局变量，以及它们之间的影响关系；最后解释了匿名函数。通过本章的学习，程序员需要了解以下内容。

- ❏ 使用保留字 def 可以自定义函数。自定义函数往往是为了实现某个作用。因此，定义的函数名，一般使用特殊意义的名称。
- ❏ 自定义的函数可以在调用时被灵活运用，这是因为函数中存在变量，这些变量可以在每次调用函数时传递不同的值。
- ❏ 函数内部有返回值，返回值使用 return 语句表示。
- ❏ 在函数中定义的变量称为局部变量，这样的变量只在函数被调用时才有效。当函数被调用完毕后该变量就不存在了。
- ❏ 在函数外定义的变量称为全局变量。这样的变量在整个代码中都有效，无论在函数内使用，还是在函数外使用。
- ❏ 函数自己调用自己，这样的形式为函数递归。
- ❏ Python 中的匿名函数，使用保留字 lambda 进行定义。匿名函数没有函数名，并且代码写成一行。

15.9　习　　题

一、选择题

1. 用来定义函数的保留字为（　　　）。

    A．global   B．def   C．return   D．lambda

2．下面代码的执行结果为（   ）。

```
A=lambda x:x+1
A(A(2))
```

    A．2   B．3   C．4   D．5

二、填空题

1．函数使用_____语句返回函数值。

2．如果全局变量和局部变量的名称相同，那么在函数中使用保留字_____对全局变量声明后，当输出该变量的值时，变量值为局部变量对应的值。

三、简答题

编写一个函数，计算 100 以内的偶数之和。

第 16 章　面向对象程序设计

面向对象程序设计（Object Oriented Programming， OOP）是在面向过程程序设计的基础上发展而来的。它比面向过程编程具有更强的灵活性和扩展性。面向对象程序设计将相关的函数和变量封装到一起。利用这种方式，可以降低复杂程序的开发难度。Python 也是一种面向对象编程的语言。

本章要求

❑ 了解什么是面向对象
❑ 掌握如何定义类和实例化对象
❑ 掌握如何定义和调用成员函数
❑ 掌握如何定义和调用成员变量
❑ 掌握如何定义和调用静态变量
❑ 掌握如何定义和调用静态函数
❑ 掌握类的继承
❑ 掌握类的重写

16.1　面向对象思想概述

在日常生活中，当描述一个事物时，不仅要说明它的特征，也要说明它能完成的行为。例如，描述人类时，人类的特征包含姓名、性别、生日、身高、体重等，能够完成的行为有说话、吃饭、睡觉、思考、运动等。只有这些的特征和完成的行为结合在一起，才可以很好地描述一个具体的人。

面向对象思想就是基于这种理念的。在 Python 中，使用类将变量和函数封装起来，然后由类产生一个对象，不同的对象拥有不同的变量值，拥有相同的函数。

上述的人类相当于 Python 中的类，特征相当于变量，行为相当于函数。具体的一个人相当于一个对象，理解面向对象思想如图 16.1 所示。

16.1.1　定义类

类是封装对象的特征和行为的载体。反过来，具有相同特征和行为的一类实体称为类。为了方便称谓，将特征称为属性，将行为称为方法。在 Python 中，类是一种抽象概念。它定义了每个对象所共有的属性和方法。而具体的一个人张三，就是人类中的一个对象，对象是类的一个实例。

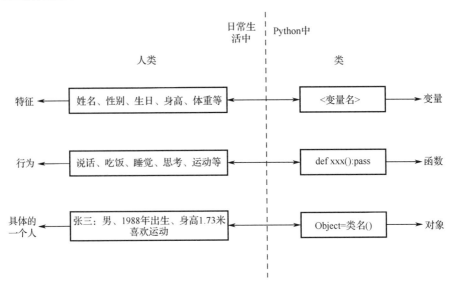

图 16.1　理解面向对象思想

在 Python 中，类的定义使用关键字 class 来实现。其基本语法结构如下：

```
class <类名>:
    成员变量
    成员函数
```

其中，class 与<类名>之间有空格；<类名>后面有冒号（:）；成员变量是类为对象所定义的共有的属性；成员函数是类中为对象所定义的共有的方法。

【实例 16-1】下面定义一个名称为 People 类，代码如下：

```
class People:
    pass
```

其中，People 是定义的类名；pass 表示该类中没有任何属性或方法，即该类是一个空类。

16.1.2　创建对象

类只是一个模板，好比一个玩具的设计图。设计图可以告诉你玩具是什么样的，但设计图本身不是一个玩具，你不能使用它。它只能用来制造真正的玩具，而且可以制造很多个玩具。因此，要使用类就需要将类具体化，生成一个对象，即类实例化一个对象，然后，才能使用类中包含的成员变量或成员函数。在 Python 中，创建对象必须通过实例化的方式进行。其语法格式如下：

```
对象=类名()
```

其中，对象是用户自己定义的。

提示： 一个类可以实例化多个对象。

【实例 16-2】下面通过类 People 创建对象，代码如下：

```
class People:
    pass
man= People()
woman= People()
```

代码实例化了两个对象，分别为 man 和 woman。

16.2　成员函数

上面只是简单地介绍了如何构建一个类。在创建类时提到过，在类中还可以包含成员函数。本节介绍如何在类中定义成员函数，它在类中的作用及其如何对其进行调用。

16.2.1　定义成员函数

类的成员函数与普通函数有所不同。普通函数的参数列表可以为空，但成员函数的参数列表不能为空，并且第一个形参必须为 self，代表实例对象自身。定义成员函数的语法格式如下：

```
class <类名>:
    def <成员函数名> (self,<形参 1>,<形参 2>,<形参 3>,…):
        语句块
```

其中，参数列表可以不包含<形参 1>,<形参 2>,<形参 3>等，但是必须包含形参 self。

【实例 16-3】下面在 Mytest 类中定义成员函数 test1()和 test2()，代码如下：

```
class Mytest:
    def test1(self):                        #定义成员函数
        pass
    def test2(self):                        #定义成员函数
        pass
```

代码中定义了两个成员函数 test1()和 test2()，并且在参数列表里都包含了形参 self。

16.2.2　调用成员函数

成员函数属于对象的方法，所以需要通过对象进行调用。调用成员函数的语法格式如下：

```
对象.成员函数名()
```

注意：对象和成员函数名之间有一个小圆点。

【实例 16-4】下面演示调用成员函数。

（1）定义类，并且在类中定义成员函数，代码如下：

```
class Mytest:
    def test1(self):
        print("学习 Python")
    def test2(self):
        print("从现在开始")
```

代码定义了 Mytest 类。该类定义了两个成员函数，分别为 test1()和 test2()，它们只有一个参数 self。

（2）类实例化对象，代码如下：

```
Obj1=Mytest()
Obj2=Mytest()
```

代码通过类实例化了两个对象，分别为 Obj1 和 Obj2。

（3）通过对象 Obj1 调用了成员函数 test1()，通过对象 Obj2 调用了成员函数 test2()，代码如下：

```
Obj1.test1()
Obj2.test2()
```

执行结果如下：

```
学习 Python
从现在开始
```

第 1 行输出结果为对象 Obj1 调用了成员函数 test1()的结果，第 2 行输出结果为对象 Obj2 调用了成员函数 test2()的结果。这说明不同对象调用不同成员函数的执行结果不同。

普通函数可以包含形参，类中的成员函数也可以包含形参。

【实例 16-5】下面演示调用带有形参的成员函数。

（1）定义类，并且在类中定义成员函数，代码如下：

```
class Mytest:
    def test1(self,A):
        print("学习 Python",A)
    def test2(self):
        print("从现在开始")
```

代码定义的成员函数 test1()包含了形参 A。成员函数 test2()没有包含形参。

（2）类实例化对象，并且分别调用成员函数，代码如下：

```
Obj1=Mytest()
Obj2=Mytest()
Obj1.test1('语言')
Obj2.test2()
```

代码中，使用对象 Obj1 调用成员函数 test1()时，使用了实参"语言"。执行结果如下：

```
学习 Python 语言
从现在开始
```

16.3 创建__init__()方法

__init__()方法专门用来定义一个类具有哪些属性。它是类中的特殊函数，称之为构造函数。当类实例化对象时，系统会自动调用构造函数。定义构造函数要用到__init__，它是一个固定的函数名。其语法格式如下：

```
class <类名>:
    def __init__(self,<形参1>,<形参2>,<形参3>,…):
        pass
```

语法中各参数含义如下。

❑ self：必选参数，用于指向实例本身。

❑ 〈形参1〉，〈形参2〉，〈形参3〉：可选参数，表示构造函数具有的属性。

提示：在__init__()方法名称中，开头和结尾是两个下画线（中间没有空格）。当参数只有一个 self 时，类实例化对象时不需要指定实际参数。当参数有了形参1、形参2等时，类实例化对象时需要指定实际参数。

【实例 16-6】下面定义一个类，并在类中定义一个构造函数，只使用 self 参数。演示类实例化对象时自动调用构造函数，代码如下：

```
class Fish:
    def __init__(self):
```

```
        print('我是鱼类')
Obj=Fish()                                        #类实例化对象
```

代码执行结果如下:

```
我是鱼类
```

输出结果表示，实例化对象 Obj 时自动调用了构造函数，并执行了该函数中的语句块 print('我是鱼类')，输出了对应的信息。

【实例 16-7】下面为构造函数设置形参，类实例化对象时自动调用构造函数，代码如下;

```
class Fish:
    def __init__(self,type1,type2,type3,type4,type5):      #指定了多个参数
        print('我是鱼类,有以下种类:')
        print(type1)                                       #参数在语句块中进行了使用
        print(type2)
        print(type3)
        print(type4)
        print(type5)
T1='草鱼'
T2='鲇鱼'
T3='鲶鱼'
T4='小黄鱼'
T5='青龙鱼'
Obj=Fish(T1,T2,T3,T4,T5)
```

这里的构造函数中指定了其他参数 type1、type2、type3、type4 和 type5。T1、T2、T3、T4、T5 是字符串，为实参做准备。类实例化对象 Obj 时，传入了这些字符串，传递给了形参。代码执行结果如下:

```
我是鱼类,有以下种类:
草鱼
鲇鱼
鲶鱼
小黄鱼
青龙鱼
```

16.4 析 构 函 数

如果不再使用对象，就需要及时删除该对象，以节省系统资源。在删除对象时，Python 会自动调用一个函数，释放不再使用的资源。该函数被称为析构函数，使用固定的函数名 __del__。其语法格式如下:

```
class <类名>:
    def __del__(self):
        语句块
```

提示：在 __del__() 中，开头和结尾是两个下画线（中间没有空格）。

【实例 16-8】下面演示析构函数的作用。

（1）定义一个类，并在类中定义一个析构函数，代码如下:

```
class result:
    def __del__(self):
```

```
            print("我是析构函数中的语句：删除对象时才执行")
```

（2）类实例化对象，并删除类对象，代码如下：

```
Obj=result()
del Obj
```

代码执行结果如下：

我是析构函数中的语句：删除对象时才执行

输出结果表示，使用 del 语句删除对象 Obj 时，执行了析构函数中的语句，输出了对应的信息。

16.5　成　员　变　量

在定义类时，类可以包含一个或多个成员变量，供对象使用。每个对象的成员变量都是独立存在的，属于该对象独有。本节介绍如何在类中定义成员变量，它在类中的作用以及如何对其进行调用。

16.5.1　定义成员变量

成员变量与普通变量不同。普通变量直接以变量名给出，而成员变量一定要以 self 的形式定义。在 Python 中，可以在构造函数中定义成员变量，也可以在成员函数中定义成员变量。

1. 在构造函数中定义成员变量

在构造函数中定义成员变量。其语法格式如下：

```
class <类名>:
    def __init__(self,<形参 1>,<形参 2>,<形参 3>,…):
        self.<成员变量 1>=形参 1
        self.<成员变量 2>=形参 2
        self.<成员变量 3>=形参 3
```

其中，成员变量 1、成员变量 2、成员变量 3 都是在构造函数中定义的。变量的值依次对应构造函数中的形参 1、形参 2、形参 3。

【实例 16-9】下面在 Mytest 类的构造函数中定义成员变量，代码如下：

```
class Mytest():
    def __init__(self,x,y):                    #构造函数
        self.str1 = x                          #成员变量
        self.str2= y                           #成员变量
```

在该代码的构造函数中定义了两个成员变量 str1 和 str2，并且变量的值为构造函数参数 x、y 的值。

2. 在成员函数中定义成员变量

在成员函数中定义成员变量。其语法格式如下：

```
class <类名>:
    def <成员函数名> (self):
        self.<成员变量名>=值
```

【实例 16-10】下面在 Mytest 类的成员函数中定义成员变量，代码如下：

```
class Mytest():
    def test(self):                                                    #成员函数
        self.string1=""                                                #成员变量 string1
        self.string2=""                                                #成员变量 string2
```

在该代码中，成员函数 test 定义了两个成员变量 string1 和 string2，其变量值均为空。

16.5.2　调用成员变量

调用成员变量方法和调用成员函数方法类似，也是通过对象进行的。调用成员变量格式如下：

```
对象.成员变量名
```

由于成员变量可以定义在成员函数中，也可以定义在构造函数中，所以在调用成员变量时方法有所不同。

1．调用成员函数中的成员变量

调用过程分为三步：第一步，实例化对象；第二步，使用对象调用成员函数；第三步，使用对象调用成员变量。在执行第二步时，如果在成员函数中使用了形参，则在调用成员函数时，需要传入实参。如果没有执行第二步就直接去调用成员变量将会报错。

【实例 16-11】下面演示调用成员函数中的成员变量。

（1）正确调用成员函数，代码如下：

```
class Mytest:
    def test(self,x):                                                  #成员函数 test()
        self.str1=x
        self.str2="从现在开始"
Obj=Mytest()                                                           #第一步，创建对象
Obj.test("学习 Python")                                                #第二步，调用成员函数
print(Obj.str1)                                                        #第三步，调用成员变量 str1
print(Obj.str2)                                                        #第三步，调用成员变量 str2
```

在该代码中，成员函数 test()使用了形参 x，并且定义了两个成员变量 str1 和 str2。其中，成员变量 str1 被赋值为 x。代码执行结果如下：

```
学习 Python
从现在开始
```

输出结果表示，在调用成员变量 str1 时，该变量的值为调用成员函数 test()时传递的实参值；调用成员变量 str2 时，该变量的值是一个固定值。

（2）在调用成员变量之前，没有先调用成员函数（缺少第二步），代码如下：

```
class Mytest():
    def test(self,x):
        self.str1=x
        self.str2="从现在开始"
Obj=Mytest()
#这里缺少调用成员函数（Obj.test("学习 Python ")）                      #此处的代码被注释掉了
```

当直接调用成员变量 str1 时，会报错，如下：

```
Traceback (most recent call last):
  File "C:\Users\Administrator\Desktop\DirPython\test.py", line 24, in <module>
```

```
    print(Obj.str1)
AttributeError: 'Mytest' object has no attribute 'str1'
```

当直接调用成员变量 str2 时，也会报错，如下：

```
Traceback (most recent call last):
    File "C:\Users\Administrator\Desktop\DirPython\test.py", line 24, in <module>
        print(Obj.str2)
AttributeError: 'Mytest' object has no attribute 'str2'
```

出现错误信息是因为 Mytest 类对象没有成员变量 str1，所以在调用成员变量时，无法进行调用或传值。为了避免这种情况的发生，推荐在构造函数中定义成员变量。

2. 调用构造函数中的成员变量

当实例化对象以后，会自动调用构造函数，而不需要用户手动调用。并且，在实例化对象时，也可以对成员变量进行初始化传值。

【实例 16-12】 下面演示调用构造函数定义的成员变量，代码如下：

```
class Mytest():
    def __init__(self,x):                          #构造函数
        self.str1=x
        self.str2="从现在开始"
Obj=Mytest("学习 Python")                          #实例化对象
print(Obj.str1)                                    #调用成员变量
print(Obj.str2)
```

在该代码中，构造函数__init__()中使用了形参 x，为成员变量 str1 进行初始化。代码执行结果如下：

```
学习 Python
从现在开始
```

16.5.3 成员变量的独立性

一个类可以实例化出多个对象。每个对象的成员变量是互相独立的，它们可以具有不同的值。

【实例 16-13】 下面演示对象成员变量的独立性，代码如下：

```
class Mytest():
    def __init__(self,x):
        self.str=x
Obj1=Mytest("了解 Python 语言")
Obj2=Mytest("了解 C 语言")
print(Obj1.str)
print(Obj2.str)
```

在该代码中，Mytest 类只有一个成员变量 str，该变量的值由形参 x 决定。类实例化了两个对象 Obj1 和 Obj2。其中，对象 Obj1 对成员变量 str 赋值为"了解 Python 语言"；对象 Obj2 对 str 赋值为"了解 C 语言"。然后，分别使用对象 Obj1 和 Obj2 调用该成员变量 str。代码执行结果如下：

```
了解 Python 语言
了解 C 语言
```

16.5.4　修改成员变量

如果成员变量是固定的，则当它被多个对象调用时，得到的结果是相同的，但有时调用成员变量需要得到不同的结果。这时，就需要对成员变量进行修改，可以通过对象调用成员变量进行修改。使用哪个对象进行的修改，该对象调用时，将使用修改后的变量，而其他变量调用时，仍然使用原始的成员变量值。修改成员变量格式如下：

```
<对象>.<成员变量名>=value
```

其中，value 为修改后的变量信息。

【实例 16-14】下面在 Mytest 类中定义成员变量，并对成员变量进行调用。通过修改成员变量，再次进行调用查看结果。

（1）将成员变量定义为一个固定值，实例化 3 个对象，依次调用该成员变量，代码如下：

```
>>> class Mytest():
    def __init__(self):
            self.str="学习 Python"                    #成员变量 str
>>> Obj1=Mytest()
>>> Obj2=Mytest()
>>> Obj3=Mytest()
>>> print(Obj1.str)
>>> print(Obj2.str)
>>> print(Obj3.str)
```

代码使用 Mytest 类实例化了 3 个对象，分别为 Obj1、Obj2、Obj3。使用这 3 个对象分别调用了成员变量 str。代码执行结果如下：

```
学习 Python
学习 Python
学习 Python
```

输出结果表示，调用的结果相同，这是因为成员变量一直是一个固定值。

（2）使用其中一个对象 Obj2，修改成员变量的值，将其修改成字符串"从现在开始"，再次使用所有对象调用成员变量，代码如下：

```
class Mytest():
    def __init__(self):
            self.str="学习 Python"
Obj1=Mytest()
Obj2=Mytest()
Obj3=Mytest()
Obj2.str='从现在开始'                    #修改成员变量
print(Obj1.str)
print(Obj2.str)
print(Obj3.str)
```

加粗部分为使用对象修改成员变量的代码。此处代码执行后，调用的成员变量得出的结果不同，如下：

```
学习 Python
从现在开始
学习 Python
```

输出信息表示，被对象 Obj2 调用成员变量的执行结果，由原来的字符串"学习 Python"变为了"从现在开始"，而其他对象调用成员变量的执行结果没有发生变化，还是原来的固定值"学习 Python"。这说明对象的成员变量是独立的。

16.6 静 态 变 量

静态变量隶属于类，供类使用，所以也称为类变量。一个类可以包含一个或多个静态变量。本节讲解如何使用静态变量。

16.6.1 定义静态变量

静态变量定义在类中，并且在成员函数之外。它属于类，不属于类的任何一个对象。类变量在整个实例化的对象中是公用的。定义静态变量格式如下：

```
class <类名>:
    <静态变量名>=变量值
    def <成员函数名> (self)
        pass
```

【实例 16-15】下面在 Mytest 类中，定义两个静态变量，代码如下：

```
class Mytest:
    str1=" "                           #静态变量
    str2=" "                           #静态变量
    def test(self):
        pass
```

该代码定义了两个静态变量，分别为 str1 和 str2。它们都在 Mytest 类中，但在成员函数 test()之外。

16.6.2 引用静态变量

虽然静态变量定义在成员函数之外，但也可以在成员函数中引用。引用静态变量必须使用 self 或类。其语法格式如下：

```
self.<静态变量名>
```

或

```
类.<静态变量名>
```

【实例 16-16】下面在 Mytest 类中定义静态变量和成员函数，并且在成员函数中引用静态变量，代码如下：

```
class Mytest:
    string="   "                       #静态变量
    def test1(self):
        print(self.string)             #通过 self 引用静态变量
    def test2(self):
        print(Mytest.string)           #通过类引用静态变量
```

在该代码中，定义了静态变量 string，并且在成员函数 test1()和 test2()中进行引用。这里使用的是 self.string，用户也可以使用 Mytest.string，但是不能直接使用 string。

16.6.3　调用静态变量

由于静态变量属于类，并且是类对象所公用的，因此调用静态变量有两种方式。

1. 通过类调用

通过类调用静态变量的格式如下：

```
<类>.<静态变量名>
```

【实例 16-17】下面通过类调用静态变量，代码如下：

```
class Mytest():
    str1="我是静态变量"                    #静态变量 str1
    str2="我也是静态变量"                   #静态变量 str2
    def test(self):                       #成员函数
        pass
print(Mytest.str1)                        #调用静态变量 str1
print(Mytest.str2)                        #调用静态变量 str2
```

在该代码中，定义了 Mytest 类，在该类中定义了两个静态变量 str1 和 str2。通过类分别调用这两个静态变量，执行结果如下：

```
我是静态变量
我也是静态变量
```

从输出信息中可以看到，通过类成功调用了两个静态变量，并且输出了对应的值。

2. 通过对象调用

静态变量可以由任意一个对象进行调用。其语法格式如下：

```
<对象>.<静态变量名>
```

【实例 16-18】下面演示通过对象调用静态变量，代码如下：

```
class Mytest():
    str1="我是静态变量"
    str2="我也是静态变量"
    def test(self):
        pass
#实例化对象
object1=Mytest()
object2=Mytest()
#使用 object1 对象调用静态变量
print(object1.str1)
print(object1.str2)
#使用 object2 对象调用静态变量
print(object2.str1)
print(object2.str2)
```

在该代码中，Mytest 类定义了两个静态变量 str1 和 str2。类实例化了两个对象 object1 和 object2，并且分别使用这两个对象依次调用静态变量 str1 和 str2，执行结果如下：

```
我是静态变量
我也是静态变量
```

我是静态变量
我也是静态变量

从输出结果中可以看到，不同的对象调用相同的静态变量执行结果是相同的。这就说明了静态变量是对象公用的。

16.6.4　类修改静态变量

静态变量可以由类和对象进行调用，但只能通过类调用的方式进行修改。其语法格式如下：

<类>.<静态变量>=value

其中，value 为修改后的变量信息。

【实例 16-19】下面在 Mytest 类中，演示通过类修改静态变量，并进行调用，查看修改前后静态变量的变化。

（1）修改前，调用静态变量，并查看变量值，代码如下：

```
class Mytest():
     str="我是静态变量"
     def test(self):
             pass
#实例化对象
object1=Mytest()
object2=Mytest()
object3=Mytest()
#使用对象，调用静态变量
print(object1.str)
print(object2.str)
print(object3.str)
#使用类，调用静态变量
print(Mytest.str)
```

在该代码中，Mytest 类定义了 1 个静态变量 str，其变量值为"我是静态变量"（原始值）。然后，通过类实例化了 3 个对象 object1、object2 和 object3，并分别使用这 3 个对象调用了静态变量 str，使用类调用了静态变量 str。执行结果如下：

我是静态变量
我是静态变量
我是静态变量
我是静态变量

输出结果表示，无论使用对象还是类调用静态变量 str，输出的值是原始值"我是静态变量"。

（2）使用类修改静态变量的值，代码如下：

```
class Mytest():
     str="我是静态变量"
     def test(self):
             pass
Mytest.str="我是被类 Mytest 修改过的静态变量"              #使用类修改静态变量 str 的值
object1=Mytest()
object2=Mytest()
```

```
object3=Mytest()
print(object1.str)
print(object2.str)
print(object3.str)
print(Mytest.str)
```

其中，代码加粗部分表示将原始的静态变量的值修改为"我是被类 Mytest 修改过的静态变量"。再次调用静态变量查看变量值，执行结果如下：

```
我是被类 Mytest 修改过的静态变量
我是被类 Mytest 修改过的静态变量
我是被类 Mytest 修改过的静态变量
我是被类 Mytest 修改过的静态变量
```

输出结果表示，调用静态变量输出的值相同，但不是在定义类时的原始值，而是修改后的值。

16.6.5　对象修改静态变量

使用对象修改静态变量时，会动态为该变量创建一个同名的静态变量，而不是修改原有的静态变量。其语法格式如下：

```
<对象>.<静态变量名>=value
```

其中，value 为修改后的变量信息。

【实例 16-20】下面在 Mytest 类中，演示通过对象修改静态变量，并且进行调用，查看修改前后静态变量的变化。

（1）修改前，调用静态变量，并且查看变量值，代码如下：

```
class Mytest():
    str="我是静态变量"
    def test(self):
        pass
#实例化对象
object1=Mytest()
object2=Mytest()
object3=Mytest()
#使用对象，调用静态变量
print(object1.str)
print(object2.str)
print(object3.str)
#使用类，调用静态变量
print(Mytest.str)
```

代码执行结果如下：

```
我是静态变量
我是静态变量
我是静态变量
我是静态变量
```

输出信息表示，调用的静态变量的值为原始值。

（2）使用对象修改静态变量的值。例如，使用对象 object2 进行修改，代码如下：

```
class Mytest():
    str="我是静态变量"
    def test(self):
        pass
object1=Mytest()
object2=Mytest()
object3=Mytest()
object2.str="我是被对象 object2 修改过的静态变量"        #使用对象修改静态变量 str 的值
print(object1.str)
print(object2.str)
print(object3.str)
print(Mytest.str)
```

其中，代码加粗部分表示将原始的静态变量的值修改为"我是被对象 object2 修改过的静态变量"。再次调用静态变量查看变量值，执行结果如下：

```
我是静态变量
我是被对象 object2 修改过的静态变量
我是静态变量
我是静态变量
```

从输出结果中可以看到，使用类、对象 object1 和 object3 调用静态变量 str 时，变量值为原始值。而使用 object2 调用静态变量 str 时，变量值为该对象修改的值。

16.7　静　态　函　数

静态函数属于类中的特殊函数。它与成员函数不同，属于类，而不属于实例对象。也就是说，它可以直接使用类进行调用，而不需要实例化对象后再调用。当然，实例化的对象也是可以调用的。本节讲解静态函数的定义与调用。

16.7.1　定义静态函数

静态函数与成员函数不同，它不强制要求传递参数，也就是说，不需要在函数名后面的圆括号里传入 self 参数。定义静态函数需要使用修饰符@staticmethod 来进行。其语法格式如下：

```
class <类名>:
    @staticmethod
    def <静态函数名>(<形参 1>,<形参 2>,<形参 3>,…):
        语句块
```

其中，<形参 1>,<形参 2>,<形参 3>等为可选参数。

【实例 16-21】下面在 Mytest 类中定义静态函数，代码如下：

```
class Mytest:
    @staticmethod              #静态函数修饰符
    def test1():               #无参数
        pass
    @staticmethod              #静态函数修饰符
    def test2(a,b):            #有参数
        pass
```

该代码中定义了两个静态函数。其中,静态函数 test1()没有使用任何参数;静态函数 test2()使用了形参 a 和 b。

16.7.2　调用静态函数

静态函数属于类,可以通过类调用,也可以通过对象调用。下面依次介绍这两种调用方法。

1. 通过类调用静态函数

通过类调用静态函数的格式如下:

```
<类>.<静态函数名>()
```

【实例 16-22】下面根据上述定义的实例,对该实例进行补充,演示通过类调用静态函数,代码如下:

```
class Mytest:                                #类
    @staticmethod
    def test1():                             #静态函数 test1()
        print('我是静态函数的执行结果')
    @staticmethod
    def test2(a,b):                          #静态函数 test2()
        s=a*b
        print('乘积为',s)
Mytest.test1()                               #通过类调用静态函数 test1()
Mytest.test2(12,15)                          #通过类调用静态函数 test2()
```

代码加粗部分为静态函数对应的语句块。其中,静态函数 test1()的语句块用来输出字符串 "我是静态函数的执行结果";静态函数 test2()的语句块用来计算形参 a 和 b 的乘积,并且进行输出。使用类分别调用这两个静态函数,其执行结果如下:

```
我是静态函数的执行结果
乘积为 180
```

输出结果表示,使用类可以成功调用静态函数,并执行了函数的语句块,输出了对应的结果为 180。

2. 通过对象调用静态函数

通过对象调用静态函数的格式如下:

```
<对象>.<静态函数名>
```

【实例 16-23】下面根据上述实例,通过对象调用静态函数的代码如下:

```
class Mytest:
    @staticmethod
    def test1():
        print('我是静态函数的执行结果')
    @staticmethod
    def test2(a,b):
        s=a*b
        print('乘积为',s)
Obj1=Mytest()
```

```
Obj2=Mytest()
Obj1.test1()
Obj1.test2(16,8)
```

代码的后 4 行为类实例化对象，并且使用对象调用静态函数，其执行结果如下：

```
我是静态函数的执行结果
乘积为 128
```

输出信息表示，使用对象也可以成功调用静态函数，这和对象调用成员函数相同。

16.8 类 函 数

类函数也是类中的一个特殊函数。本节讲解类函数的定义、调用及类函数包含的功能。

16.8.1 定义类函数

类函数是将类本身作为对象进行操作的函数。它属于类，但该函数的第一个参数是当前类。定义类函数需要使用修饰符@classmethod。其语法格式如下：

```
class <类名>:
    @classmethod
    def <类函数名>(cls, <形参 1>,<形参 2>,<形参 3>,…):      #第一个参数为 cls，必选参数
        语句块
```

其中，cls 参数为必选参数，<形参 1>,<形参 2>,<形参 3>等为可选参数。cls 用来表示类本身，因此也可以直接使用类名进行代替，如下：

```
class <类名>:
    @classmethod
    def <类函数名>(类, <形参 1>,<形参 2>,<形参 3>,…):        #第一个参数为类名，必选参数
        语句块
```

【实例 16-24】下面在 Mytest 类中定义类函数，代码如下：

```
class Mytest:
    @classmethod                    #类函数修饰符
    def test1(cls):                 #只有参数 cls
        pass
    @classmethod                    #类函数修饰符
    def test2(Mytest,a,b):          #必选参数 Mytest，其他形参 a 和 b
        pass
```

代码中定义了两个类函数，其中，类函数 test1()只有一个必选参数 cls，表示类本身；类函数 test2()的必选参数直接使用了当前的类名 Mytest，以及其他形参 a 和 b。

16.8.2 调用类函数

调用类函数的方法和调用静态变量的方法一样，也可以通过对象或类进行调用。

1. 通过类调用类函数

通过类调用静态函数的格式如下：

<类>.<类函数名>()

【**实例 16-25**】下面以上述定义的实例为例，对该实例进行补充，演示通过类调用类函数，代码如下：

```
class Mytest:                                    #类
    @classmethod
    def test1(cls):                              #静态函数 test1()
        print('我是类函数的执行结果')
    @classmethod
    def test2(Mytest,a,b):                       #静态函数 test2()
        s=a*b
        print('乘积为',s)
Mytest.test1()                                   #通过类调用静态函数 test1()
Mytest.test2(12,6)                               #通过类调用静态函数 test2()
```

代码加粗部分为类函数对应的语句块，最后两行通过类依次调用了类函数 test1()和test2()，执行结果如下：

```
我是类函数的执行结果
乘积为 72
```

输出结果表示，使用类成功地调用了类函数，并且执行了函数的语句块，输出了对应的结果 72。

2. 通过对象调用类函数

通过对象调用类函数的格式如下：

<对象>.<类函数名>

【**实例 16-26**】下面仍然以上述实例为例，通过对象调用类函数的代码如下：

```
class Mytest:
    @classmethod
    def test1(cls):
        print('我是类函数的执行结果')
    @classmethod
    def test2(Mytest,a,b):
        s=a*b
        print('乘积为',s)
Obj1=Mytest()
Obj2=Mytest()
Obj1.test1()
Obj1.test2(23,8)
```

代码执行结果如下：

```
我是类函数的执行结果
乘积为 184
```

16.8.3　参数 cls 引用静态变量

类可以引用调用静态变量。由于类函数中的必选参数 cls 相当于类本身，所以在类函数中，可以使用参数 cls 引用静态变量。其语法格式如下：

cls.<静态变量名>

【**实例 16-27**】下面在 Mytest 类中定义静态变量和类函数，在类函数中引用静态变量，输出变量值，代码如下：

```
class Mytest:                              #类
    str1='我是静态变量'                       #静态变量 str1
    str2="我也是静态变量"                      #静态变量 str2
    @classmethod
    def test1(cls):                        #类函数 test1
        print('我是类函数的执行结果:')
        print(cls.str1)                    #引用静态变量 str1
    @classmethod
    def test2(Mytest):                     #类函数 test2
        print('我是另一个类函数的执行结果:')
        print(Mytest.str2)                 #引用静态变量 str2
Mytest.test1()
Mytest.test2()
```

该代码定义了两个静态变量 str1 和 str2、两个类函数 test1()和 test2()。其中，类函数 test1()引用了静态变量 str1；类函数 test2()引用了静态变量 str2。最后两行代码分别使用类依次调用了类函数 test1()、类函数 test2()。代码执行结果如下：

```
我是类函数的执行结果:
我是静态变量
我是另一个类函数的执行结果:
我也是静态变量
```

执行结果成功输出了引用静态变量 str1 和 str2 对应的值。

说明：类函数 test1()的参数使用了 cls，因此在引用静态变量 str1 时，需要使用 cls，则代码为 cls.str1；类函数 test2 的参数使用了类本身的名称 Mytest，因此在引用静态变量 str2 时，需要使用 Mytest，则代码为 Mytest.str2。

16.8.4　参数 cls 实例化对象

由于参数 cls 相当于类，因此参数 cls 也可以实例化对象，然后类函数就可以用对象引用成员函数了。其语法格式如下：

```
cls().<成员函数名>()
```

【**实例 16-28**】下面在 Mytest 类中定义成员函数和类函数。在类函数中，通过 cls 实例化对象，并引用成员函数，输出成员函数的执行结果，代码如下：

```
class Mytest:                              #类
    def test(self):                        #成员函数
        print('我是成员函数的执行结果')
    @classmethod
    def test1(cls):                        #类函数
        print('类函数的执行结果如下:')
        cls().test()                       #cls 实例化对象，引用成员函数
Mytest.test1()
```

该代码定义了一个成员函数 test()和类函数 test1()。类函数使用参数 cls 实例化对象，并且引用了成员函数，即最后一行代码使用类调用了该类函数 test1。执行结果如下：

类函数的执行结果如下:
我是成员函数的执行结果

提示: 上述代码使用参数 cls 实例化对象并引用成员函数的代码为 cls().test()。由于 cls 表示类本身,因此也可以将 cls 使用类替换。替换的代码如下:

```python
class Mytest:
    def test(self):
        print('我是成员函数的执行结果')
    @classmethod
    def test1(Mytest):
        print('类函数的执行结果如下:')
        Mytest().test()
```

16.9　其他变量或函数

类中定义的成员函数、成员变量、静态变量和静态函数都可以通过对象或类进行访问。除这些变量和函数外,Python 还提供了几个特殊的变量和方法。它们是在变量或函数名前后添加下画线使其成为特殊的变量或函数,从而限制访问。

16.9.1　__xx__形式

该形式是在函数名的前后添加双下画线,用来定义特殊的方法。它们一般是系统内置的,如__init__()。

16.9.2　__xx 形式

该形式在变量名前面添加双下画线,可以使变量变为私有变量,它是一种特殊的成员变量。由于变量分为成员变量和静态变量,因此使用双下画线可以将这两种变量都变为私有变量。

1. 将成员变量变为私有变量

成员变量可以由对象进行调用。如果成员变量变为私有变量,那么使用对象将无法调用该变量了。

【实例 16-29】 下面演示成员变量在变为私有变量前后,调用成员变量的结果。

(1)创建一个 Mytest 类,在类中定义成员变量,并为其赋值,代码如下:

```python
class Mytest:
    def __init__(self):
        self.str="我是 Python 程序员"          #成员变量 str
```

(2)通过类实例化对象,并使用对象调用成员变量,代码如下:

```python
Obj=Mytest()                              #实例化对象
print(Obj.str)                            #对象调用成员变量
```

代码执行结果如下:

我是 Python 程序员

输出信息表示,成员变量在变为私有变量之前,使用对象是可以进行调用的。

（3）下面将成员变量变为私有变量，代码如下：

```
class Mytest:
    def __init__(self):
        self.__str="我是 Python 程序员"                    #私有变量
Obj=Mytest()
print(Obj.str)
```

（4）执行结果如下：

```
Traceback (most recent call last):
  File "C:\Users\Administrator\Desktop\DirPython\test.py", line 23, in <module>
    print(Obj.str)
AttributeError: 'Mytest' object has no attribute 'str'
```

输出结果出现了错误信息。最后一行表示 Mytest 中没有变量 str。这说明，成员变量在变为私有变量后，无法使用对象调用成员变量了。

（5）使用正确方式进行调用，代码如下：

```
Obj=Mytest()
print(Obj._Mytest__str)
```

该代码实例化一个对象 Obj，然后使用"对象.类名__xx"格式就可以调用成员变量了。这里，使用 obj._Mytest__str 进行调用，成功输出变量 str 对应的值，如下：

```
我是 Python 程序员
```

2. 将静态变量变为私有变量

静态变量可以由对象或类进行调用。如果静态变量变为了私有变量，那么使用对象或类将无法调用该变量。

【实例 16-30】下面演示静态变量在变为私有变量前后，调用成员变量的结果。

（1）创建一个 Mytest 类，在类中定义静态变量，并为其赋值，代码如下：

```
class Mytest:
    str='我是 Python 程序员'                    #静态变量 str
    def test(self):
        pass
```

（2）下面分别通过类、对象调用该静态变量，代码如下：

```
print(Mytest.str)
Obj=Mytest()
print(Obj.str)
```

第 1 行代码是通过类调用该静态变量 str；第 3 行代码是通过对象调用该静态变量 str。执行结果如下：

```
我是 Python 程序员
我是 Python 程序员
```

输出结果表示能够成功进行调用。

（3）将静态变量变为私有变量，代码如下：

```
class Mytest:
    __str='我是 Python 程序员'                    #私有变量
    def test(self):
        pass
```

（4）此时，通过类调用该静态变量 str，代码如下：

```
print(Mytest.str)
```

这里不能成功进行调用，出现错误信息，如下：

```
Traceback (most recent call last):
    File "C:\Users\Administrator\Desktop\DirPython\test.py", line 23, in <module>
        print(Mytest.str)
AttributeError: type object 'Mytest' has no attribute 'str'
```

（5）使用对象调用该静态变量 str，同样也无法调用，代码如下：

```
Obj=Mytest()
print(Obj.str)
```

错误信息如下：

```
Traceback (most recent call last):
    File "C:\Users\Administrator\Desktop\DirPython\test.py", line 25, in <module>
        print(Obj.str)
AttributeError: 'Mytest' object has no attribute 'str'
```

（6）使用正确方式进行调用，代码如下：

```
Obj=Mytest()
print(Obj._Mytest__str)
```

执行后成功地进行了调用，如下：

我是 Python 程序员

16.10　将成员函数转换为成员变量

Python 提供了@property 修饰符，可以将成员函数转换为成员变量。默认情况下，调用成员函数，需要使用"对象.成员函数名()"格式才能执行成员函数。使用了@property 修饰符以后，直接使用"对象.成员函数名"格式，即可执行成员函数，而不需要再加上函数名后面的括号了。

使用@property 修饰符的语法格式如下：

```
class <类名>:
    @property
    def <成员类函数名>(self):
        语句块
```

【实例 16-31】下面演示在 Mytest 类中定义一个成员函数，并调用成员函数。然后，使用@property 修饰符，再次调用成员函数。

（1）不使用@property 修饰符的成员函数，调用成员函数，代码如下：

```
class Mytest:
    def __init__(self,x,y):                              #构造函数
        self.a=x
        self.b=y
    def test(self):                                      #成员函数
        s=self.a*self.b                                  #计算面积（a 与 b 的乘积）
        print('我是成员函数的执行结果,计算面积如下：')
        return s                                         #返回面积值
Obj=Mytest(23,9)                                         #实例化对象
print(Obj.test())
```

代码执行结果如下：

我是成员函数的执行结果,计算面积如下：

207

（2）使用@property 修饰符将成员函数转换为成员变量，代码如下：

```
class Mytest:
    def __init__(self,x,y):                                    #构造函数
        self.a=x
        self.b=y
    @property
    def test(self):                                            #成员函数
        s=self.a*self.b                                        #计算面积（a 与 b 的乘积）
        print('我是成员函数的执行结果,计算面积如下：')
        return s                                               #返回面积值
```

其中，代码加粗部分为添加的@property 修饰符。此时，成员函数 test 变为成员变量。如果继续使用常规方式调用，则会抛出异常，如下：

```
Traceback (most recent call last):
    File "C:\Users\Administrator\Desktop\DirPython\test.py", line 28, in <module>
        print(Obj.test())
TypeError: 'int' object is not callable
```

（3）使用正确的方式调用成员函数（此时为成员变量），代码如下：

```
Obj=Mytest(23,9)
print(Obj.test)
```

该代码还是先实例化对象。不同的是，这里使用对象调用成员函数时没有使用()，也成功调用了成员函数。其执行结果如下：

我是成员函数的执行结果,计算面积如下：

207

输出结果与步骤（1）中使用常规方式调用的结果相同。

注意： 使用@property修饰符将成员函数 test 转换为成员变量，它不是真正的成员变量。真正的成员变量可以使用对象进行修改。但是，使用@property 修饰符转换的成员变量无法修改值。修改后，将抛出异常，如下：

```
Obj.test=50                                                    #进行修改
    Traceback (most recent call last):
        File "C:\Users\Administrator\Desktop\DirPython\test.py", line 32, in <module>
            Obj.test=30
AttributeError: can't set attribute                            #异常错误
```

16.11　继　　承

程序员在编写多个类时，这些类之间又存在一定的关联。那么，如果依次编写这些类，则可能会重复编写许多代码，如每个类中共有的代码（如静态变量）。这样会浪费很多时间，也会影响效率。为了达到代码的复用，提高编写效率，Python 提供了类的继承。

16.11.1　什么是继承

Python 允许在一个或多个类的基础上生成新的类。新的类可以使用这一个类或多个类的

一些属性（成员变量）和方法（成员函数），这个过程就叫继承。例如，我们每个人从父母处继承了一些体貌特征，但是每个人又不同于父母。因为每个人都有自己的特征，这些特征是自己独有的，在父母身上并没有体现。

在创建新的类时，可能需要使用到其他类中的成员变量和成员函数，而为了减少代码的编写，可以使用继承的方法，直接继承其他类。新创建的类称为子类或派生类，被继承的类称为父类或基类。继承语法格式如下：

```
class 子类名(父类名):
    <类体>
```

其中，类体主要由成员变量、成员函数、静态变量等定义的语句组成。

16.11.2　子类继承父类

子类继承父类以后，如果父类中的成员函数或成员变量没有在子类中出现过，那么它将会继承到子类中。这样，子类对象可以直接进行调用。

【实例 16-32】下面演示类的继承与调用，代码如下：

```
class People:                              #定义类 People
    def __init__(self):
        self.str="人需要："                 #People 类中的成员变量 str
    def need(self):                        #People 类中的成员函数 need()
        print(self.str+"吃饭")
        print(self.str+"睡觉")
        print(self.str+"上厕所")
class Man(People):                         #定义了 Man 类，它继承了 People 类
    def can(self):                         #Man 类中的成员函数 can()
        print("还可以学习")
        print("还可以运动")
        print("还可以交流")
Obj=Man()                                  #子类 Man 实例化对象
Obj.str                                     #子类对象调用父类的成员变量
Obj.need()                                  #子类对象调用父类的成员函数
Obj.can()                                   #子类对象调用自己的成员函数
```

该代码定义了一个父类 People，该类有一个成员函数 need() 和一个成员变量 str。该代码还创建了一个子类 Man，该类中只有一个成员函数 can()，并继承了父类。通过子类 Man 的对象调用父类中的成员变量和成员函数，执行结果如下：

```
人需要：吃饭
人需要：睡觉
人需要：上厕所
还可以学习
还可以运动
还可以交流
```

输出结果表示，子类 Man 中虽然没有定义成员变量 str 和成员函数 need()，但继承父类后，可以成功地调用父类的成员变量、成员函数。

16.11.3　子类重写父类

如果在继承时不需要继承父类中全部的成员函数或成员变量，则可以对不需要继承的成员函数或成员变量进行重写。重写是指在子类中定义一个与父类成员函数或成员变量同名的成员函数或成员变量。那么，当使用子类对象调用成员函数或成员变量时，调用的是子类本身的成员函数或成员变量，而不是父类的成员函数或成员变量。

1.　子类重写父类的成员函数

当子类中的成员函数与父类中的成员函数同名，使用子类对象调用该成员函数时，执行的是子类中定义的成员函数。

【实例 16-33】下面演示如何通过子类重写父类的成员函数，代码如下：

```
class People():
    def __init__(self):
        self.str="人需要："
    def need1(self):                      #父类成员函数 need1()
        print(self.str+"吃饭")
        print(self.str+"睡觉")
    def need2(self):                      #父类成员函数 need2()
        print(self.str+"上厕所")
class Man(People):
    def can(self):
        print("还可以吃饭")
        print("还可以运动")
        print("还可以说话")
    def need2(self):                      #重写父类成员函数 need2()
        print("需要上男厕所")
Obj=Man()
Obj.need2()
```

该代码定义了一个父类 People，该类中有两个成员函数，即 need1()和 need2()。该代码还创建了一个子类 Man，该类中也有两个成员函数，分别为 can()和 need2()。其中，成员函数 need2()与父类中的重名。通过子类 Man 对象调用重名的成员函数 need2()，执行结果如下：

```
需要上男厕所
```

输出结果为子类 Man 的成员函数 need2()的执行结果。

2.　子类重写父类的成员变量

当子类中的成员变量与父类中的成员变量同名，子类对象调用该成员变量或包含该成员变量的函数时，使用的成员变量是子类中定义的成员变量。

【实例 16-34】下面演示如何通过子类重写父类的成员变量，代码如下：

```
class People:                            #父类 People
    def __init__(self):
        self.str="人需要："               #父类的成员变量 str
    def need(self):
        print(self.str+"吃饭")           #函数中使用了成员变量 str
```

```
                print(self.str+"睡觉")
                print(self.str+"上厕所")
    class Man(People):                                    #子类
        def __init__(self):
            self.str="每天都要做的事情："                    #子类的成员变量 str

        def can(self):
            print("还可以学习")
            print("还可以运动")
            print("还可以交流")
    Obj=Man()
    Obj.need()
```

该代码定义了一个父类 People，该类中定义了成员变量 str，其值为"人需要："。该类还定义了成员函数 need()，函数的语句块中使用了成员变量 str。该代码又创建了一个子类 Man，同样也定义了成员变量 str，其值为"每天都要做的事情："。代码通过子类 Man 对象调用父类中的成员函数 need()，执行结果如下：

```
每天都要做的事情：吃饭
每天都要做的事情：睡觉
每天都要做的事情：上厕所
```

从输出结果中可以看出，通过子类对象调用父类中的成员函数 need()时，使用的是子类中的成员变量的值"每天都要做的事情："，而不是父类中的成员变量的值"人需要："。

16.11.4　判断继承

在类继承时，如果忘记指定的类是否继承了某个类，可以借助 issubclass()来判断继承。它可以判断指定的类是否属于另一个类的子类。其语法格式如下：

```
issubclass(class, classinfo)
```

其中，class 表示子类，classinfo 表示父类。该语法用来判断 class 是否是 classinfo 的子类。如果是，则返回 True；否则，返回 False。

【实例 16-35】下面判断类的继承，代码如下：

```
class A:                        #定义类 A
    pass
class B:                        #定义类 B
    pass
class C(A):                     #进行继承，类 C 继承了类 A
    pass
issubclass(B,A)                 #判断类 B 是否是类 A 的子类
issubclass(C,A)                 #判断类 C 是否是类 A 的子类
```

执行结果如下：

```
False
True
```

False 表示类 B 不是类 A 的子类，类 C 是类 A 的子类。

16.12　小　　结

本章主要对 Python 中的面向对象程序设计进行了详细的介绍。首先介绍了面向对象思想概述；然后讲解了如何在 Python 中定义类、定义成员函数、定义成员变量、定义静态变量、定义静态函数、定义类函数，以及使用实例化对象、调用成员函数、调用成员变量、调用静态变量、调用静态函数；最后讲述了继承的相关内容。通过本章的学习，程序员需要了解以下内容。

- ❑ 定义类需要使用 Python 提供的关键字 class。
- ❑ 只有将类实例化为类对象，才能通过类对象进行使用，即调用类中的变量或函数。
- ❑ 成员函数中有一个必选的参数 self，该参数代表实例对象自身。
- ❑ 类对象的成员变量是互相独立的。这是因为类可以实例化不同的对象，而成员变量的值，可以在类实例化对象时，传递不同的值。
- ❑ 构造函数__init__()会在类实例化对象时自动被调用。
- ❑ 使用类对象可以调用成员函数、成员变量、静态变量、静态函数。
- ❑ 使用类只能调用静态变量、静态函数。
- ❑ 子类继承父类，父类中的成员函数或成员变量也会被继承到子类中，在子类中不需要重新定义。
- ❑ 当子类继承父类后，如果子类中存在的成员函数或成员变量与父类中的重名，那么子类实例化对象后，调用成员函数或成员变量，调用的是自己类中的成员函数或成员变量。

16.13　习　　题

一、选择题

1. 构造函数是类的一个特殊函数，在 Python 中，构造函数的名称为（　　）。
　 A．与类同名　　　　　B．__init　　　　　C．__init__　　　　　D．init
2. Python 定义私有变量的方法为（　　）。
　 A．使用 public 保留字　　　　　　　　B．使用 private 保留字
　 C．使用__xxx__定义变量名　　　　　　D．使用__xxx 定义变量名

二、填空题

1. 在 Python 中，可以使用_____保留字来声明一个类。
2. 类的成员函数必须有一个参数_____，而且位于参数列表的开头。它就代表类的实例（对象）本身。

三、简答题

作为人类，无论是男人还是女人，都需要吃饭、睡觉和上厕所。但是对于上厕所，男人要上男厕所、女人要上女厕所。信息如下：

```
------ 男人 ------
需要吃饭
需要睡觉
------但是------
需要上男厕所
------ 女人 ------
需要吃饭
需要睡觉
------但是------
需要上女厕所
```

借助成员函数、成员变量的调用，以及类的继承等知识实现输出男人和女人可以完成的行为。

第 17 章 模　　块

Python 提供了强大的模块支持。Python 不仅在标准库中包含大量的模块（称为标准模块），而且提供了大量的第三方模块。另外，程序员还可以开发自定义的模块。这种模块开发机制大大提高了开发效率。

本章要求

❑ 了解什么是模块
❑ 掌握如何创建自己的模块
❑ 学会使用 pip 安装模块
❑ 学会如何导入模块

17.1　什么是模块

模块是.py 文件。在.py 文件中常常包含大量的函数、类等，用于实现某一特定功能。模块的名称是该.py 文件的名称。例如，如果模块文件为 sample.py，则模块名为 sample。

17.2　模 块 类 型

Python 使用的模块分为 3 种类型，分别为自定义的模块、标准模块和第三方模块。下面依次介绍这 3 种模块。

17.2.1　自定义的模块

自定义的模块，顾名思义就是由用户自己定义的模块。下面介绍如何创建一个属于自己的模块。

创建自己的模块，就是程序员自己编写一段可以实现特定功能的代码，将这些代码放在一个单独的文件中，并且将该文件命名为"模块名+.py"的形式。

【**实例 17-1**】下面演示自定义一个九九乘法表模块，模块名称为 Multiplication。

（1）启动 IDLE 工具，其界面如图 17.1 所示。

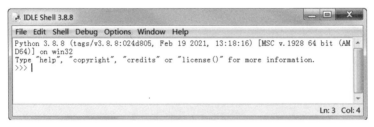

图 17.1　IDLE 界面

（2）在菜单栏中选择 File→New File 选项，打开 IDLE 的文本编辑器。在编辑器中，编写实现九九乘法表的代码，如图 17.2 所示。

图 17.2　编写九九乘法表的代码

（3）保存文件。在菜单栏中选择 File→Save 选项，或者使用快捷键"Ctrl+S"，弹出"另存为"对话框，在相应的文本框中输入模块名 Multiplication，如图 17.3 所示。

图 17.3　定义模块名

（4）选择要保存模块文件的路径后，单击"保存"按钮，返回到 IDLE 的文本编辑器，此时有了自己的模块文件 Multiplication.py，如图 17.4 所示。

图 17.4　成功创建了自己的模块

提示：创建自己的模块时，设置的模块名不能是 Python 内置的标准模块名称。

17.2.2 标准模块

有些模块会随 Python 自动安装。这些模块属于 Python 内置模块，称为 Python 的标准模块，也可以称为标准库。Python 提供了 200 多个标准模块，常见的标准模块及作用如表 17-1 所示。

表 17-1　常见的标准模块及作用

标准模块名	作　　用
string	字符串操作模块
re	正则表达式操作
struct	二进制数据解析模块
codecs	编码解码模块
collections	容器数据类型操作模块
copy	浅层复制和深层复制操作模块
pprint	输出打印优化模块
enum	枚举数据操作模块
numbers	数字抽象基类
math	数学函数
statistics	数理统计功能
tertools	函数创建的高效循环的迭代器
operator	标准操作功能
os	访问操作系统服务
fileinput	遍历一个或多个文件内容
filecmp	文件和目录的比较
time	时间访问和转换
logging	Python 日志工具
mailcap	Mailcap 文件处理
aifc	读和写 AIFF 和 AIFC 文件
turtle	海龟绘图（一个简单的绘图工具）
cmd	支持面向行的命令解释器
random	生成伪随机数
typing	支持类型提示
distutils	构建和安装 Python 模块
zipapp	管理 Python 可执行 ZIP 档案
sys	系统特定的参数和功能
sysconfig	提供 Python 的配置信息
atexit	退出处理程序

续表

标准模块名	作　　用
inspect	检查活动对象
zipimport	从 ZIP 文档导入模块
modulefinder	找到模块使用的脚本
formatter	通用的输出格式
winsound	声音播放界面窗口
keyword	Python 测试关键字
token	常量使用 Python 解析树
msilib	读和写微软安装程序文件
pwd	密码数据模块
tty	终端控制功能

除表 17-1 中列出的常用标准模块外，还有许多其他标准模块，读者可以在 Python 的帮助文档中查看。具体方法为：在 Python 的安装路径下，找到 Doc 目录；在该目录中，有一个后缀为 .chm 的文件（如 python388.chm），即为 Python 的帮助文件；打开该文件，在左侧栏中找到 The Python Standard Library 选项，选择该选项，在右侧会显示 Python 的相关标准模块，如图 17.5 所示。

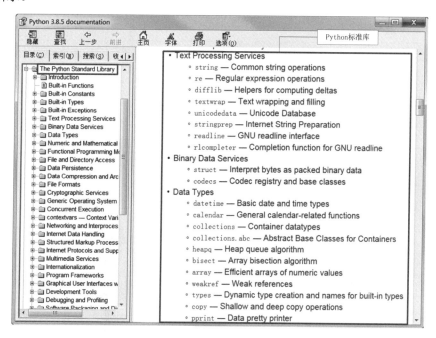

图 17.5　查看标准模块

17.2.3　第三方模块

在 Python 程序开发中，除使用 Python 的标准模块外，还有很多第三方模块可以使用。常见的第三方模块及作用如表 17-2 所示。

表 17-2　常见的第三方模块及作用

第三方模块名	作　　用
requests	简洁且简单的 HTTP 请求模块
scrapy	一个快速高级的网络爬取及 Web 采集框架
numpy	使用 Python 进行科学计算的基础包，提供了许多高级的数值编程工具，如矩阵运算、线性代数、N 维数据变换等
scipy	开源的 Python 算法模块和数学工具包，用于数学、科学和工程的开源软件构成的生态系统。它是在 numpy 模块的基础上增加了众多的数学、科学及工程计算中常用的模块函数
pandas	基于 NumPy 开发的，主要用于数据分析和数据可视化
pdfminer	用于从 PDF 文档中抽取信息
openpyxl	用于处理 Microsoft Excel 文档，支持读写 Excel 的 xlsx、xlsm、xltx、xltm 等格式文件，并进一步处理 Excel 文件中的工作表、表单和数据单元
python-docx	用于处理 Microsoft Word 2007/2008 文档，支持读取、查询及修改 doc、docx 等格式文件，并能够对 Word 常见样式进行编程设置，进一步可实现添加和修改文本
beautifulsoup4	用于解析和处理 HTML 和 XML，能够根据 HTML 和 XML 语法建立解析树，进而高效解析其中的内容
matplotlib	用于绘制一些高质量的数学二维图形
PyQt5	用于 Python 的 QT 开发模块
wxPython	Python 下的 GUI 图形模块，可以使 Python 程序员能够轻松地创建稳定的、功能强大的图形用户界面的程序
PyGTK	基于 Python 的 GUI 程序开发 GTK+模块，提供了各种可视元素和功能，能够帮助程序员轻松创建具有图形用户界面的程序
scikit-learn	基于 SciPy 构建的机器学习模块，它包括简单而高效的工具，可用于数据挖掘和数据分析
TensorFlow	谷歌公司基于 DistBelief 进行研发的第二代人工智能学习系统
Theano	用于高效解决多维数组的计算问题
Django	开源 Web 应用框架，提供了开发网站经常用到的模块，用于鼓励快速开发，进而减少程序员建立一个高性能 Web 应用所花费的时间和精力
Pyramid	轻量级、快速、稳定的开源 Web 框架，能够让 Python 程序员更简单地创建 Web 应用
Flask	微型的 Web 框架
Pygame	基于 Python 的多媒体开发和游戏软件开发模块，包含大量游戏和图像处理功能
Panda3D	一个开源、跨平台的 3D 游戏引擎
cocos2d	构建 2D 游戏和图形界面交互式应用的框架，基于 OpenGL 进行图片渲染，能够利用 GPU 进行加速
PIL	免费的图像处理工具包，提供各种基本的图像处理功能
SymPy	用于符号计算的模块
NLTK	自然语言处理工具包，支持多种语言，可以进行语言处理、文本统计、内容理解、情感分析等应用
WeRoBot	微信公众号开发框架，可以解析微信服务器发来的消息，并将消息转换成 Message 或 Event 类型
MyQR	二维码生成模块，可以产生基本二维码、艺术二维码和动态效果二维码

第三方模块需要先安装，然后才可以使用。下面讲解使用 pip 工具安装第三方模块。

17.3　使用 pip 工具安装第三方模块

使用第三方模块前，需要先安装。最常用且最高效的 Python 第三方模块安装方式之一是使用 pip 工具。pip 是 Python 官方提供并维护的在线安装工具，也是 Python 的内置命令。因此，在安装 Python 时，会自动安装 pip 工具。使用 pip 工具安装第三方模块需要联网。安装第三方模块时，在命令终端进行。安装命令格式如下：

pip install <第三方模块名>

执行命令后，pip 工具会从网络上下载第三方模块安装文件，并自动安装到系统中。第三方模块的安装路径是由 Python 的安装路径决定的，通常保存在 Python 可执行程序目录下。假如，Python 安装在 c:\users\administrator\appdata\local\programs\python\python38，那么使用 pip 安装的第三方模块将保存在 c:\users\administrator\appdata\local\programs\python\python38\lib\site-packages\目录下。

【实例 17-2】下面安装第三方模块 requests，在命令行窗口中输入如下命令：

pip install requests

执行命令后，将在线安装第三方模块 requests，如图 17.6 所示。

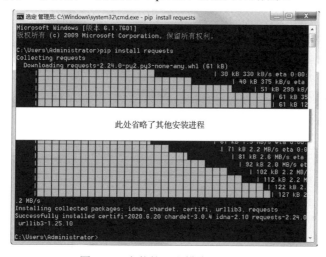

图 17.6　安装第三方模块 requests

如果查看当前系统中已经成功安装了哪些第三方模块，则在命令行窗口中输入如下命令：

pip list

执行该命令后，会显示已经成功安装的第三方模块，如图 17.7 所示。可以看到，成功安装了第三方模块 requests，对应的版本为 2.24.0。

图 17.7　查看系统中已经安装的第三方模块

17.4 导入模块

在代码中使用模块，需要先导入模块。Python 提供了两种导入方式，下面依次介绍。

17.4.1 import 导入

使用 import 导入模块的语法格式如下：

```
import Modele_Name [as alias]
```

各参数含义如下。

❏ Modele_Name：要导入的模块名称。

❏ [as alias]：为模块定义的一个别名。其中，as 是固定的关键字，alias 为由用户自己定义的别名。

导入模块后可以执行模块中的所有代码，也可以执行模块中的部分代码，如执行指定的函数。

1. 执行整个模块

在 17.2.1 节中，我们自定义了一个九九乘法表模块文件 Multiplication.py。接下来以该模块为例讲解导入模块，执行模块中的代码。

【实例 17-3】下面演示使用 import 语句导入自定义的九九乘法表模块文件 Multiplication.py，并运行。

（1）通过 IDLE 编辑器，创建一个名为 test.py 的文件。在该文件中，编写导入模块的代码，如图 17.8 所示。

图 17.8　在 test.py 文件中编写导入模块代码

（2）执行模块文件 Multiplication.py 中的代码，只需要运行 test.py 文件即可。在菜单栏中，选择 Run→Run Module 选项，或者使用快捷键 F5。模块文件 Multiplication.py 被成功执行，并在 IDLE 界面中显示执行结果，如图 17.9 所示。输出信息显示了九九乘法表，这说明成功运行了模块文件 Multiplication.py。

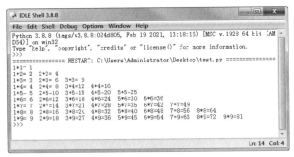

图 17.9　执行结果

2. 执行模块部分代码

导入模块后，可以使用模块名调用模块中的变量、函数或类，只执行被调用的部分代码。

【实例 17-4】下面演示执行模块中的部分代码。

（1）创建一个矩形模块，对应的文件名为 rectangle.py，在该文件中定义两个函数，一个用于计算矩形的周长，另一个用于计算矩形的面积。该矩形模块文件中的代码如下：

```
def girth(a,b):                              #计算周长函数
    '''功能：计算周长
        参数：a 表示长，b 表示宽
    '''
    z=(a+b)*2
    print('矩形周长为：',z)
def area(a,b):                               #计算面积函数
    '''功能：计算面积
        参数：a 表示长，b 表示宽
    '''
    s=a*b
    print('矩形面积为：',s)
```

（2）通过 IDLE 编辑器，创建一个名为 test.py 的文件。在该文件中导入矩形模块文件 rectangle.py，并执行该文件中计算周长的函数 girth()，代码如下：

```
import rectangle
rectangle.girth(8,5)
```

第一行代码表示导入整个模块，第二行代码表示只调用了模块中的 girth()函数，并且使用了实参 8 和 5，分别表示矩形的长和宽。

（3）运行 test.py 文件，只执行了模块中的部分代码，计算矩形的周长，执行结果如下：

```
矩形周长为：  26
```

3. 为模块设置别名

使用模块中的函数、变量、类时，每一次调用都需要输入一次模块名。如果模块名很长，就会增加输入工作量。这时，可以为模块设置一个别名，使用别名调用模块中的代码。

【实例 17-5】下面以上述实例为例，为模块设置别名为 r，调用模块中计算面积函数，并查看执行结果。

（1）设置别名，使用别名进行调用，代码如下：

```
import rectangle as r
r.area(8,5)
```

（2）执行 test.py 文件，执行结果如下：

```
矩形面积为：  40
```

17.4.2　from...import 导入

使用上述方法成功导入模块后，需要通过模块名或别名才可以调用模块中的函数。为了方便调用，Python 提供了 from...import，导入模块后，可以直接使用函数，而不需要通过模块名或别名进行调用了。from...import 导入模块的语法格式如下：

```
from Modele_Name import Info
```

各参数含义如下。

❑ from: 固定的关键字，表示从哪里导入。

❑ Modele_Name: 指定导入来源模块名称。

❑ import: 固定的关键字，表示导入。

❑ Info: 指定要导入模块中的函数、变量和类等。可以同时导入多个，它们之间使用逗号（，）分隔。如果导入模块中的全部函数、变量和类等，则使用星号（*）。

以上述实例为例，下面介绍使用 from...import 导入模块。

1. 导入模块中的指定函数

如果只导入模块中的指定函数，则直接使用函数名调用该函数即可。

【实例 17-6】下面演示导入模块中的指定函数。

（1）调用计算周长函数，代码如下：

```
from rectangle import girth
girth(9,5)
```

第一行代码表示只导入了 rectangle 模块中的 girth()。第二行代码直接调用了 girth(9,5)，使用的实参为 9 和 5，用来计算矩形周长。

（2）执行 test.py 文件，结果如下：

```
矩形周长为： 28
```

（3）如果模块中的计算面积函数 area()没有被导入，那么就无法使用该函数；否则会抛出异常。调用模块代码如下：

```
from rectangle import girth                    #导入模块的 girth()
area(9,5)                                      #调用了 area()
```

（4）执行 test.py 文件会抛出异常，如下：

```
Traceback (most recent call last):
    File "C:\Users\Administrator\Desktop\python.py", line 2, in <module>
        area(9,5)
NameError: name 'area' is not defined
```

错误信息表示函数 area()没有被指定。

2. 导入模块全部内容

如果导入模块中的全部内容，那么可以直接调用模块中所有的函数、变量、类等。

【实例 17-7】下面演示导入模块中定义的所有函数。

（1）导入模块全部函数，并直接调用全部函数，代码如下：

```
from rectangle import *                        #导入模块的全部函数
girth(12,6)                                    #调用 girth()
area(10,6)                                     #调用 area()
```

（2）执行 test.py 文件，结果如下：

```
矩形周长为： 36
矩形面积为： 60
```

输出信息表示，成功执行了计算周长函数和计算面积函数，并且给出了计算结果。

17.5　小　　结

本章首先对模块进行了简单的介绍；然后讲解了如何自定义模块，即自己开发一个模块；最后讲述了安装第三方模块和导入模块。通过本章的学习，程序员需要了解以下内容。

- ❑ 在安装 Python 时，pip 工具会被自动安装，内置模块也会被自动安装。
- ❑ 通过 Python 程序使用第三方模块时，需要使用 pip 工具安装第三方模块。
- ❑ 导入模块的方式有两种：第一种是使用 import；第二种是使用 from...import。使用第一种方式导入时，可以通过 as 设置别名；使用第二种方式导入时，可以导入特定的函数，也可以导入全部内容。使用时，直接使用函数即可。

17.6　习　　题

一、选择题

现有一个模块 Game.py，下面导入模块方法不正确的是（　　　）。

A．import Game.py　　　　　　　　B．import Game

C．import Game as G　　　　　　　D．from Game import *

二、填空题

安装第三方模块，_____是常用的安装工具。

第3篇 应用技术

第 18 章 图 形 绘 制

Python 提供了一个标准库 turtle 库，它能够进行基本的图形绘制。turtle 图形绘制的概念诞生于 1969 年，并应用于 LOGO 编程语言中。后来 Python 将 turtle 库加入到了其内部库中，并使之成为了标准库之一。

本章要求

- ❑ 掌握画笔的控制，如抬起/落下、设置画笔粗细、颜色
- ❑ 掌握海龟的绘制，如知道海龟的位置、朝向
- ❑ 学会一些绘制功能，如绘制空心圆、实心圆、为图形填充颜色

18.1 turtle 概述

turtle 库绘制图形有一个基本的框架：它就像一个小海龟，在一个横轴为 x、纵轴为 y 的坐标系中爬行，其爬行轨迹形成了绘制图形。对于小海龟来说，有"前进""后退""旋转"等爬行动作；对于坐标系来说，通过"x 轴方向""y 轴方向""坐标方向""角度朝向"等来决定爬行朝向。turtle 库提供了若干个函数用于控制海龟的爬行动作，从而绘制图形。常用的函数及含义如表 18-1 所示。

表 18-1 常用的函数及含义

函 数	含 义
setup()	设置主窗口的大小和位置
screensize()	设置画布大小
pendown()	画笔落下
penup()	画笔抬起
pensize()	设置画笔粗细
pen()	设置画笔
isdown()	判断画笔是否落下
color()	返回或设置画笔颜色和填充颜色
pencolor()	返回或设置画笔颜色
fillcolor()	返回或设置填充颜色
filling()	返回填充状态，填充返回 True，否则返回 False
begin_fill()	开始填充

续表

函　　数	含　　义
end_fill()	结束填充
reset()	从屏幕中删除海龟的绘图，海龟回到原点并设置所有变量为默认值
clear()	从屏幕中删除指定海龟的绘图。不移动海龟。海龟的状态和位置和其他海龟的绘图不受影响
write()	输出字体的字符串
forward()	前进
backward()	后退
right()	右转
left()	左转
goto(x,y)	海龟移动到一个绝对坐标。如果画笔已落下则会画线。不改变海龟的朝向
setx()	设置横轴坐标
sety()	设置纵轴坐标
setheading()	置朝向
home()	返回原点
circle()	画圆
dot()	画点
stamp()	在海龟当前位置印制一个海龟形状。返回该印章的 stamp_id
clearstamp()	清除印章
clearstamps()	清除多个印章
undo()	撤销最近的一个海龟动作
speed()	设置海龟移动的速度
degrees()	设置角度的度量单位，即设置一圈的度数。默认值为一个圆周，即 360°
radians()	设置角度的度量单位为弧度
position()	返回海龟当前的坐标
towards(x,y)	目标方向，海龟初始朝向和坐标(x,y)之间连线的夹角，矢量或另一海龟对应位置的连线的夹角
xcor()	返回海龟的横轴坐标
ycor()	返回海龟的纵轴坐标
heading()	返回海龟当前的朝向
distance(x,y)	返回当前海龟位置到坐标(x,y)的距离，矢量或另一海龟对应位置的单位距离
showturtle()	显示海龟
hideturtle()	隐藏海龟
isvisible()	如果海龟显示则返回 True，如果海龟隐藏则返回 False
shape(name)	设置海龟形状为 name 指定的形状名，如果未指定形状名则返回当前的形状名
resizemode()	设置大小调整模式
shearfactor()	剪切因子
settiltangle(angle)	设置倾角，旋转海龟形状使其指向 angle 指定的方向，忽略其当前的倾角，不改变海龟的朝向
tiltangle(angle)	设置或返回当前的倾角
shapetransform()	设置或返回海龟形状的当前变形矩阵
get_shapepoly()	获取形状多边形

18.2 主窗口与画布

画布是指绘图区域，它通过主窗口展现出来，而主窗口在屏幕中会按一定比例或位置进行显示。在 turtle 库中，主窗口是一个标题为 Python Turtle Graphics 的界面，如图 18.1 所示。

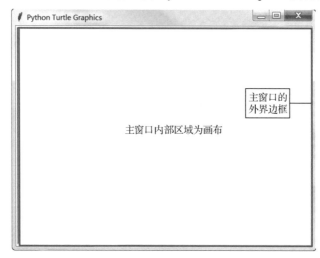

图 18.1 主窗口与画布

turtle 库提供了主窗口和画布控制的相关函数，可以用来设置主窗口大小、位置，以及画布大小。

1. 设置主窗口大小和位置

设置主窗口大小和位置，需要使用 turtle.setup()。其语法格式如下：

```
turtle.setup(width,height,startx,starty)
```

语法中各参数含义如下。

- ❑ width：窗口宽度。如果该值是一个整数，则表示像素值；如果该值是一个浮点数值，则表示窗口宽度与屏幕的比例，默认为屏幕的 50%。
- ❑ height：窗口高度。如果该值是一个整数，则表示像素值；如果该值是一个浮点数值，则表示窗口高度与屏幕的比例，默认为屏幕的 75%。
- ❑ startx：窗口左侧与屏幕左、右边缘的像素距离。如果该值为正值，则表示与屏幕左边缘的像素距离；如果该值为负值，则表示与屏幕右边缘的像素距离；如果该值为 None，则表示窗口水平居中。
- ❑ starty：窗口顶部与屏幕上、下边缘的像素距离。如果该值为正值，则表示与屏幕上边缘的像素距离；如果该值为负值，则表示与屏幕下边缘的像素距离；如果该值为 None，则表示窗口垂直居中。

上述各参数与屏幕之间的关系如图 18.2 所示。

【实例 18-1】将窗口位置设置为距离左边缘、上边缘各 200 像素，窗口宽和高分别设置为 300 像素和 500 像素，代码如下：

```
>>> import turtle
>>> turtle.setup(width=300, height=500, startx=200, starty=200)
```

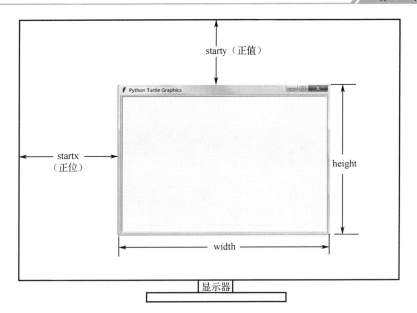

图 18.2　各参数与屏幕之间的关系

代码执行结果如图 18.3 所示。

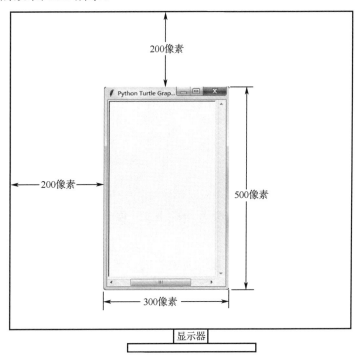

图 18.3　代码执行结果

2. 设置画布大小/背景颜色

默认情况下，画布大小是固定的，它不会随主窗口大小的改变而改变，要改变画布大小需要进行设置。用户可以通过 turtle.screensize()设置和显示画布大小，并设置背景颜色。其语法格式如下：

```
turtle.screensize(canvwidth, canvheight, bg)
```

语法中各参数含义如下。

- ❑ canvwidth：画布宽度，默认为主窗口宽度，单位为像素。
- ❑ canvheight：画布高度，默认为主窗口高度，单位为像素。
- ❑ bg：画布背景颜色，为颜色字符串，如"red"。

【实例 18-2】设置并显示画布大小。

```
>>> turtle.setup(width=500, height=400)        #设置主窗口大小
>>> turtle.screensize()                         #显示画布大小
(400, 300)
>>> turtle.screensize(800,600)                  #设置画布大小
>>> turtle.screensize()                         #显示画布大小
(800, 600)
```

第一行代码用来设置主窗口大小，执行结果如图 18.4 所示。第二行代码用来显示当前画布大小。第三行代码为执行结果，默认画布宽为 400 像素，高为 300 像素。第四行代码用来设置画布大小。此时主窗口大小没有发生变化，但是画布在主窗口中出现了隐藏区域，需要拖动滚动条才能显示该区域，如图 18.5 所示。因为画布大小由原来的(400,300)变为了(800,600)。第五行代码再次显示当前画布大小。第六行代码为执行结果。

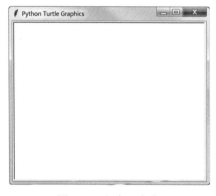

图 18.4　主窗口大小

图 18.5　设置画布大小后的主窗口

18.3　画　　笔

在日常生活中，要完成一次绘画，除了拥有画布，还需要选择一根画笔。我们需要对画笔的颜色、粗细等进行选择。在 turtle 库中，将海龟看作画笔。该库提供了画笔控制的相关函数。本节将详细讲解如何设置画笔。

18.3.1　画笔状态

通过画笔绘画时，当画笔在画布上时，属于落下状态，在该状态下通过移动画笔才能绘制图形。当画笔不在画布上时，属于抬起状态，在该状态下不会绘制图形。因此，在绘制图形前，需要判断画笔的状态，可以通过设置来决定画笔状态。判断画笔状态，可以使用 turtle.isdown()。其语法格式如下：

```
turtle.isdown()
```

在代码中直接使用该函数即可。如果画笔处于落下状态，则返回 True；如果处于抬起状

态，则返回 False。

将画笔设置为落下状态，需要使用 turtle.pendown()。其语法格式如下：

```
turtle.pendown()
```

在代码中直接使用该函数即可。

将画笔设置为抬起状态，需要使用 turtle.penup()。其语法格式如下：

```
turtle.penup()
```

在代码中直接使用该函数即可。

【实例 18-3】查看并设置画笔状态，代码如下：

```
>>> turtle.isdown()                    #查看画笔状态
False
>>> turtle.pendown()                   #落下画笔
>>> turtle.isdown()                    #查看画笔状态
True
>>> turtle.penup()                     #抬起画笔
>>> turtle.isdown()                    #查看画笔状态
False
```

18.3.2　绘制状态

绘制状态是指使用画笔绘制图形时，按指定宽度画出线条，而决定线条宽度的是画笔的粗细，使用 turtle.pensize()可以设置画笔的粗细。其语法格式如下：

```
turtle.pensize(width)
```

其中，width 表示画笔粗细，是一个整数值，默认值为 1。如果不指定 width，则返回当前画笔的粗细。

【实例 18-4】显示并设置画笔的粗细，代码如下：

```
>>> turtle.pensize()                   #显示画笔粗细
1
>>> turtle.pensize(3.5)                #设置画笔粗细
>>> turtle.pensize()                   #再次显示画笔粗细
3.5
```

18.3.3　画笔颜色

使用不同颜色的画笔，可以画出多彩的图形。turtle 库提供了相关函数来设置画笔的颜色。

1. 颜色表示方式

在 turtle 库中，画笔颜色的表示方式有以下两种。

第一种，使用 RGB 颜色来表示。常用的 RGB 颜色对照表如表 18-2 所示。

表 18-2　常用的RGB颜色对照表

颜　　色	RGB 整数区间值	RGB 小数区间值
白色	255,255,255	1,1,1
象牙色	255,255,240	1,1,0.94

颜　　色	RGB 整数区间值	RGB 小数区间值
黄色	255,255,0	1,1,0
海贝色	255,245,238	1,0.96,0.93
橘黄色	255,228,196	1,0.89,0.77
金色	255,215,0	1,0.84,0
粉红色	255,192,203	1,0.75,0.80
亮粉红色	255,182,193	1,0.71,0.76
橙色	255,165,0	1,0.65,0
珊瑚色	255,127,80	1,0.50,0.31
番茄色	255,99,71	1,0.39,0.28
洋红色	255,0,255	1,0,1
小麦色	245,222,179	0.96,0.87,0.70
紫罗兰	238,130,238	0.93,0.51,0.93
银白色	192,192,192	0.75,0.75,0.75
棕色	165,42,42	0.65,0.16,0.16
灰色	128,128,128	0.5,0.5,0.5
橄榄色	128,128,0	0.5,0.5,0
紫色	128,0,128	0.5,0,0.5
绿宝石色	64,224,208	0.25,0.88,0.82
海洋绿色	46,139,87	0.18,0.55,0.34
青色	0,255,255	0,1,1
纯绿色	0,128,0	0,0.5,0
纯蓝色	0,0,255	0,0,1
深蓝色	0,0,139	0,0,0.55
海军蓝色	0,0,128	0,0,0.5
纯黑色	0,0,0	0,0,0

第二种，使用 Tk 颜色描述字符串来表示。常用的 Tk 颜色对照表如表 18-3 所示。

表 18-3　常用的 Tk 颜色对照表

颜色中文名称	颜色描述字符串	十六进制数形式
白色	white	#FFFFFF
象牙色	lvory	#FFFFF0
黄色	yellow	#FFFF00
海贝色	seashell	#FFF5EE
橘黄色	bisque	#FFE4C4
金色	gold	#FFD700
粉红色	pink	#FFC0CB

颜色中文名称	颜色描述字符串	十六进制数形式
亮粉红色	lightpink	#FFB6C1
橙色	orange	#FFA500
珊瑚色	coral	#FF7F50
番茄色	tomato	#FF6347
洋红色	magenta	#FF00FF
小麦色	wheat	#F5DEB3
紫罗兰	violet	#EE82EE
银白色	silver	#C0C0C0
棕色	brown	#A52A2A
灰色	gray	#808080
橄榄色	olive	#808000
紫色	purple	#800080
绿宝石色	turquoise	#40E0D0
海洋绿色	seagreen	#2E8B57
青色	cyan	#00FFFF
纯绿色	green	#008000
纯蓝色	blue	#0000FF
深蓝色	darkblue	#00008B
海军蓝色	navy	#000080
纯黑色	black	#000000

2. 设置画笔的绘制颜色

绘制颜色包括画笔颜色和填充颜色。下面介绍如何设置和显示绘制颜色。

（1）设置/显示画笔颜色

设置/显示画笔颜色需要使用 turtle.pencolor()。其语法格式如下：

```
turtle.pencolor(*args)
```

其中，*args 表示参数。如果不指定参数，则返回当前画笔颜色的 Tk 颜色描述字符串或元组。默认为 black；如果指定参数，则它有以下 3 种格式。

❑ pencolor(colorstring)：Tk 颜色描述字符串，如 blue 或#0000FF。

❑ pencolor((r, g, b))：RGB 元组，如(0,0,1)。

❑ pencolor(r, g, b)：RGB 数值，如 0,0,1。

【实例 18-5】 设置画笔颜色为蓝色，代码如下：

```
>>> turtle.pencolor()                    #显示画笔颜色
'black'
>>> turtle.pencolor("blue")              #通过 Tk 颜色描述字符串，设置为蓝色
>>> turtle.pencolor()                    #显示画笔颜色，为 Tk 颜色描述字符串
'blue'
>>> turtle.pencolor("#0000FF")           #通过 Tk 颜色描述字符串，设置为蓝色
```

```
>>> turtle.pencolor()                    #显示画笔颜色，为 Tk 颜色描述字符串
(0.0, 0.0, 1.0)
>>> turtle.pencolor(0,0,1)               #通过 RGB 元组，设置为蓝色
>>> turtle.pencolor()                    #显示画笔颜色，为 RGB 元组
(0.0, 0.0, 1.0)
>>> turtle.pencolor((0,0,1))             #通过 RGB 数值，设置为蓝色
>>> turtle.pencolor()                    #显示画笔颜色，为 RGB 元组
(0.0, 0.0, 1.0)
```

（2）获取/设置画笔的绘制颜色

使用 turtle.color()，可以获取/设置画笔的绘制颜色。其语法格式如下：

```
turtle.color(args1, args2)
```

其中，参数 args1 表示画笔颜色，参数 args2 表示填充颜色。如果不指定参数，则同时获取画笔颜色和填充颜色。

【实例 18-6】获取并设置画笔的绘制颜色，代码如下：

```
>>> turtle.color()
('black', 'black')
>>> turtle.color("red","blue")           #通过 turtle.color()，设置绘制颜色
>>> turtle.color()
('red', 'blue')
>>> turtle.pencolor("green")             #通过 turtle.pencolor()，只设置画笔颜色
>>> turtle.color()
('green', 'blue')
```

代码中，turtle.color()用来获取绘制颜色。在返回的结果中，第一个 black 表示画笔颜色，是由 turtle.pencolor()返回的；第二个 black 表示填充颜色，是由 turtle.fillcolor()返回的。

3. 设置/显示 RGB 颜色模式

当使用 turtle.pencolor()按照 RGB 格式设置画笔颜色时，由于该格式的 RGB 区间值分为小数和整数，因此还需要使用 turtle.colormode()来指定颜色模式。其语法格式如下：

```
turtle.colormode(cmode)
```

其中，cmode 表示颜色模式。取值为 1 或 255。当取值为 1，使用 RGB 格式指定颜色时，需要使用小数区间的 RGB 值；当取值为 255 时，需要使用整数区间的 RGB 值。默认值为 1。

【实例 18-7】显示并设置 RGB 颜色模式，代码如下：

```
>>> turtle.colormode()                   #显示当前颜色模式
1.0
>>> turtle.pencolor(0.5,0.5,0.5)         #设置画笔颜色，这里为 RGB 小数区间(0.5,0.5,0.5)
>>> turtle.colormode(255)                #设置颜色模式为 255
>>> turtle.colormode()
255
>>> turtle.pencolor(128,128,128)         #设置画笔颜色，这里为 RGB 整数区间(128,128,128)
```

代码中，当颜色模式为 1.0 时，在使用 turtle.pencolor()设置画笔颜色时，使用的参数必须为 RGB 小数区间值；当颜色模式为 255 时，使用的参数必须为 RGB 整数区间值。否则会出现错误信息，如下：

```
>>> turtle.colormode()                   #颜色模式为 1.0
1.0
>>> turtle.pencolor(128,128,128)         #使用 RGB 整数区间值，将出现错误
```

Traceback (most recent call last):

　　　　· · · · · ·

turtle.TurtleGraphicsError: **bad color sequence: (128, 128, 128)**

18.3.4　填充图形

在绘制图形时，如果绘制的图形区域需要设置颜色，则可以通过填充的方式进行。turtle 库提供了相关函数。

1. 设置/显示填充颜色

可以使用 turtle.fillcolor()设置/显示填充颜色。其语法格式如下：

turtle.fillcolor(*args)

其中，参数*args 表示填充颜色，可以为 Tk 颜色描述字符串、RGB 元组或 RGB 数值。如果不指定*args，则默认填充颜色为 black。

2. 设置开始填充

在绘制要填充的图形之前，需要将其设置为开始填充。设置开始填充，需要使用 turtle.begin_fill()。其语法格式如下：

turtle.begin_fill()

它可以在代码中直接使用。

3. 设置结束填充

当绘制图形结束后，还需要结束填充。只有结束填充后，才会真正地进行填充。设置结束填充，需要使用 turtle.end_fill()。其语法格式如下：

turtle.end_fill()

它可以在代码中直接使用。

4. 判断填充状态

当填充状态为 True 时，能够进行填充；当填充状态为 False 时，不能够进行填充。要判断是否能够进行填充，可以使用 turtle.filling()判断填充状态。其语法格式如下：

turtle.filling()

在代码中直接使用，用来返回填充状态 True 或 False。

【实例 18-8】下面演示为绘制的图形设置填充颜色，代码如下：

```
>>> turtle.fillcolor()                    #显示默认填充颜色
'black'
>>> turtle.fillcolor("red")               #修改填充颜色为红色
>>> turtle.fillcolor()
'red'
>>> turtle.filling()                      #判断填充状态
False
>>> turtle.begin_fill()                   #设置开始填充
>>> turtle.filling()
True
>>> turtle.circle(100)                    #绘制图形
```

```
>>> turtle.end_fill()                                #结束填充
```

代码中，设置的填充颜色为红色，绘制的是一个圆形。代码执行后会将圆形填充为红色，如图 18.6 所示。

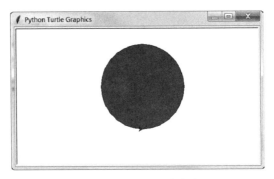

图 18.6　为图形填充颜色

18.3.5　汇总设置

上面讲述了使用各种函数对画笔进行设置。例如，使用 turtle.pensize()设置画笔粗细，使用 turtle.pencolor()设置画笔颜色等。为了方便用户一次性地设置这些参数。turtle 库提供了汇总设置，当不再需要这些设置时，可以重置它们。

1.　一次性设置画笔

使用 turtle.pen()可以一次性设置画笔。其语法格式如下：

```
turtle.pen(<参数名 1>=值, <参数名 2>=值, …)
```

在语法中，参数名 1、参数名 2 为设置画笔使用的函数，如 pensize、pencolor；值为字符串形式。

【实例 18-9】在上述实例的基础上，使用一次性设置画笔功能，为图形设置填充颜色，代码如下：

```
>>> turtle.pen(pendown="True",pensize=5,pencolor="red",fillcolor="blue")
>>> turtle.begin_fill()
>>> turtle.circle(100)
>>> turtle.end_fill()
```

代码的第一行共设置了 4 项，分别为落下画笔，画笔粗细为 5，画笔颜色为红色，填充颜色为蓝色。这里使用了少量的代码即可完成图形绘制，绘制的图形如图 18.7 所示。

图 18.7　绘制的图形

2. 重置画笔

在画布中绘制图形以后，如果想清除这些图形，可以使用 turtle.reset()重置画笔，重置后对画笔的所有设置都变为默认值，并且会删除画布中的所有图形。其语法格式如下：

```
turtle.reset()
```

它可以在代码中直接使用。

18.4　海　龟　动　作

海龟在画布中通过移动留下的轨迹形成图形。那么，海龟运动就要有一定的方向。为了能够容易地规定海龟运动的方向，turtle 库通过坐标或朝向控制海龟运动的轨迹。这样海龟根据这些规定的方向移动绘制图形。本节将详细讲解如何设置海龟的运动轨迹绘制图形。

18.4.1　海龟位置

由于绘制图形是通过海龟进行的，所以海龟位置决定了绘制图形的位置。在 turtle 库中，海龟位置是通过坐标来定义的。默认的海龟位置处在坐标原点(0,0)，如图 18.8 所示。图中的 x 轴和 y 轴是笔者给出的，其目的是方便说明海龟位置。

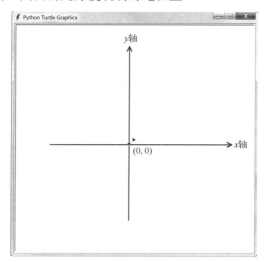

图 18.8　默认的海龟位置

在海龟处于落下状态后，海龟处在什么位置就从该位置开始绘制图形。因此，海龟位置至关重要。在绘制图形之前，需要设置海龟位置。turtle 库提供了相关函数。

1. 设置海龟位置

海龟位置是由坐标决定的。因此，可以通过设置海龟横坐标或纵坐标，决定海龟位置。

（1）设置海龟横坐标。

设置海龟横坐标，纵坐标将保持不变，需要使用 turtle.setx()进行设置。其语法格式如下：

```
turtle.setx(x)
```

其中，x 表示横坐标，可以为整数，也可以为浮点数。

（2）设置海龟纵坐标。

设置海龟纵坐标，横坐标将保持不变。需要使用 turtle.sety() 进行设置。其语法格式如下：

turtle.sety(y)

其中，y 表示纵坐标，可以为整数，也可以为浮点数。

【实例 18-10】下面演示通过多次设置，改变海龟位置，代码如下：

```
>>> turtle.penup()
>>> turtle.setx(100)
>>> turtle.sety(100)
>>> turtle.setx(200)
>>> turtle.sety(-100)
```

第二行代码通过横坐标设置海龟位置，如图 18.9 所示。从图中可以看到，海龟位置由默认原点位置(0,0)到了(100,0)。

第三行代码再次设置海龟位置，通过纵坐标进行设置，如图 18.10 所示。从图中可以看到，海龟位置由之前的(100,0)，到了(100,100)。横坐标保持不变。

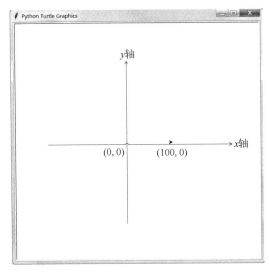

图 18.9　第二行代码海龟位置

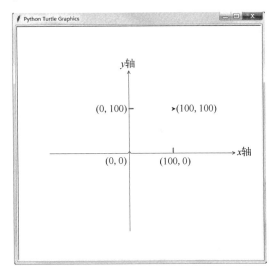

图 18.10　第三行代码海龟位置

第四行代码通过横坐标设置海龟位置，如图 18.11 所示。从图中可以看到，海龟位置由之前的(100,100)，到了(200,100)。纵坐标保持不变。

第五行代码通过纵坐标设置海龟位置，如图 18.12 所示。从图中可以看到，海龟位置由之前的(200,100)，到了(200,-100)。横坐标保持不变。

2. 获取海龟位置

如果不知道海龟位置，还可以获取海龟位置。

（1）获取海龟位置的横坐标。

使用 turtle.xcor() 获取海龟位置的横坐标。其语法格式如下：

turtle.xcor()

它可以在代码中直接使用。

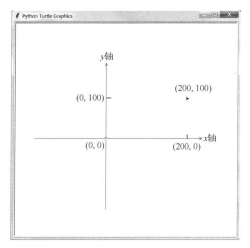

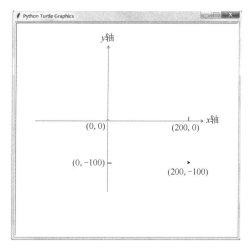

图 18.11　第四行代码海龟位置　　　　　图 18.12　第五行代码海龟位置

（2）获取海龟位置的纵坐标。

使用 turtle.ycor()获取海龟位置的纵坐标。其语法格式如下：

turtle.ycor()

它可以在代码中直接使用。

（3）获取海龟当前坐标。

使用 turtle.position()获取海龟当前坐标。其语法格式如下：

turtle.position()

它可以在代码中直接使用。

【实例 18-11】获取海龟位置，代码如下：

```
>>> turtle.setx(300)
>>> turtle.sety(-200)
>>> turtle.xcor()                      #获取海龟横坐标
300
>>> turtle.ycor()                      #获取海龟纵坐标
-200
>>> turtle.position()                  #获取海龟坐标
(300.00,-200.00)
```

18.4.2　海龟朝向

海龟朝向是指海龟头部的方向。有了朝向，在绘制图形时，就可以控制海龟的移动方向为朝向了。这样，可以使海龟沿着朝向进行移动绘制图形。turtle 库提供了相关函数，用来设置海龟的朝向。

1．基本设置

turtle 库提供了海龟模式，用来设置海龟的朝向。这是一个最基本的设置，所有的朝向设置都是基于该设置的。使用 turtle.mode()，设置海龟模式。其语法格式如下：

turtle.mode(mode)

其中，参数 mode 表示海龟模式。模式为 standard 或 logo。默认为 standard 模式。如果不指定参数，则获取当前的海龟模式。

如果海龟模式为 standard，则海龟的朝向为朝右（东），如图 18.13 所示。当设置海龟朝向时，它将以逆时针方向进行旋转。

如果海龟模式为 logo，则海龟的朝向为朝上（北），如图 18.14 所示。当设置海龟朝向时，它将以顺时针方向进行旋转。

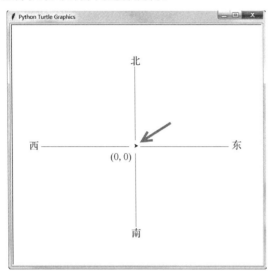

图 18.13　standard 模式的海龟朝向　　　　图 18.14　logo 模式的海龟朝向

2. 设置海龟朝向

确定了海龟模式以后，就可以通过其他方式来改变海龟朝向了。下面介绍设置海龟朝向需要使用的函数。

（1）指定绝对角度设置海龟朝向。

绝对角度是指以海龟模式下的海龟朝向为基准，按照方向旋转指定的角度，需要使用 turtle.setheading() 指定绝对角度。其语法格式如下：

```
turtle.setheading(to_angle)
```

其中，to_angle 表示要旋转的角度，可以为整数，也可以为浮点数。

【实例 18-12】在不同海龟模式下，指定角度设置海龟朝向，查看海龟朝向的区别，代码如下：

```
>>> turtle.mode('standard')
>>> turtle.setheading(60)
>>> turtle.setheading(120)
>>> turtle.mode('logo')
>>> turtle.setheading(60)
>>> turtle.setheading(120)
```

第一行代码将海龟模式设置为 standard。

第二行代码表示在 standard 模式下，将海龟朝向逆时针旋转 60°，如图 18.15 所示。从图中可以看到，海龟朝向相对于默认水平向东的方向，逆时针旋转了 60°。

第三行代码表示在 standard 模式下，将海龟朝向逆时针旋转 120°，如图 18.16 所示。从图中可以看到，海龟朝向仍然相对于默认水平向东的方向，逆时针旋转了 120°。

第四行代码将海龟模式设置为 logo。

第五行代码表示在 logo 模式下，将海龟朝向顺时针旋转 60°，如图 18.17 所示。从图中可以看到，海龟朝向相对于默认垂直向北的方向，顺时针旋转了 60°。

第五行代码表示在 logo 模式下，将海龟朝向顺时针旋转 120°，如图 18.18 所示。从图中可以看到，海龟朝向仍然相对于默认垂直向北的方向，顺时针旋转了 120°。

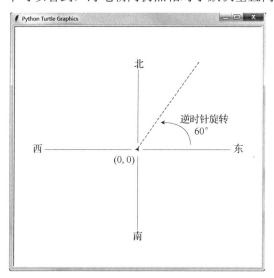

图 18.15　standard 模式下设置 60° 海龟朝向

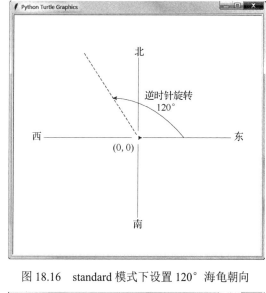

图 18.16　standard 模式下设置 120° 海龟朝向

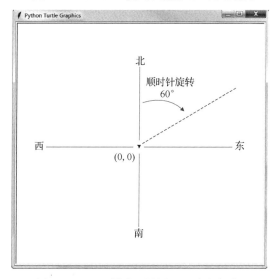

图 18.17　logo 模式下设置 60° 海龟朝向

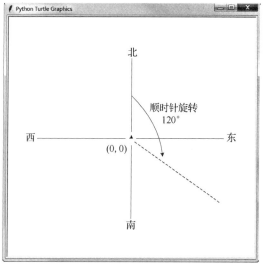

图 18.18　logo 模式下设置 120° 海龟朝向

（2）指定相对角度设置海龟朝向。

相对角度是指以当前的海龟朝向为基准，按照向左或向右的方向旋转指定的角度。向左旋转指定的角度，需要使用 turtle.left()。其语法格式如下：

```
turtle.left(angle)
```

其中，angle 表示要旋转的角度，可以为整数，也可以为浮点数。

向右旋转指定的角度，需要使用 turtle.right()。其语法格式如下：

```
turtle.right(angle)
```

其中，angle 表示要旋转的角度，可以为整数，也可以为浮点数。

【实例 18-13】 当前海龟朝向如图 18.19 所示，指定相对角度重新设置海龟朝向，代码如下：

```
>>> turtle.left(80)
>>> turtle.right(100)
```

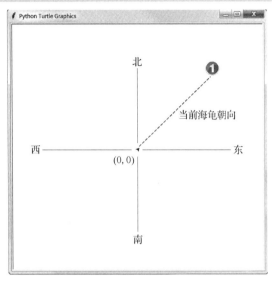

图 18.19　当前海龟朝向

当前海龟朝向为方向 1。第一行代码将海龟朝向向左旋转 80°，海龟朝向如图 18.20 所示。从图中可以看到，海龟朝向从方向 1 开始，向左旋转 80° 到了方向 2。

第二行代码将海龟朝向向右旋转 100°，海龟朝向如图 18.21 所示。从图中可以看到，海龟朝向从方向 2 开始，向右旋转 100° 到了方向 3。

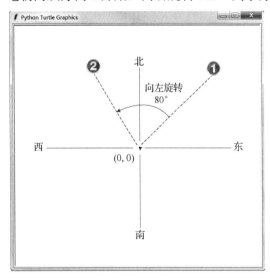

图 18.20　向左旋转 80°　　　　　　　图 18.21　向右旋转 100°

3. 基于当前海龟朝向获取角度值

在 standard 和 logo 模式中，海龟的初始朝向是固定的。通过重新设置海龟朝向后，海龟朝向将发生变化，有了新的海龟朝向，即属于当前海龟朝向。turtle 库提供了计算初始海龟朝向和当前海龟朝向之间角度值的功能，需要使用 turtle.heading()。其语法格式如下：

```
turtle.heading()
```

它可以在代码中直接使用。

【实例 18-14】下面演示不同的海龟模式下，设置海龟朝向后，计算角度值。

（1）logo 模式计算角度值，代码如下：

```
>>> turtle.mode('logo')
>>> turtle.right(50)
>>> turtle.heading()
50.0
```

代码中，海龟朝向向右旋转了 50°，计算的值为 50.0，表示角度值为 50°。该角度为海龟的初始朝向，按顺时针方向与当前朝向之间的夹角，如图 18.22 所示。

（2）standard 模式计算角度值，代码如下：

```
>>> turtle.mode('standard')
>>> turtle.right(50)
>>> turtle.heading()
310.0
```

代码中，海龟朝向同样向右旋转了 50°，计算的值为 310.0，表示角度值为 310°。该角度为海龟的初始朝向，按逆时针方向与当前朝向之间的夹角，如图 18.23 所示。

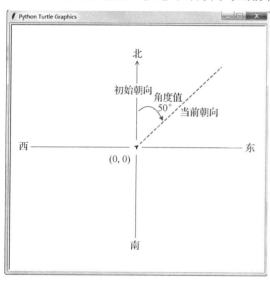

图 18.22　logo 模式的角度值

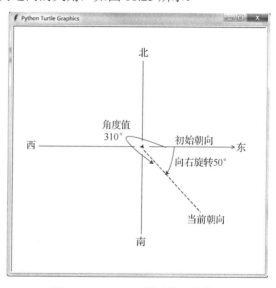

图 18.23　standard 模式的角度值

4. 基于坐标获取角度值

基于坐标获取角度值是指计算海龟初始朝向和坐标位置之间连线的夹角，需要使用 turtle.towards()。其语法格式如下：

```
turtle.towards(x,y)
```

其中，x 和 y 分别表示横轴和纵轴的坐标。

【实例 18-15】下面演示不同的海龟模式下，计算角度值。

（1）logo 模式计算角度值，代码如下：

```
>>> turtle.mode('logo')
>>> turtle.towards(20,10)
```

63.4349488229

代码中，63.4349488229 为计算的角度值。该角度值是海龟的初始朝向，按顺时针方向与坐标(20,10)（和原点连线）之间的夹角，如图 18.24 所示。

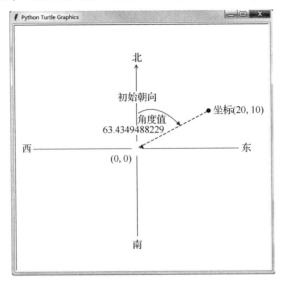

图 18.24　logo 模式的角度值

（2）standard 模式计算角度值，代码如下：

```
>>> turtle.mode('standard')
>>> turtle.towards(20,10)
26.5650511771
```

代码中，26.5650511771 为计算的角度值。该角度值是海龟的初始朝向，按逆时针方向与坐标(20,10)（和原点连线）的夹角，如图 18.25 所示。

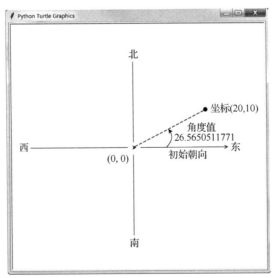

图 18.25　standard 模式的角度值

5. 设置角度度量单位

在指定角度设置海龟朝向时，默认情况，海龟旋转一周的角度为 360°，弧度为 2π。其中，360°是角度的度量单位，而弧度是固定不变的。turtle 库提供了设置角度度量单位功能，并且可以将角度转化为弧度。

（1）设置角度度量单位。

一个完整的圆，默认角度度量单位为 360°，使用 turtle.degrees()可以设置角度度量单位。其语法格式如下：

```
turtle.degrees(fullcircle)
```

其中，fullcircle 表示角度度量单位。

【实例 18-16】设置角度度量单位，然后设置海龟朝向，查看对海龟朝向的影响，代码如下：

```
>>> turtle.mode('standard')
>>> turtle.degrees(180)
>>> turtle.left(90)
```

第一行代码设置了 standard 模式。第二行代码设置了角度度量单位为 180°。第三行代码设置了海龟朝向，向左旋转 90°。代码执行结果如图 18.26 所示。从图中可以看到，海龟朝向为水平向左（西），而不是垂直向上（北）。因为一圈的角度设置为 180°，所以半圈的角度为 90°。

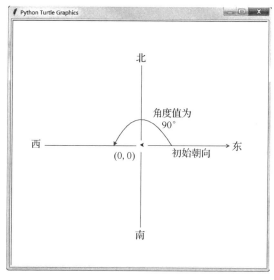

图 18.26　代码执行结果

（2）将角度转换为弧度。

一个完整圆的弧度是固定不变的，始终是 2π。通过 turtle.degrees()可以设置角度的度量单位，这会影响海龟朝向，因此角度对应的弧度也会发生变化。将角度转换为弧度需要使用 turtle.radians()。其语法格式如下：

```
turtle.radians()
```

它可以在代码中直接使用。

【实例 18-17】下面通过改变角度的度量单位，演示对弧度的影响，代码如下：

```
>>> turtle.mode('standard')
>>> turtle.degrees(180)              #设置角度度量单位为 180°
>>> turtle.setheading(90)            #旋转 90°
>>> turtle.radians()                 #将角度转换为弧度
>>> turtle.heading()                 #显示弧度
```

```
3.141592653589793
>>> turtle.degrees(720)                    #设置角度度量单位为 720°
>>> turtle.setheading(90)                  #旋转 90°
>>> turtle.radians()                       #将角度转换为弧度
>>> turtle.heading()                       #显示弧度
0.7853981633974483
```

在上半部分代码中，角度度量单位设置为 180° 后，海龟朝向旋转 90° ，对应的弧度为 3.141592653589793。该弧度是由 90/180×(2π)计算得出的，即半圈的弧度值，如图 18.27 所示。

在下半部分代码中，角度度量单位设置为 720° 后，海龟朝向同样旋转 90° ，对应的弧度为 0.7853981633974483。该弧度是由 90/720×(2π)计算得出的，即圆的 1/8 的弧度制，如图 18.28 所示。

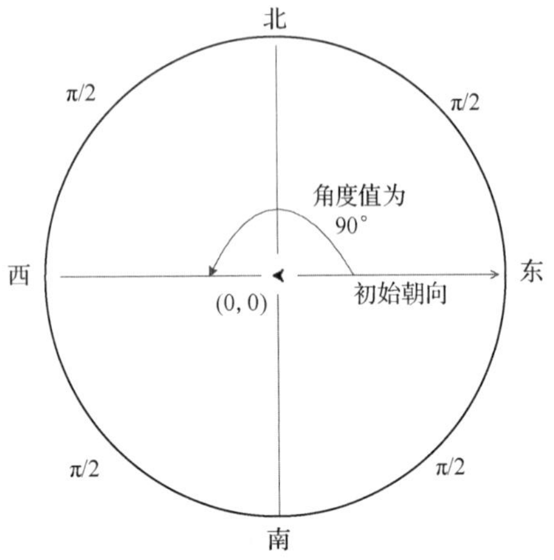

图 18.27　角度度量单位为 180° ，角度对应的弧度

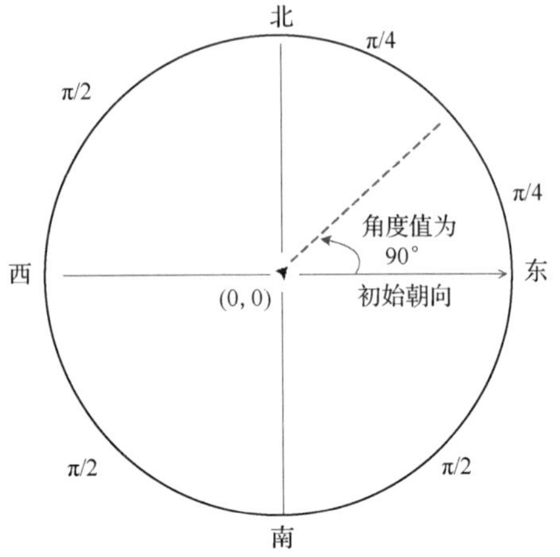

图 18.28　角度度量单位为 720° ，角度对应的弧度

18.4.3　移动海龟

使用海龟绘制图形需要移动海龟。移动海龟会留下轨迹，多个轨迹可以组合成图形。下面介绍如何移动海龟。

1. 基于现有海龟朝向移动

海龟有自己的朝向，用户可以基于现有海龟朝向来移动海龟。

（1）向海龟朝向移动指定的距离。

使用 turtle.forward()可以向海龟朝向移动指定的距离。其语法格式如下：

```
turtle.forward(distance)
```

其中，distance 表示要移动的距离，可以为整数，也可以为浮点数。

【实例 18-18】设置海龟朝向，并沿着该方向移动 100 个单位长度，代码如下：

```
>>> turtle.pendown()
>>> turtle.setheading(45)
>>> turtle.forward(100)
```

代码中，海龟朝向设置为 45° 。代码执行以后，将沿着该角度方向移动 100 个单位长度，并留下移动的轨迹，如图 18.29 所示。

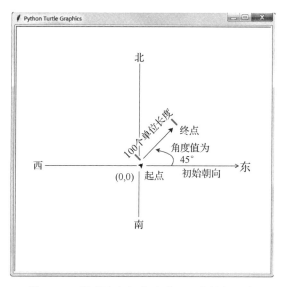

图 18.29　沿着海龟朝向移动 100 个单位长度

（2）向海龟朝向的反方向移动指定的距离。

使用 turtle.backward()可以沿着海龟朝向的反方向移动指定的距离，但是它不会改变海龟朝向。其语法格式如下：

turtle.backward(distance)

其中，distance 表示要移动的距离，可以为整数，也可以为浮点数。

【实例 18-19】设置海龟朝向，并沿着海龟朝向的反方向移动 100 个单位长度，代码如下：

```
>>> turtle.pendown()
>>> turtle.setheading(45)
>>> turtle.backward(100)
```

代码执行以后，海龟移动后留下的轨迹如图 18.30 所示。从图中可以看到，海龟的朝向并没有发生改变。

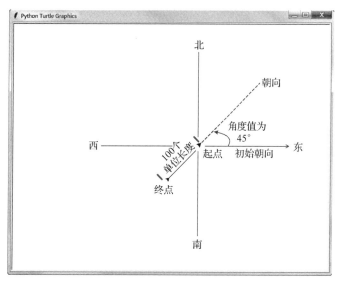

图 18.30　沿着海龟朝向的反方向移动 100 个单位长度

2. 基于坐标移动

用户可以根据坐标位置来移动海龟。

（1）移动到指定坐标位置。

使用 turtle.goto()可以将海龟从当前位置移动到指定的坐标位置，不会改变海龟朝向。其语法格式如下：

```
turtle.goto(x,y)
```

其中，x 和 y 分别表示横轴和纵轴的坐标，可以为整数，也可以为浮点数。

（2）移动到初始坐标位置。

移动到初始坐标位置是指将海龟从其他位置直接返回到坐标原点(0,0)，并将海龟朝向还原为初始朝向，需要使用 turtle.home()。其语法格式如下：

```
turtle.home()
```

它可以在代码中直接使用。

（3）计算海龟移动距离。

海龟移动距离是指移动海龟留下的轨迹长度，需要使用 turtle.distance()，它可以计算当前海龟位置到坐标之间的距离。其语法格式如下：

```
turtle.distance(x, y)
```

其中，x 和 y 分别表示横轴和纵轴的坐标。

【实例 18-20】下面演示基于坐标对海龟进行移动，代码如下：

```
>>> turtle.mode('standard')
>>> turtle.setheading(90)              #设置海龟朝向
>>> turtle.setx(100)                   #向横轴移动 100 个单位长度
>>> turtle.distance(100,100)           #计算海龟当前位置到坐标(100,100)之间的距离
100.0
>>> turtle.goto(100,100)               #将海龟移动到坐标(100,100)的位置
>>> turtle.distance(0,0)               #计算海龟当前位置到原点(0,0) 之间的距离
141.4213562373095
turtle.home()                          #将海龟返回到原点(0,0)位置
```

第二行代码设置海龟朝向为垂直向上。

第三行代码将海龟移动到横轴上 100 个单位长度的位置。

第四行代码计算海龟当前位置到坐标(100,100)之间的距离，得出距离为 100 个单位长度。

第六行代码将海龟移动到坐标(100,100)的位置，移动的轨迹就是计算的距离，如图 18.31 所示。从图中可以看到，海龟从当前位置(100,0)，垂直向上移动到了坐标(100,100)的位置，移动长度为 100。并且海龟朝向没有发生变化，为垂直向上。

第七行代码再次计算海龟当前位置到原点坐标(0, 0)之间的距离，得出距离为 141.4213562373095 个单位长度。

第九行代码将海龟返回原点(0,0)位置。如图 18.32 所示。从图中可以看到，海龟成功返回了原点位置，海龟移动的距离为 141.4213562373095 个单位长度。但是，海龟的朝向发生了变化，变为水平向右（standard 模式的初始朝向）。

3. 移动速度

海龟在移动时会有移动速度。用户可以根据需要设置海龟移动的速度，需要使用 turtle.speed()进行设置。其语法格式如下：

turtle.speed(speed)

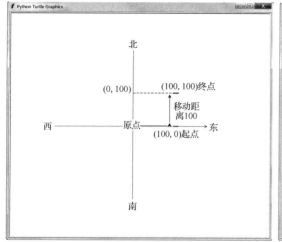

图 18.31　将海龟移动到坐标位置

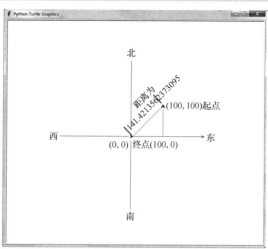

图 18.32　将海龟返回原点(0,0)位置

其中，speed 参数表示海龟移动的速度。如果没有指定参数，则返回当前的移动速度。speed 类型可以为 0～10 的整数或速度字符串。速度字符串与速度值的对应关系如表 18-4 所示。

表 18-4　速度字符串与速度值的对应关系

速度字符串	速度值	海龟移动速度效果
"fastest"	0	最快
"fast"	10	快
"normal"	6	正常
"slow"	3	慢
"slowest"	1	最慢

【实例 18-21】设置并显示海龟移动速度，代码如下：

```
>>> turtle.speed()
3
>>> turtle.speed(0)
>>> turtle.speed()
0
>>> turtle.speed("slow")
>>> turtle.speed()
3
```

18.4.4　绘制图形

通过 turtle 库可以绘制图形。大部分的图形是由圆、半圆、多边形或弧形构成的。本小节将介绍如何绘制这些图形。

1．绘制空心圆

绘制空心圆需要使用 turtle.circle()。其语法格式如下：

turtle.circle(radius, extent, steps)

语法中各参数的含义如下。

❑ radius：圆的半径。如果半径为正值，则按逆时针方向绘制圆；如果半径为负值，则按顺时针方向绘制圆。

❑ extent：一个夹角，用来决定绘制圆的一部分。如果未指定 extent 或指定为 None，则绘制整个圆；如果指定的 extent 不是完整圆度数 360°，则以当前海龟位置为起点绘制圆弧。

❑ steps：边的数量。如果不指定 steps 或指定为 None，则绘制一个圆。这是因为，圆实际上是以其内切正多边形来近似表示的。如果指定 steps，则可以绘制出正多边形。

【实例 18-22】下面演示通过 turtle.circle()绘制图形，代码如下：

```
>>> turtle.circle(100)
>>> turtle.circle(100,None,6)
>>> turtle.circle(80,180,None)
>>> turtle.circle(50,None,3)
>>> turtle.circle(80,180,None)
```

第一行代码用来绘制半径为 100 个单位长度的圆。如图 18.33 所示。由于绘制的是一个完整的圆，因此，海龟的起点和终点是同一个点。

第二行代码表示，在该圆中，以同样的半径绘制一个正六多边形，如图 18.34 所示。

第三行代码表示在该圆中，指定半径为 80 个单位长度，绘制夹角 180° 对应的圆弧，如图 18.35 所示。由于这不是一个完整的圆，所以海龟起点为原点(0,0)，终点为(0,160)。

第四行代码绘制半径为 50 个单位长度的正三角形，如图 18.36 所示。

第五行代码指定半径为 80 个单位长度，绘制夹角 180° 对应的圆弧。如图 18.37 所示。

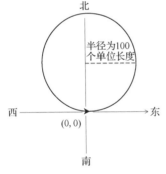

图 18.33　绘制半径为 100 个单位长度的圆

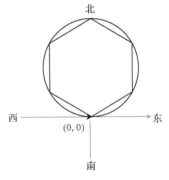

图 18.34　绘制正六边形

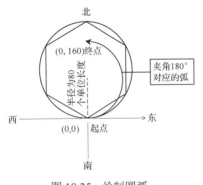

图 18.35　绘制圆弧

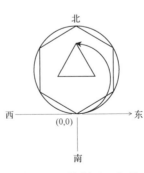

图 18.36　绘制正三角形

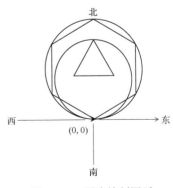

图 18.37　再次绘制圆弧

【实例 18-23】 下面演示如何绘制一个奥迪标志，代码如下：

```
>>> turtle.home()
>>> turtle.penup()
>>> turtle.goto(-120,-20)
>>> turtle.pendown()
>>> turtle.circle(60)

>>> turtle.penup()
>>> turtle.goto(-40,-20)
>>> turtle.pendown()
>>> turtle.circle(60)

>>> turtle.penup()
>>> turtle.goto(40,-20)
>>> turtle.pendown()
>>> turtle.circle(60)

>>> turtle.penup()
>>> turtle.goto(120,-20)
>>> turtle.pendown()
>>> turtle.circle(60)
```

执行代码后，绘制的奥迪标志如图 18.38 所示。

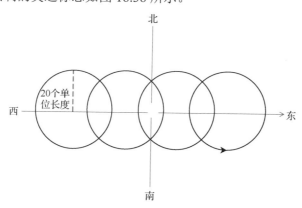

图 18.38　绘制的奥迪标志

【实例 18-24】 下面演示如何绘制一个奥运五环标记，代码如下：

```
>>> turtle.home()
>>> turtle.width(10)

>>> turtle.pencolor("black")
>>> turtle.circle(50)

>>> turtle.pencolor("blue")
>>> turtle.penup()
>>> turtle.goto(-120,0)
>>> turtle.pendown()
>>> turtle.circle(50)
```

```
>>> turtle.pencolor("red")
>>>turtle.penup()
>>> turtle.goto(120,0)
>>> turtle.pendown()
>>> turtle.circle(50)

>>> turtle.pencolor("yellow")
>>> turtle.penup()
>>> turtle.goto(-60,-50)
>>> turtle.pendown()
>>> turtle.circle(50)

>>> turtle.pencolor("green")
>>> turtle.penup()
>>> turtle.goto(60,-50)
>>> turtle.pendown()
>>> turtle.circle(50)
```

执行代码后，绘制的奥运五环标记如图 18.39 所示。

图 18.39　绘制的奥运五环标记

2. 绘制实心圆

绘制实心圆需要使用 turtle.dot()，它会绘制一个指定半径大小的圆点，并且可以为圆点设置颜色。其语法格式如下：

```
turtle.dot(size, *color)
```

其中，size 表示半径圆点大小，是一个整数；color 表示圆点的颜色，是一个 Tk 颜色描述字符串或 RGB 元组。

【实例 18-25】绘制一个半径为 30，颜色为紫色的圆点，代码如下：

```
>>> turtle.dot(30,"purple")
```

执行代码后，绘制的紫色圆点如图 18.40 所示。

图 18.40　绘制的紫色圆点

【**实例 18-26**】绘制一个简单的太极双鱼图，代码如下：

```
>>> turtle.home()
>>> turtle.penup()
>>> turtle.goto(0,100)
>>> turtle.pendown()
>>> turtle.begin_fill()
>>> turtle.circle(-50,180,None)
>>> turtle.circle(50,180,None)
>>> turtle.circle(100,180,None)
>>> turtle.end_fill()
>>> turtle.circle(100,180,None)
>>> turtle.penup()
>>> turtle.goto(0,-50)
>>> turtle.pendown()
>>> turtle.dot(20,"white")
>>> turtle.penup()
>>> turtle.goto(0,50)
>>> turtle.pendown()
>>> turtle.dot(10,"black")
```

执行代码后，绘制的太极双鱼图如图 18.41 所示。

图 18.41 绘制的太极双鱼图

18.4.5 绘制文本

在绘制图形时，有时需要在图形中加入文本信息。turtle 库提供了绘制文本信息的功能，需要使用 turtle.write()。其语法格式如下：

```
turtle.write(arg, move=False, align="left", font=(fontname, fontsize, fonttype))
```

语法中各参数含义如下。

❑ arg: 要绘制的文本信息字符串。

❑ move: 当值为 True 时，海龟会移动到文本的右下角。默认为 False。

❑ align: 文本的对齐方式，取值为字符串 left、center 或 right，分别为左对齐、居中、右对齐。

❑ font: 字体类型，是一个三元组，其中，fontname 表示字体名称，fontsize 表示字体大小，fonttype 表示字体类型，如加粗。

【**实例 18-27**】绘制一个平行四边形，并在图形内绘制文本信息，代码如下：

```
>>> turtle.home()
>>> turtle.goto(200,0)
>>> turtle.goto(240,60)
>>> turtle.goto(40,60)
>>> turtle.goto(0,0)
>>> turtle.penup()
>>> turtle.goto(100,0)
>>> turtle.pendown()
>>> turtle.write("这是一个平行四边形",align="center",font=("Arial",15,"bold"))
```

执行代码后，绘制的文本信息如图 18.42 所示。

图 18.42　绘制的文本信息

18.4.6　海龟印章

默认情况下，在移动海龟前，海龟会有一个位置。当对海龟移动一次或多次后，之前海龟停留的位置将不会看到海龟形状，只能在最后一次移动的位置看到海龟形状。为了能够使海龟在每次停留的位置都保留海龟形状，可以设置海龟印章。如果不需要海龟形状，则可以将其删除。

1. 设置海龟印章

使用 turtle.stamp() 设置海龟印章。其语法格式如下：

```
turtle.stamp()
```

它可以在代码中直接使用。在海龟当前位置印制一个海龟形状，返回该印章的 ID。

2. 删除一个海龟印章

如果不想留下哪个位置的海龟形状，可以根据海龟印章的 ID 进行删除，需要使用 turtle.clearstamp()。其语法格式如下：

```
turtle.clearstamp(stampid)
```

其中，stampid 表示海龟印章的 ID。

3. 批量删除海龟印章

通过 turtle.clearstamp() 只能逐个删除海龟印章，为了能够一次性删除多个海龟印章，需要使用 urtle.clearstamps()。其语法格式如下：

```
turtle.clearstamps(n)
```

其中，当 n 为 None 时，表示删除全部海龟印章。如果 n>0，则删除前 n 个印章；如果 n<0，则删除后 n 个印章。

【实例 18-28】设置海龟印章并删除海龟印章，代码如下：

```
>>> turtle.home()          #海龟起始位置
>>> turtle.stamp()         #设置印章，编号为 5
5
```

```
>>> turtle.goto(100,0)              #进行移动
>>> turtle.stamp()                  #设置印章,编号为 6
6
>>> turtle.goto(100,50)             #进行移动
>>> turtle.stamp()                  #设置印章,编号为 7
7
>>> turtle.goto(150,50)             #进行移动
>>> turtle.stamp()                  #设置印章,编号为 8
8
>>> turtle.goto(150,0)              #进行移动
>>> turtle.stamp()                  #设置印章,编号为 9
9
>>> turtle.goto(250,0)              #进行移动
>>> turtle.stamp()                  #设置印章,编号为 10
10
>>> turtle.goto(250,50)             #进行移动
>>> turtle.stamp()                  #设置印章,编号为 11
11
>>> turtle.goto(300,50)             #进行移动
>>> turtle.stamp()                  #设置印章,编号为 12
12
>>> turtle.goto(300,0)              #进行移动
>>> turtle.stamp()                  #设置印章,编号为 13
13
>>> turtle.goto(400,0)              #进行移动
```

代码表示,海龟在每次移动前,都必须设置海龟印章,给出印章编号。例如,海龟起始位置的印章编号为 5。在移动一次后,设置海龟印章,编号将依次增加 1。设置海龟印章如图 18.43 所示。

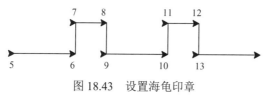

图 18.43　设置海龟印章

图中的数字为海龟印章编号,下面对海龟印章进行删除,代码如下:

```
>>> turtle.clearstamp(11)
>>> turtle.clearstamps(3)
```

第一行代码表示删除编号为 11 的海龟印章;第二行代码表示删除前 3 次的海龟印章。删除海龟印章如图 18.44 所示。

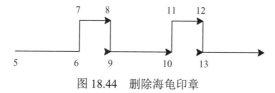

图 18.44　删除海龟印章

18.5 海 龟 状 态

海龟状态是指海龟在画布中如何显示，如是否在画布中显示，在画布中显示什么样的形状等。本节将介绍如何设置海龟状态。

18.5.1 可见性

默认情况下，海龟在画布中是可见的。用户可以根据需要设置海龟的可见性。

1. 显示海龟形状

使用 turtle.showturtle()可以显示海龟形状，使其在画布中可见。其语法格式如下：

```
turtle.showturtle()
```

它可以在代码中直接使用。

2. 隐藏海龟形状

使用 turtle.hideturtle()可以隐藏海龟形状，使其在画布中不可见。其语法格式如下：

```
turtle.hideturtle()
```

它可以在代码中直接使用。

3. 判断当前海龟形状是否可见

使用 turtle.isvisible()可以判断当前海龟形状是否可见。其语法格式如下：

```
turtle.isvisible()
```

它可以在代码中直接使用。如果海龟形状可见，则返回 True，如果海龟形状不可见，则返回 False。

【实例 18-29】判断并设置海龟可见性，代码如下：

```
>>> turtle.isvisible()              #判断可见性
True
>>> turtle.hideturtle()             #隐藏海龟形状
>>> turtle.isvisible()              #判断可见性
False
```

18.5.2 海龟外观

海龟外观是指海龟的形状。它决定海龟在画布中是如何显示的。turtle 库提供了设置海龟形状、改变海龟形状的函数。

1. 设置海龟为指定形状

海龟在画布中显示的形状可以通过设置进行改变，使用 turtle.shape()可以设置海龟为指定形状。其语法格式如下：

```
turtle.shape(name)
```

其中，name 表示要设置的海龟形状名，为字符串类型。如果不指定 name，则返回当前使用的海龟形状。turtle 库提供了以下几种海龟形状。

- ❏ arrow：箭头形状。
- ❏ turtle：海龟形状。
- ❏ circle：圆形。
- ❏ square：正方形。
- ❏ triangle：三角形。
- ❏ classic：典型形状，默认值。

【实例 18-30】查看并设置海龟形状，代码如下：

```
>>> turtle.shape()
'classic'
>>> turtle.shape("turtle")
>>> turtle.shape()
'turtle'
```

代码中将海龟形状从默认的 classic 改为 turtle，如图 18.45 所示。

图 18.45　将海龟形状设置为 turtle

2. 设置海龟大小模式

通过 turtle.shape()只能改变海龟的形状，而不能改变海龟的大小。如果想修改海龟的大小，需要使用 turtle.resizemode()。其语法格式如下：

```
turtle.resizemode(rmode)
```

其中，rmode 表示调整海龟大小可使用的模式，为字符串类型。使用不同的模式，调整海龟大小使用的方式不同，如下。

- ❏ auto：根据画笔粗细调整海龟大小。海龟大小会随着画笔粗细的增加而增加。
- ❏ user：根据拉伸因子和轮廓宽度值调整海龟大小。
- ❏ noresize：不调整海龟大小，默认参数。

【实例 18-31】下面演示如何设置海龟大小，代码如下：

```
>>> turtle.shape("turtle")
>>> turtle.resizemode()
'noresize'
>>> turtle.resizemode("auto")          #设置模式为 auto
>>> turtle.resizemode()
'auto'
>>> turtle.pensize()                   #查看当前画笔粗细
1
>>> turtle.stamp()                     #设置印章
5
>>> turtle.setx(150)                   #移动海龟
>>> turtle.pensize(5)                  #设置画笔粗细为 5
```

```
>>> turtle.stamp()                          #设置印章
7
>>> turtle.setx(300)                        #移动海龟
>>> turtle.pensize(8)                       #设置画笔粗细为 8
>>> turtle.stamp()                          #设置印章
9
>>> turtle.setx(450)
```

代码使用 auto 模式来调整海龟大小。根据画笔粗细调整海龟大小如图 18.46 所示。画笔粗细为 1 对应于印章编号为 5 的海龟大小；画笔粗细为 5 对应于印章编号为 7 的海龟大小；画笔粗细为 8 对应于印章编号为 9 的海龟大小。

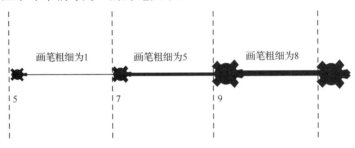

图 18.46　根据画笔粗细调整海龟大小

3. 通过拉伸调整海龟形状

通过 turtle.resizemode() 的 auto 模式可以改变海龟大小，这种改变方式是按比例对形状大小进行缩放。turtle 库还提供了通过拉伸的方式来调整海龟大小，需要在 user 模式下，使用 turtle.shapesize() 改变海龟形状。其语法格式如下：

turtle.shapesize(stretch_wid, stretch_len, outline)

语法中各参数为海龟形状大小属性值。如果不指定参数，则返回属性值。各参数含义如下。

❑ stretch_wid：改变海龟形状的宽度，为正数值。
❑ stretch_len：改变海龟形状的长度，为正数值。
❑ outline：轮廓宽度。

【实例 18-32】通过拉伸方式调整海龟形状，代码如下：

```
>>> turtle.shape("turtle")
>>> turtle.resizemode()
'noresize'
>>> turtle.resizemode("user")               #设置模式为 user
>>> turtle.resizemode()
'user'
>>> turtle.shapesize()                       #查看海龟形状属性(宽度、长度、轮廓宽度)
(1.0, 1.0, 1)
>>> turtle.stamp()
5
>>> turtle.setx(150)
>>> turtle.shapesize(3,1,1)                  #改变海龟形状的宽度
>>> turtle.stamp()
6
>>> turtle.setx(300)
```

```
>>> turtle.shapesize(1,3,1)          #改变海龟形状的长度
>>> turtle.stamp()
7
>>> turtle.setx(450)
>>> turtle.shapesize(1,1,3)          #改变海龟形状的轮廓宽度
>>> turtle.stamp()
8
>>> turtle.setx(600)
```

代码的执行结果如图 18.47 所示。

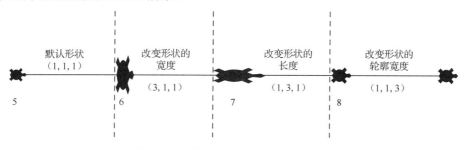

图 18.47　通过拉伸方式调整海龟形状

4. 剪切海龟形状

turtle 库提供了剪切功能来改变海龟形状。它是通过剪切因子即剪切角度的切线来剪切海龟形状的，但不会改变海龟朝向。剪切海龟形状需要使用 turtle.shearfactor()。其语法格式如下：

```
turtle.shearfactor(shear)
```

其中，shear 表示剪切因子，为数值类型。

【实例 18-33】通过剪切因子改变海龟形状，代码如下：

```
>>> turtle.shape("turtle")
>>> turtle.stamp()
5
>>> turtle.setx(150)
>>> turtle.shapesize(3,3,1)
>>> turtle.stamp()
6
>>> turtle.setx(300)
>>> turtle.setheading(60)            #设置海龟朝向
>>> turtle.stamp()                   #设置印章
7
>>> turtle.forward(100)              #沿朝向移动海龟
>>> turtle.shearfactor(0.9)          #剪切海龟形状
>>> turtle.stamp()
8
>>> turtle.forward(150)              #沿朝向移动海龟
```

代码执行结果如图 18.48 所示。从图中可以看出，印章编号为 7 的海龟，设置了海龟朝向为 60°，但是海龟形状未发生变化，将沿海龟朝向移动；印章编号为 8 的海龟，其海龟形状被剪切，海龟形状的方向发生了变化，但海龟朝向未发生变化。仍然沿印章编号为 7 处设置的海龟朝向进行移动。

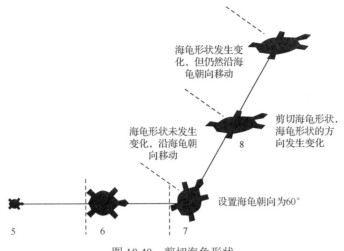

图 18.48　剪切海龟形状

5. 基于海龟朝向旋转海龟形状的方向

除了通过上述剪切海龟形状的方式可以改变海龟形状的方向，还可以通过旋转海龟形状的方式改变海龟形状的方向。改变海龟形状的方向同样不会影响海龟朝向。旋转海龟形状的方向需要使用 turtle.settiltangle()。其语法格式如下：

```
turtle.settiltangle(angle)
```

其中，angle 表示海龟要旋转的角度，是一个数值。该角度是海龟形状的方向和海龟朝向之间的夹角。

【实例 18-34】通过旋转功能改变海龟形状，代码如下：

```
>>> turtle.shape("turtle")
>>> turtle.shapesize(3,3,1)
>>> turtle.stamp()
5
>>> turtle.setx(150)
>>> turtle.setheading(60)              #设置海龟朝向为 60°
>>> turtle.heading()                   #查看当前海龟朝向
60.0
>>> turtle.stamp()
6
>>> turtle.forward(150)                #沿海龟朝向移动海龟
>>> turtle.settiltangle(30)            #旋转海龟形状的方向 30°
>>> turtle.heading()                   #查看当前海龟朝向
60.0
>>> turtle.stamp()
7
>>> turtle.forward(150)
>>> turtle.settiltangle(90)            #旋转海龟形状的方向 90°
>>> turtle.heading()
60.0
>>> turtle.stamp()
8
>>> turtle.forward(150)
```

代码执行结果如图 18.49 所示。从图中可以看出，海龟朝向设置为 60°。当对海龟形状的方向旋转 30° 后，海龟形状的方向发生了变化，变为了垂直向上，但海龟朝向未发生变化，仍然为 60°。海龟仍然以 60° 的方向进行移动。

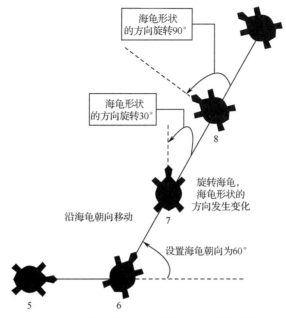

图 18.49　基于海龟朝向旋转海龟形状的方向

6. 基于当前海龟形状的方向旋转海龟形状的方向

用户可以使用 turtle.tilt() 旋转海龟来改变海龟形状的方向，与 turtle.settiltangle() 不同的是，它旋转的角度是当前海龟形状的方向与旋转后海龟形状的方向之间的夹角。改变的方向同样不会影响海龟朝向。旋转海龟形状的方向需要使用 turtle.tilt()。其语法格式如下：

turtle.tilt(angle)

其中，angle 表示海龟要旋转的角度，是一个数值。

【实例 18-35】在上述实例的基础上进行修改，查看旋转海龟形状方向后的效果，代码如下：

```
>>> turtle.shape("turtle")
>>> turtle.shapesize(3,3,1)
>>> turtle.stamp()
5
>>> turtle.setx(150)
>>> turtle.setheading(60)
>>> turtle.heading()
60.0
>>> turtle.stamp()
6
>>> turtle.forward(150)
>>> turtle.tilt(30)
>>> turtle.heading()
60.0
>>> turtle.stamp()
7
```

```
>>> turtle.forward(150)
>>> turtle.tilt(90)
>>> turtle.heading()
60.0
>>> turtle.stamp()
8
>>> turtle.forward(150)
```

代码执行结果如图 18.50 所示。从图中可以看出，当对海龟形状的方向旋转 30° 时，该角度是从海龟朝向开始旋转的；当再次对海龟形状的方向旋转 90° 时，是从旋转 30° 后海龟形状的方向开始旋转的。

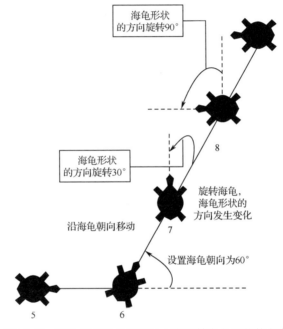

图 18.50　基于当前海龟形状的方向旋转海龟形状的方向

7. 显示旋转的角度

通过对海龟进行旋转可以改变海龟形状的方向。如果要查看旋转的角度，则需要使用 turtle.tiltangle()。其语法格式如下：

```
turtle.tiltangle(angle)
```

其中，angle 为旋转的角度。该角度是海龟朝向与海龟形状方向之间的夹角。如果不指定 angle，则返回旋转的角度。如果指定 angle，则选择 angle 的角度。

【实例 18-36】查看旋转的角度，代码如下：

```
>>> turtle.settiltangle(30)
>>> turtle.tiltangle()
30.0
>>> turtle.settiltangle(80)
>>> turtle.tiltangle()
80.0
```

8. 通过变形矩阵改变海龟形状的方向

可以通过变形矩阵改变海龟形状的方向，这同样不会影响海龟朝向，需要使用 turtle.shapetransform()。其语法格式如下：

```
turtle.shapetransform(t11,t12,t21,t22)
```

其中，t11、t12、t21 和 t22 为变形矩阵的元素。如果指定参数，则通过变形矩阵改变海龟形状的方向；如果不指定则返回变形矩阵的元素。

【实例 18-37】通过变形矩阵改变海龟形状的方向，代码如下：

```
>>> turtle.shape("turtle")
>>> turtle.shapesize(3,3,1)
>>> turtle.stamp()
5
>>> turtle.setx(150)
>>> turtle.setheading(60)
>>> turtle.stamp()
6
>>> turtle.forward(150)
>>> turtle.shapetransform(1,-2,1,2)              #设置变形矩阵
>>> turtle.stamp()
7
>>> turtle.forward(150)
```

代码执行结果如图 18.51 所示。

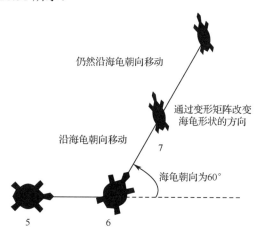

图 18.51　通过变形矩阵改变海龟形状的方向

9. 表示海龟形状的边位置

在 turtle 库中，可以使用坐标来表示位置。海龟形状是一个图形，是由若干个边构成的。用户可以使用 turtle.get_shapepoly() 来显示海龟形状每个边的端点坐标。它将以元组的形式给出，元素为端点坐标。其语法格式如下：

```
turtle.get_shapepoly()
```

它可以在代码中直接使用。

【实例 18-38】设置海龟形状，并显示海龟形状边的端点坐标，代码如下：

```
>>> turtle.shape("square")
```

```
>>> turtle.get_shapepoly()
((10, -10), (10, 10), (-10, 10), (-10, -10))
```

代码将海龟形状设置为正方形，每个边的端点坐标为(10, -10)、(10, 10)、(-10, 10)、(-10, -10)，如图 18.52 所示。

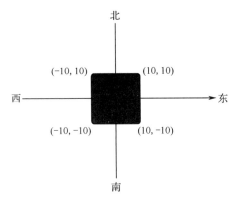

图 18.52　海龟形状的边位置

18.6　撤销内容及清空内容

在使用 turtle 库绘制图形的过程中，难免会因为失误而将海龟动作绘制错误。如果因为这个错误而去重新绘制，显然是浪费精力的。这时，可以对海龟动作进行撤销操作。如果不需要所有的绘制图形，则可以清空内容。

18.6.1　撤销内容

撤销内容可以用来撤销绘制错误的或不需要的海龟动作。

1. 撤销最近的一个海龟动作

使用 turtle.undo()撤销最近的一个海龟动作。其语法格式如下：

```
turtle.undo()
```

它可以在代码中直接使用。可以重复使用，连续撤销最近的一个海龟动作。可撤销的次数由撤销缓冲区的大小决定。

2. 设置撤销缓冲区大小

设置撤销缓冲区大小用来设置 turtle.undo()可以撤销海龟动作的最大次数，也可以禁止撤销。设置撤销缓冲区需要使用 turtle.setundobuffer()。其语法格式如下：

```
turtle.setundobuffer(size)
```

其中，size 表示可撤销海龟动作的最大次数，如果 size 为 None，则表示禁止撤销海龟动作。

3. 显示可撤销的最大次数

通过 turtle.setundobuffer()设置可撤销的最大次数，如果想查看该次数，则可以使用 turtle.undobufferentries()。其语法格式如下：

```
turtle.undobufferentries()
```

【实例 18-39】下面演示移动海龟后，如何设置可撤销的最大次数，并且撤销海龟动作，代码如下：

```
>>> turtle.home()
>>> turtle.setundobuffer(4)              #设置撤销缓冲区大小为 4 次
>>> turtle.setx(100)                     #海龟动作 1 次
>>> turtle.sety(100)                     #海龟动作 2 次
>>> turtle.setx(200)                     #海龟动作 3 次
>>> turtle.sety(200)                     #海龟动作 4 次
>>> turtle.setx(300)                     #海龟动作 5 次
>>> turtle.sety(300)                     #海龟动作 6 次
>>> turtle.undobufferentries()           #显示可撤销的最大次数
4
>>> turtle.undo()                        #撤销海龟动作
>>> turtle.undo()                        #撤销海龟动作
>>> turtle.undo()                        #撤销海龟动作
>>> turtle.undo()                        #撤销海龟动作
>>> turtle.undo()                        #撤销海龟动作
>>> turtle.undo()                        #撤销海龟动作
```

代码中，设置了撤销缓冲区大小为 4，海龟进行了 6 次移动，并且使用 turtle.undo()撤销了 6 次。前 4 次成功撤销了海龟动作，后 2 次撤销不成功。撤销前绘制的图形如图 18.53 所示。撤销后绘制的图形如图 18.54 所示。

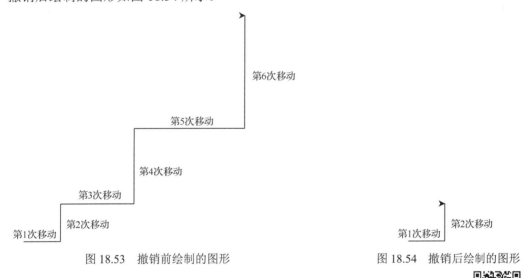

图 18.53　撤销前绘制的图形　　　　　　　图 18.54　撤销后绘制的图形

18.6.2　清空内容

如果画布中不需要任何绘制的图形，则可以使用 turtle.clear()清空所有的图形。其语法格式如下：

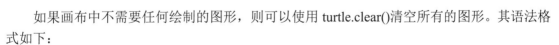

它可以在代码中直接使用。

18.7　高级功能

上述函数都是通过执行函数代码来绘制图形的，turtle 库提供了一些高级功能，可以用来记录绘制图形的相关信息，也可以通过鼠标来触发事件来执行函数功能。

18.7.1　事件处理

事件处理是指当鼠标在当前海龟位置进行点击、释放或移动操作时，触发的事件。这些事件是通过将函数绑定到当前海龟位置而产生的。下面将介绍如何使用 turtle 库进行事件处理。

1. 设置鼠标点击事件

设置鼠标点击事件是指在当前海龟位置进行点击时触发的事件。需要使用 turtle.onclick() 设置鼠标点击事件。其语法格式如下：

```
turtle.onclick(fun, btn=1, add=None)
```

语法中各参数含义如下。

- ❏ btn：表示鼠标按钮编号，默认值为 1（鼠标左键），可省略。
- ❏ add：值为 True 或 False，当为 True 时，表示添加一个新绑定，否则将取代先前的绑定。可省略。
- ❏ fun：表示函数，该函数有两个参数，用来表示画布上点击的坐标，点击时会传入该参数。当 fun 为 None 时，表示不触发事件。fun 的格式如下：

```
def <函数名>(x,y):
    语句块
```

2. 设置鼠标释放事件

设置鼠标释放事件是指在当前海龟位置释放鼠标时触发的事件。需要使用 turtle.onrelease() 设置鼠标释放事件。其语法格式如下：

```
turtle.onrelease(fun, btn=1, add=None)
```

3. 设置鼠标移动事件

设置鼠标移动事件是指在当前海龟位置点击后移动时触发的事件，需要使用 turtle.ondrag() 设置鼠标移动事件。其语法格式如下：

```
turtle.ondrag(fun, btn=1, add=None)
```

【实例 18-40】下面演示通过事件处理来绘制图形，代码如下：

```
>>> turtle.home()
>>> turtle.setx(100)
>>> turtle.sety(50)
>>> turtle.setx(200)
>>> turtle.stamp()
5
>>> def event1(x,y):                              #定义第 1 个函数
...     turtle.write("点击事件:这是第一层台阶")
...
```

```
>>> def event2(x,y):                              #定义第 2 个函数
...     turtle.write("释放事件:这是第二层台阶")
...
>>> def event3(x,y):                              #定义第 3 个函数
...     turtle.write("移动事件:这是第三层台阶")
...
>>> turtle.onclick(event1)                        #设置鼠标点击事件，调用第 1 个函数
#手动执行事件，再编写以下代码
>>> turtle.onclick(None)                          #不再触发鼠标点击事件
>>> turtle.sety(100)
>>> turtle.setx(300)
>>> turtle.stamp()
7
>>> turtle.onrelease(event2)                      #设置鼠标释放事件，调用第 2 个函数
#手动执行事件，再编写以下代码
>>> turtle.onrelease(None)                        #不再触发鼠标释放事件
>>> turtle.sety(150)
>>> turtle.setx(400)
>>> turtle.ondrag(event3)                         #设置鼠标移动事件，调用第 3 个函数
```

代码中定义了 3 个函数 event1、event2、event3，分别在设置鼠标点击事件、鼠标释放事件、鼠标移动事件时进行调用。每次事件设置完成后需要手动执行去触发。事件触发位置如图 18.55 所示。事件触发效果图如图 18.56 所示。

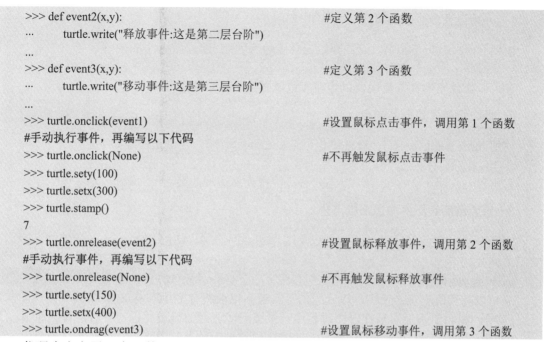

图 18.55 事件触发位置

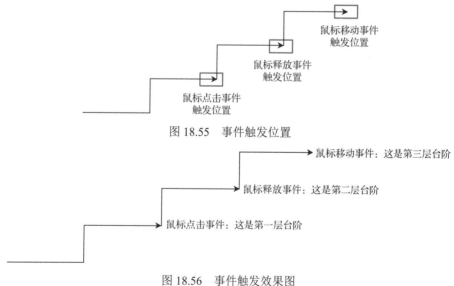

图 18.56 事件触发效果图

18.7.2 记录功能

使用 turtle 库绘制的图形，实际上是由若干条边构成的，而边都有端点。turtle 库提供了记录功能，可以设置记录多边形的端点，并且可以显示端点的坐标。

1．开始记录多边形的端点

使用 turtle.begin_poly()，设置开始记录多边形的端点。其语法格式如下：

```
turtle.begin_poly()
```

它可以在代码中直接使用，以当前海龟位置为多边形的第一个端点。

2．停止记录多边形的端点

使用 turtle.begin_poly()，设置停止记录多边形的端点。其语法格式如下：

```
turtle.begin_poly()
```

它可以在代码中直接使用，以当前海龟位置为多边形的最后一个端点。

3．查看最后记录的多边形端点坐标

记录多边形端点以后，可以查看记录端点的坐标信息。使用 turtle.get_poly()进行查看。其语法格式如下：

```
turtle.get_poly()
```

它可以在代码中直接使用，以元组的形式返回记录所有多边形端点的坐标。

【实例 18-41】下面演示在绘图过程中记录图形多边形的端点并进行查看，代码如下：

```
>>> turtle.home()                    #海龟位置为原点坐标（0,0）
>>> turtle.begin_poly()              #设置开始记录
>>> turtle.setx(200)                 #开始绘制多边形
>>> turtle.sety(100)
>>> turtle.setx(0)
>>> turtle.sety(0)
>>> turtle.get_poly()                #显示记录信息
((0.00,0.00), (200.00,0.00), (200.00,100.00), (0.00,100.00), (0.00,0.00))
```

代码以原点为起点，通过移动海龟绘制的是一个矩形，并对绘制图形的过程中记录了矩形每条边的端点坐标。turtle.get_poly()显示了每个端点的坐标。为了方便理解，给出矩形及坐标信息，如图 18.57 所示。

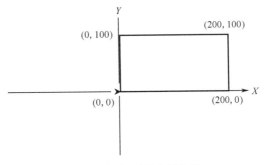

图 18.57　矩形及坐标信息

18.7.3　复制功能

turtle 库提供了复制功能，使用 turtle.clone()可以创建并返回海龟的复制品，它们具有相同的位置、海龟朝向和海龟属性。其语法格式如下：

```
turtle.clone()
```

它可以在代码中直接使用。

18.8 小 结

本章首先介绍了 turtle 库的概念，窗口与画布之间的关系；接下来介绍了在绘图之前需要做的准备工作，如设置画笔的颜色、粗细等；然后开始讲解如何绘制图形，即如何移动海龟；最后讲述了 turtle 库提供的一些特殊功能，如事件的处理等。通过本章的学习，程序员需要了解以下内容。

- ❏ 画笔落下可以进行绘制，画笔抬起将停止绘制。使用 turtle.pendown() 可以将画笔设置为落下状态；使用 turtle.penup() 可以将画笔设置为抬起状态；使用 turtle.isdown() 可以判断画笔的状态。
- ❏ 使用 turtle.pensize() 可以设置画笔的粗细。
- ❏ 使用 turtle.pencolor() 可以设置画笔的颜色，来决定图形线条的颜色。
- ❏ 绘制的图形需要拥有颜色，可以使用 turtle.fillcolor() 为图形填充颜色。
- ❏ 在使用 turtle 库绘制图形时，海龟代表了画笔，海龟位置在哪里，就表示画笔从哪里开始绘制。使用 turtle.position() 可以获取海龟当前的位置坐标。
- ❏ 在 turtle 库中，所谓的绘制，就是指当海龟处于落下状态时，移动海龟，就可以进行绘制了。移动海龟有三种方法。第一种：使用 turtle.forward() 可以沿海龟朝向移动指定的距离；第二种：使用 turtle.backward()，可以沿海龟朝向的反方向移动指定的距离；第三种：使用 turtle.goto()，可以将海龟从当前位置移动到指定的坐标位置。
- ❏ 绘制图形时，可以使用 turtle.speed() 控制绘制的速度。
- ❏ 使用 turtle.circle() 可以实现空心圆和多边形的绘制。
- ❏ 使用 turtle.write() 可以在图形中加入文本信息。

18.9 习 题

一、选择题

1. 下面对 turtle 库最合适的描述是（ ）。

A. 绘图库 　　　B. 数据计算库 　　　C. 时间库 　　　D. 爬虫库

2. turtle 库中将画笔移动 x 像素的语句是（ ）。

A. turtle.right (x) 　　　　　　　　　B. turtle.circle(x)

C. turtle.left(x) 　　　　　　　　　　D. turtle.forward(x)

3. turtle.circle(100,180) 的执行效果是（ ）。

A. 绘制一个半径为 100 的圆 　　　　　B. 绘制一个半径为 100 的半圆

C. 绘制一个半径为 100 的半圆的弧形 　D. 绘制一个半径为 100 的实心圆

二、填空题

1. 抬起画笔使用_____。

2. 绘制半径为 100 的正三角形的方法是_____。

三、简答题

绘制一颗爱心，如图 18.58 所示。

图 18.58　一颗爱心

第 19 章　随机数与时间处理

在编写代码时，经常使用到数值类型，并且经常使用这些数值参与运算或赋值，但它们基本上是指定的值。有时需要一些随机数。Python 提供了标准随机数库，可以用来产生一些随机数。时间处理也是常见的数据处理问题，例如，程序员何时编写了代码，何时执行了代码，代码执行了多长时间，这些都需要通过时间来计算。因此，Python 也提供了时间库，可以实现对时间的处理。

19.1　随 机 数 库

Python 中的常量值或对变量进行的赋值，这些数值往往是确定的。但在日常生活中，有时需要一些不确定的数值。例如，掷硬币、密码加盐时在原密码上关联一串数值等。这些数值都是随机的，是不能确定的。Python 为了能够产生随机数，提供了随机数库（random 库），本节将详细讲解随机数库的作用。

19.1.1　random 库概述

random 库采用梅森旋转算法生成的随机序列的方式，可以产生各式各样的随机数。它可以生成整数随机数、浮点数随机数等。random 库中提供了若干个函数用于生成随机数，常用的函数及其含义如表 19-1 所示。

表 19-1　常用的函数及其含义

函　　数	含　　义
seed(a=None)	初始化随机数生成器，如果 a 被省略或为 None，则使用当前系统时间
getstate()	返回捕获随机数生成器当前内部状态的对象，这个对象可以传递给 setstate()来恢复状态
setstate(state)	state 是从之前调用 getstate()获得的，并且 setstate()将随机数生成器的内部状态恢复到 getstate()被调用时的状态
getrandbits(k)	生成一个 k 位长度的随机整数
randrange(start, stop[, step])	生成一个在 start 和 stop 之间以 step 为步数的随机整数
randint(a, b)	生成一个在 a 和 b 之间的整数
choice(seq)	从非空序列 seq 返回一个随机元素
shuffle(x)	将序列 x 随机打乱位置
sample(population, k)	返回从总体序列或集合中选择的唯一元素的 k 长度的列表，用于无重复的随机抽样
random()	返回[0.0, 1.0)范围内的下一个随机浮点数
uniform(a, b)	生成一个在 a 和 b 之间的浮点数
triangular(low, high, mode)	返回一个随机浮点数 N，使得 low≤N≤high，并在这些边界之间使用 mode 指定的模式
betavariate(alpha, beta)	beta 分布，返回值的范围为 0～1

续表

函　　数	含　　义
expovariate(lambd)	指数分布。lambd 是 1.0 除以所需的平均值，它应该是非零的
gammavariate(alpha, beta)	gamma 分布
gauss(mu, sigma)	高斯分布，mu 是平均值，sigma 是标准差
lognormvariate(mu, sigma)	对数正态分布。如果采用这个分布的自然对数，则得到一个正态分布，平均值为 mu，标准差为 sigma。mu 可以是任何值，sigma 必须大于零
normalvariate(mu, sigma)	正态分布。mu 是平均值，sigma 是标准差
vonmisesvariate(mu, kappa)	mu 是平均角度，以弧度表示，介于 0～2π，kappa 是浓度参数，必须大于或等于零。如果 kappa 等于零，则该分布在 0～2π 的范围内减小到均匀的随机角度
paretovariate(alpha)	帕累托分布
weibullvariate(alpha, beta)	威布尔分布

19.1.2　随机数生成器

随机数生成器就是用来产生随机数的。在 Python 中，随机数的生成需要有来源，也就是所谓的随机数"种子"。每次生成随机数时，随机数生成器都有对应的内部状态对象。

1. 设置随机数种子

生活当中，随机数严格来说是在某次产生过程中按照实验过程表现的分布概率随机产生的，其结果是不可预测的。但是计算机不可能产生随机数，只能通过 random 库中的随机函数按照一定算法模拟产生，其结果是确定的、可预见的。产生的"随机数"实际上是"伪随机数"。在 Python 中，每个"伪随机数"的产生都需要一个输入信息作为随机数"种子"。设置随机数种子需要使用 seed()。其语法格式如下：

```
seed(s)
```

其中，s 表示随机数种子，可以是整数，也可以是浮点数。如果不指定 s，则默认以当前系统的运行时间为种子。

提示：随机数种子被指定以后，产生的随机数序列也是相同的，序列中的每个随机数之间的关系都是确定的。产生的随机数的顺序也是确定的。如果随机数种子 s 没有被指定，那么每次产生的随机数就是不确定的，因为时间是变化的。

【实例 19-1】通过设置种子演示产生的随机数。

（1）引入库，设置随机数种子为 5，代码如下：

```
>>> from random import *
>>> seed(5)                    #设置随机数种子为 5
```

（2）连续产生 3 次随机数，代码如下：

```
>>> random()
0.6229016948897019             #第 1 次的随机数
>>> random()
0.7417869892607294             #第 2 次的随机数
>>> random()
0.7951935655656966             #第 3 次的随机数
```

（3）重新设置随机数种子，仍然设置为 5。重新生成随机数，代码如下：

```
>>> seed(5)
>>> random()
0.6229016948897019
>>> random()
0.7417869892607294
>>> random()
0.7951935655656966
```

输出信息显示了生成的 3 次随机数，与步骤（2）中生成的 3 次随机数完全相同。

（4）使用当前系统的运行时间作为种子生成随机数，代码如下：

```
>>> seed()                    #第 1 次设置种子
>>> random()
0.27829848106952715
>>> random()
0.6785674848366052
>>> random()
0.028034025940729013
>>> seed()                    #第 2 次设置种子
>>> random()
0.651642310511591
>>> random()
0.6684406228307509
>>> random()
0.6245062213140236
```

从输出信息中可以看到，两次都使用了当前系统的运行时间作为种子，此时生成的随机数是不同的。

2. 记录随机数生成器当前内部状态的对象

使用随机数生成器随机生成的数值往往与上一次生成的不同。为了能够保存上一次生成的记录，random 库提供了 getstate()，可以用来记录随机数生成器当前内部状态的对象。其语法格式如下：

```
getstate()
```

它可以在代码中直接使用。

3. 恢复随机数生成器的内部状态

使用 getstate()可以记录内部状态，如果不再记录这个状态，就可以恢复状态。random 库提供了 setstate()恢复随机数生成器的内部状态。其语法格式如下：

```
setstate(state)
```

其中，state 表示内部状态变量。

【实例 19-2】下面演示如何记录内部状态与恢复状态。

（1）以当前系统的运行时间作为种子生成随机数，开启记录内部状态，代码如下：

```
>>> seed()
>>> note=getstate()
```

代码表示成功开启了记录状态功能，将其记录的内部状态的对象赋值给了变量 note。

（2）显示内部状态的对象信息，代码如下：

```
>>> note
(3,
(2147483648, 813520553, 3052682708, 2589488551, 1827829125, 1957573640, 3479497491, 1189792812,
3402487454, 1443532796, 3399942381, 681475019, 1968238548, 1007672917, 1944372664, 1318127220,
2912962198, 3606943602, 4135257972, 3200911227, 1546273696, 3115890320, 3848152934, 799141530,
2777750964, 2654213026, 1289684752, 1272680883, 399105339, 497597652, 759342790, 2817888962,
253025045, 2006193591, 1259367975, 1787691761, 354122034, 165259760, 608224229, 2304790371,
2137272860,                              #省略其他信息
1 525786686, 2202181821, 624),
None)
```

输出信息为内部状态的对象信息。

（3）开启记录以后，下面的操作会被记录下来。例如，连续生成 3 次随机数，代码如下：

```
>>> random()
0.2136144278981007
>>> random()
0.3506146856941209
>>> random()
0.281926313572219
```

代码中生成的 3 次随机数会被记录下来。

（4）恢复记录的内部状态，代码如下：

```
>>> setstate(note)
```

执行代码后没有任何输出信息。

（5）再次生成随机数，查看生成的信息，代码如下：

```
>>> random()
0.2136144278981007
>>> random()
0.3506146856941209
>>> random()
0.281926313572219
```

代码中生成了 3 次随机数，它和步骤（3）中生成的随机数一样，这是因为随机数被记录了。

19.1.3　生成整数随机值

random 库提供了若干个函数，可以用来生成整数随机值。下面依次讲解相关函数。

1. 在连续整数 *a*～*b* 范围内挑选一个整数

random 库的 randint()，可以随机生成[*a*,*b*]内的一个整数。其语法格式如下：

```
randint(a,b)
```

其中，a 和 b 都为整数。随机生成的整数可以包含 a 和 b。

【实例 19-3】在-2～9 范围内随机生成一个整数，代码如下：

```
>>> randint(-2,9)
6
>>> randint(-2,9)
-1
```

```
>>> randint(-2,9)
-2
>>> randint(-2,9)
9
```

代码中生成了 4 次整数，每次只生成一个整数，生成的整数包含-2 和 9。

2. 在不连续整数 a~b 范围内挑选一个整数

random 库的 randrange()，可以在[a,b]内，以指定步进 step 随机选择一个整数。其语法格式如下：

```
randrange(start, stop[, step])
```

其中，start 为整数，表示整数范围的开始；stop 为整数，表示整数范围的结束；step 为步进。生成的整数包含 start，但不包含 stop。如果不指定步进，则默认值为 1。

【实例 19-4】在整数 1~9 范围内，随机生成奇数，代码如下：

```
>>> randrange(1,9,2)
3
>>>
>>> randrange(1,9,2)
7
>>> randrange(1,9,2)
5
>>> randrange(1,9,2)
1
>>> randrange(1,9,2)
```

代码中使用的步进为 2，表示每隔 2 个数值进行选择，由于从 1 开始，所以每隔 2 个的数值正好为 3、5、7，但不会包含 9。

3. 按二进制指定位数生成对应的随机整数

random 库的 getrandbits()，可以指定二进制位数，随机生成该二进制位数对应的整数。其语法格式如下：

```
getrandbits(k)
```

其中，k 为正整数。

【实例 19-5】指定二进制位数为 5 位，随机生成整数，代码如下：

```
>>> getrandbits(5)
17
>>> bin(17)
'0b10001'
```

代码中生成的整数为 17，bin()用来将生成的整数转换为对应的二进制数为 0b10001，其中，0b 为二进制前导符，10001 为 5 位的二进制数。

19.1.4　生成小数随机值

random 库提供了若干个函数，可以用来随机生成浮点数。根据生成浮点数所在的范围不同，分为两种情况。下面讲解每种情况使用的函数。

1. 默认情况

这种情况可以随机生成 0.0～1.0 的浮点数,它包含 0.0 但不包含 1.0,使用 random()生成。其语法格式如下:

```
random()
```

它可以直接使用。

【实例 19-6】随机生成 0.0～1.0 的浮点数,代码如下:

```
>>> random()
0.758322424088633
>>> random()
0.19514603023289578
>>> random()
0.2393876747662793
```

生成的浮点数位数不统一,但不会大于 1.0。

2. 在两个数之间生成

这种情况是在两个数之间随机生成浮点数,使用 uniform()生成。其语法格式如下:

```
uniform(a, b)
```

其中,a 和 b 可以为整数,也可以为浮点数。假设生成的浮点数为 N,如果 $a<b$,则 $a \leq N \leq b$,如果 $b<a$,则 $b \leq N \leq a$。

【实例 19-7】在两个数之间随机生成浮点数,代码如下:

```
>>> uniform(-2,2)
-1.40079006039063
>>> uniform(-2,2)
1.1059604020747367
>>> uniform(6,2)
2.106558993293252
>>> uniform(6,2)
5.831204421154824
```

19.1.5 从序列中随机选取

random 库提供了若干个函数,可以用来从序列中选择元素进行返回。由于选取元素的个数不同,所以使用的函数也不同。下面讲解每种情况使用的函数。

1. 选择一个

random 库的 choice(),可以从序列中随机返回一个元素,序列类型可以是列表、元组和字符串。其语法格式如下:

```
choice(seq)
```

其中,seq 表示序列。序列不能为空序列。

【实例 19-8】从序列中随机选择一个元素进行返回,代码如下:

```
>>> choice([1,2,3,4,5])              #序列为列表
2
>>> choice("python")                 #序列为字符串
```

```
't'
>>> choice((1,2,3))                    #序列为元组，元素为数值
1
>>> choice(("1","2","3"))              #序列为元组，元素为字符串
'2'
```

2. 选取多个

random 库的 sample()，可以从序列中随机选择多个元素进行返回，重新组合为新的序列。序列类型可以是列表、元组和字符串。其语法格式如下：

```
sample(population, k)
```

其中，population 为序列，k 为要选择元素的个数。

【实例 19-9】从序列中选择 3 个元素，重新组合成新的序列，代码如下：

```
>>> sample(["1","2","3","4"],3)        #序列为列表，元素为字符串
['4', '1', '2']
>>> sample(["1","2","3","4"],3)
['3', '4', '1']
>>> sample((1,2,3,4),3)                #序列为元组，元素为数值
[2, 4, 1]
>>> sample((1,2,3,4),3)
[2, 1, 4]
>>> sample("1234",3)                   #序列为字符串
['1', '4', '3']
>>> sample("1234",3)
['1', '3', '2']
```

3. 选择全部

random 库的 shuffle()，可以从序列中选择全部元素重新进行随机排序，再次组成新的序列。由于发生了顺序变化，因此序列只能是列表类型。其语法格式如下：

```
shuffle(seq)
```

其中，seq 表示列表序列。

【实例 19-10】对列表序列进行重新排序，代码如下：

```
>>> ls=[1,2,3,4]                       #创建列表
>>> shuffle(ls)                        #第 1 次重新排序
>>> ls                                 #显示排序后的列表
[3, 1, 2, 4]
>>> shuffle(ls)                        #第 2 次重新排序
>>> ls                                 #显示排序后的列表
[1, 4, 3, 2]
>>> shuffle(ls)                        #第 3 次重新排序
>>> ls                                 #显示排序后的列表
[1, 2, 3, 4]
```

代码中进行了 3 次重新排序，每次排序后列表的顺序都是不同的。

19.2　时　间　库

在计算机中，时间是一个必不可少的概念，包括时间的显示、获取和转换。Python 提供

了时间库（time 库）。本节将详细讲解时间库的作用。

19.2.1　time 库概述

time 库是 Python 中处理时间的标准库，它提供了获取系统时间并格式化输出功能，系统级精确计时功能，用于程序性能分析，也可以让程序暂停运行时间。time 库中提供了若干个函数用于获取时间，对时间进行处理等，常用的函数及其含义如表 19-2 所示。

表 19-2　常用的函数及其含义

函　　数	含　　义
time()	获取当前时间戳，以浮点数形式显示
gmtime()	获取当前时间戳对应的 UTC 的 struct_time 对象
localtime()	获取当前时间戳对应的本地时间的 struct_time 对象
ctime()	获取当前时间戳对应的字符串形式
mktime(t)	这是 localtime() 的反函数，它的参数是 struct_time
strftime(t)	格式化时间，可以以任何通用格式输出时间
strptime()	与 strftime()相反，用于提取字符串中的时间来生成 struct_time 对象
sleep()	指示更精确的睡眠时间
monotonic()	返回单调时钟的值，即不能倒退的时钟
perf_counter()	返回性能计数器的值

在使用这些函数时会涉及一些概念，为了便于用户的理解，在讲解函数之前，先介绍这些概念。

- ❑ Epoch：时间的起点，指的是一个特定的时间：1970-01-01 00:00:00 UTC。
- ❑ 时间戳（timestamp）：从 1970 年 1 月 1 日（UTC/GMT 的午夜）开始所经过的秒数，不考虑闰秒。
- ❑ UTC（Universal Time Coordinated）：协调世界时，又称世界统一时间。有固定的格式，如 2019-06-15T12:45:20.000+0800。

19.2.2　时间处理

在 Python 中，使用 time 库中的函数对时间进行处理的基本方法是，先得到时间戳，再将其转换成想要的时间格式。下面先讲解如何获取时间戳以及对应的多种格式。

1．获取当前时间戳

获取当前时间戳，即计算机内部时间值以浮点数显示。使用 time 函数获取。其语法格式如下：

```
time.time()
```

它可以直接使用，获取的时间戳为浮点数，单位为秒。

【实例 19-11】获取当前时间戳，代码如下：

```
>>> import time
```

```
>>> time.time()
1618476579.660536
```

代码结果显示获取的时间戳为 1618476579.660536 秒。

2. 获取当前时间戳的纳秒整数

如果想以纳秒整数来显示当前时间戳，则可以使用 time.time_ns() 获取。其语法格式如下：

```
time.time_ns()
```

【实例 19-12】获取当前时间戳的纳秒整数，代码如下：

```
>>> time.time_ns()
1618476624999293300
```

代码结果显示获取的时间戳是一个整数，为 1618476624999293300 纳秒。

3. 获取时间戳对应的 UTC 的 struct_time 对象

struct_time 对象是日期、时间包含的多个变量属性，包括年、月、日、小时、分、秒等。struct_time 对象的属性及含义如表 19-3 所示。

表 19-3 struct_time对象的属性及含义

序 号	属 性	含 义	值
0	tm_year	年	整数，如 2019
1	tm_mon	月	1~12
2	tm_mday	日	1~31
3	tm_hour	小时	0~23
4	tm_min	分	0~59
5	tm_sec	秒	0~61（61 是闰秒）
6	tm_wday	星期	0~6，0 为星期一
7	tm_yday	该年的第几日	1~366
8	tm_isdst	夏令时	-1 表示是否为夏令时；0 表示不是夏令时；1 表示是夏令时

time 库提供了 time.gmtime()，用来获取时间戳的 struct_time 对象。其语法格式如下：

```
time.gmtime(sec)
```

其中，sec 表示时间戳，如果不指定 sec，则默认值为 time.time() 的结果。

【实例 19-13】下面获取时间戳的 struct_time 对象。

（1）获取当前时间戳的 struct_time 对象，代码如下：

```
>>> time.gmtime()
time.struct_time(tm_year=2021, tm_mon=4, tm_mday=15, tm_hour=8, tm_min=54, tm_sec=47, tm_wday=3, tm_yday=105, tm_isdst=0)
```

代码结果表示当前时间为 2021 年 4 月 15 日，8 时 54 分 47 秒，星期三，是一年的第 105 天，不是夏令时。

（2）获取指定时间戳 24669.296094615 对应的 struct_time 对象，代码如下：

```
>>> time.gmtime(24669.296094615)
time.struct_time(tm_year=1970, tm_mon=1, tm_mday=1, tm_hour=6, tm_min=51, tm_sec=9, tm_wday=3, tm_yday=1, tm_isdst=0)
```

4. 获取时间戳对应的 UTC 的 struct_time 对象的北京时间

北京时间是东八区，领先 UTC 时间 8 小时。也就是说，UTC+8=北京时间。time 库提供了 time.localtime()，可以用来获取时间戳对应的北京时间，显示 UTC 的 struct_time 对象形式。其语法格式如下：

```
time.localtime(sec)
```

其中，sec 表示时间戳，如果不指定 sec，则默认值为 time.time() 的结果。

【实例 19-14】下面获取时间戳对应的 UTC 的 struct_time 对象的北京时间。

（1）获取时间戳的 UTC 时间，代码如下：

```
>>> time.gmtime()
time.struct_time(tm_year=2021, tm_mon=4, tm_mday=15, tm_hour=8, tm_min=58, tm_sec=44, tm_wday=3, tm_yday=105, tm_isdst=0)
```

代码结果表示，UTC 时间的 tm_hour 的值为 8，表示 8 时。

（2）获取的北京时间，代码如下：

```
>>> time.localtime()
time.struct_time(tm_year=2021, tm_mon=4, tm_mday=15, tm_hour=16, tm_min=59, tm_sec=34, tm_wday=3, tm_yday=105, tm_isdst=0)
```

代码结果表示，该时间的 tm_hour 的值为 16，表示 16 时。由此可见，北京时间要大于 UTC 时间 8 小时。

5. 获取时间戳的易读格式时间

易读格式指的是按照"星期 月 日 时 分 秒 年"的形式进行显示。time 库提供了 time.ctime()，可以用来获取时间戳的易读格式，以字符串形式显示。其语法格式如下：

```
time.ctime(sec)
```

其中，sec 表示时间戳，如果不指定 sec，则默认值为 time.time() 的结果。

【实例 19-15】下面获取时间戳的易读格式时间，代码如下：

```
>>> time.asctime()
'Thu Apr 15 17:00:46 2021'
```

代码结果是字符串的易读形式，表示时间为 2021 年 4 月 15 日、星期四 17 时 0 分 46 秒。

19.2.3 时间格式化

上述内容讲解了获取当前时间戳的多种格式，那么如何实现不同时间格式之间的转换？time 库提供了相关函数，实现时间格式的转换。

1. 将 struct_time 对象格式的时间转换为时间戳格式

前面讲到 time.gmtime() 和 time.localtime() 都可以将时间戳转换为 struct_time 对象格式的时间，返回来进行转换，需要使用 time.mktime()。其语法格式如下：

```
time.mktime(t)
```

其中，t 表示 struct_time 对象格式的时间。

【实例 19-16】将 struct_time 对象格式的时间转换为时间戳格式，代码如下：

```
>>> a=time.gmtime()
>>> time.mktime(a)
```

```
1618448572.0
>>> b=time.localtime()
>>> time.mktime(b)
1618477384.0
```

2. 将 struct_time 对象格式的时间转换为指定格式的时间

指定格式的时间指的是易读形式的本地时间，格式可以自己指定。time 库提供的 time.strftime()可以实现转换。其语法格式如下：

```
time.strftime(format[, t])
```

语法中各参数的含义如下。

❑ t：struct_time 对象格式的时间，字符串形式。
❑ format：指定格式的时间，格式使用控制符进行指定，控制符及含义如表19-4所示。

表 19-4 控制符及含义

控 制 符	含 义	值
%y	两位数的年份	00～99
%Y	四位数的年份	0001～9999
%m	月份	01～12
%d	月内中的一天	0～31
%H	24 小时制小时数	0～23
%I	12 小时制小时数	01～12
%M	分钟数	00～59
%S	秒	00～59
%a	本地简化星期名称	例如，Sun（星期日）
%A	本地完整星期名称	例如，Sunday（星期日）
%b	本地简化的月份名称	例如，Jun（六月）
%B	本地完整的月份名称	例如，June（六月）
%c	本地相应的日期表示和时间表示	例如，Sun Jun 16 01:15:10 2019
%j	年内的一天	001～366
%p	上午或下午	AM（上午）、PM（下午）
%U	一年中的星期数（星期日为星期的开始）	00～53
%w	星期	0～6，星期日为星期的开始
%W	一年中的星期数（星期一为星期的开始）	
%x	本地相应的日期表示	例如，06/16/19
%X	本地相应的时间表示	例如，01:17:34
%Z	当前时区的名称	例如，中国标准时间

【实例 19-17】下面以指定格式显示当前本地时间。

```
>>> time.strftime("%Y %m %d",time.gmtime())        #显示日期（年、月、日）
'2021 04 15'
>>> time.strftime("%Y/%m/%d",time.gmtime())        #显示日期（中间使用了连接符斜杠/）
```

'2021/04/15'

```
>>> time.strftime("%Y-%m-%d %H:%M:%S",time.gmtime())          #显示日期和时间
'2021-04-15 09:04:03'
>>> time.strftime("%x %X",time.gmtime())                      #显示日期和时间
'04/15/21 09:04:09'
>>> time.strftime("%c",time.gmtime())                         #显示易读格式时间和日期
'Thu Apr 15 09:04:15 2021'
```

3. 将指定格式的时间转换为 struct_time 对象格式的时间

time 库提供了 time.strptime()，可以将指定格式的时间转换为 struct_time 对象格式的时间，它是 time.strftime()的逆运算。其语法格式如下：

```
time.strptime(t[, format])
```

语法中各参数的含义如下。

❏ t：被转换的指定的时间格式，字符串形式。

❏ format：转换后的 struct_time 对象格式，字符串形式。

提示：在进行转换时，被转换的指定时间格式要与转换后的 struct_time 对象格式一致。

【实例 19-18】下面将指定格式的时间转换为 struct_time 对象格式的时间。

（1）被转换的时间格式代码如下：

```
>>> b='2021-04-12 02:15:58'
```

该时间格式为"年-月-日 时:分:秒"。

（2）将其转换为 struct_time 对象格式，代码如下：

```
>>> time.strptime(b,"%Y-%m-%d %H:%M:%S")
time.struct_time(tm_year=2021, tm_mon=4, tm_mday=12, tm_hour=2, tm_min=15, tm_sec=58, tm_
wday=0, tm_yday=102, tm_isdst=-1)
```

4. 将 struct_time 对象格式的时间转换为易读格式时间

time 库提供了 time.asctime()，可以将 struct_time 对象格式的时间转换为易读格式时间。其语法格式如下：

```
time.asctime(t)
```

其中，t 表示 struct_time 对象元组格式的时间，或者是 time.gmtime()和 time.localtime()的值。

【实例 19-19】下面将 struct_time 对象格式的时间转换为易读格式时间。

（1）将 time.gmtime()的结果转换为易读格式时间，代码如下：

```
>>> a=time.gmtime()
>>> time.asctime(a)
'Thu Apr 15 09:06:59 2021'
```

（2）将 time.localtime()的结果转换为易读格式时间，代码如下：

```
>>> b=time.localtime()
>>> time.asctime(b)
'Thu Apr 15 17:07:51 2021'
```

（3）将 struct_time 对象对应值的元组转换为易读格式时间，代码如下：

```
>>> c=(2021, 9, 10, 3, 14, 46, 6, 152,-1)
>>> time.asctime(c)
'Sun Sep 10 03:14:46 2021'
```

提示：如果是元组，则必须是 9 个元素。

19.2.4　时间计时

time 库还提供了时间计时功能，可以推迟程序执行的时间、范围特定的计数值。

1. 推迟进程执行的秒数

为了能够使进程推迟执行，可以使用 time.sleep()延迟时间。其语法格式如下：

time.sleep(t)

其中，t 表示推迟执行的秒数，可以是浮点数。

2. 以单位为秒返回单调时钟的值

time 库中的 monotonic()可以用来返回单调时钟的值。其语法格式如下：

time.monotonic()

它可以直接使用，返回的值是浮点数。

【实例 19-20】下面以单位为秒返回单调时钟的值，代码如下：

```
>>> time.monotonic()
11164.882
```

3. 以单位为纳秒返回单调时钟的值

如果想以单位为纳秒返回单调时钟的值，则可以使用 time.monotonic_ns()。其语法格式如下：

time.monotonic_ns()

它可以直接使用，返回的值是整数。

【实例 19-21】下面以单位为纳秒返回单调时钟的值，代码如下：

```
>>> time.monotonic_ns()
11200341000000
```

4. 以单位为秒返回 CPU 级别的精确时间计数值

time 库中的 time.perf_counter()可以用来返回 CPU 级别的精确时间计数值。其语法格式如下：

time.perf_counter()

它可以直接使用，返回的值是浮点数。

【实例 19-22】下面以单位为秒返回 CPU 级别的精确时间计数值，代码如下：

```
>>> time.perf_counter()
1075.090753366
```

5. 以单位为纳秒返回 CPU 级别的精确时间计数值

如果想以单位为纳秒返回 CPU 级别的精确时间计数值，那么可以使用 time.process_time_ns()。其语法格式如下：

time.process_time_ns()

它可以直接使用，返回的值是整数。

【实例 19-23】下面以单位为纳秒返回 CPU 级别的精确时间计数值，代码如下：

```
>>> time.process_time_ns()
468003000
```

6. 以单位为秒返回当前线程的系统和用户 CPU 时间之和的值

time 库中的 time.thread_time()可以用来返回当前线程的系统和用户 CPU 时间之和的值。其语法格式如下：

```
time.thread_time()
```

它可以直接使用，返回的值是浮点数。

【实例 19-24】以单位为秒返回当前线程的系统和用户 CPU 时间之和的值，代码如下：

```
>>> time.thread_time()
0.4524029
```

7. 以单位为纳秒返回当前线程的系统和用户 CPU 时间之和的值

如果想以单位为纳秒返回当前线程的系统和用户 CPU 时间之和的值，可以使用 time.thread_time_ns()。其语法格式如下：

```
time.thread_time_ns()
```

它可以直接使用，返回的值是整数。

【实例 19-25】以单位为纳秒返回当前线程的系统和用户 CPU 时间之和的值，代码如下：

```
>>> time.thread_time_ns()
452402900
```

19.3　小　　结

本章节首先介绍了随机数库，并讲解了该库中的常用函数及其作用；然后讲述了时间库，以及库中的常用函数可以实现的时间处理和格式化功能等。通过本章的学习，程序员需要了解以下内容。

- ❑ 在使用 random 库时，如果需要产生一个随机整数，则可以使用 randint()从指定的整数范围内随机生成一个整数。
- ❑ 除了可以随机生成整数，random 库还可以生成随机浮点数。有两种方法：第一种是使用 random()，随机生成 0.0～1.0 的浮点数；第二种是使用 uniform()，在指定范围内随机生成浮点数。
- ❑ 在 Python 中，列表可以用来保存数据，并且这些数据都是有序的。通过 random 库的 shuffle()可以对列表中的元素进行随机排序，从而产生新的列表。
- ❑ 时间对我们来说并不陌生，并且时间的格式多种多样，time 库的 time.strftime()，可以将时间转换为指定的格式。
- ❑ 在 Python 代码编写的程序中，常用到 time 库中的 sleep()来推迟进程执行时间。

19.4　习　　题

一、选择题

1. random 库用来生成随机数的算法是（　　　）。

    A．平方取中法   B．线性同余法

    C．梅森旋转算法   D．蒙特卡洛方法

2．在 random 库中，random()的作用是（　　　）。

    A．生成随机数 *x*，且 0≤*x*≤100，*x* 位整数　　　　B．生成随机数 x，且 0.0≤x≤10.0

    C．生成随机数 *x*，且 0≤*x*<100，*x* 位整数　　　　D．生成随机数 x，且 0.0≤x<1.0

3．下面描述正确的是（　　　）。

    A．北京时间比 UTC 时间晚 6 小时　　　　B．北京时间比 UTC 时间晚 8 小时

    C．北京时间比 UTC 时间早 6 小时　　　　D．北京时间比 UTC 时间早 8 小时

4．time.strftime("%Y-%m-%d %H:%M:%S",time.gmtime())的执行结果是（　　　）。

    A．'2021 04 6'　　　　B．'2021/04/6'

    C．'2021-04-6 02:15:58'　　　　D．'04/6/20 02:16:58'

二、填空题

1．randint()可以生成[a,b]之间的一个随机整数，该整数＿＿＿＿（包含/不包含）a、＿＿＿＿（包含/不包含）b。

2．random()可以生成 0.0～1.0 的浮点数，该浮点数＿＿＿＿（包含/不包含）0.0、＿＿＿＿（包含/不包含）1.0。

3．可以使用＿＿＿＿库中提供的各种函数，对时间进行各种操作。

4．sleep(x)可以延迟时间 x，要延迟 1 分钟，那么，x 的值为＿＿＿＿。

三、简答题

1．实现猜数字游戏。首先，程序从 1～100 随机选取一个整数。然后，玩家开始猜数字，输入所猜的整数。最后，给出猜测结果。如果猜对了，则输出"恭喜，您猜对了，好棒！"。如果猜大了，则输出"大了"。如果猜小了，则输出"小了"。

2．根据自己的出生日期计算自己活了多少天。

第 20 章　文件的高级处理和目录处理

前面章节中简单地介绍了文件的基本操作（打开、关闭、读写等），除此之外，Python 提供了对文件的高级处理，如复制文件、移动文件等。而文件往往存放在目录中，Python 也提供了对目录的各种操作。下面依次介绍对文件的高级处理和目录处理。

本章要求

❏ 学会文件的复制、移动
❏ 掌握获取文件基本信息的方法
❏ 学会如何切换目录
❏ 学会查看目录信息
❏ 学会遍历目录
❏ 掌握如何判断文件或目录是否存在
❏ 掌握如何删除、重命名文件和目录

20.1　文件的高级处理

文件的高级处理包括获取文件基本信息、复制文件、移动文件和删除文件等。下面讲解这些操作的实现方式。

20.1.1　截断文件

截断文件是指将文件中的内容按照指定字节位置进行截断，舍弃后面的内容。Python 提供了 truncate()，用来对文件进行截断。其语法格式如下：

`<object>.truncate(size)`

其中，object 表示文件对象，size 表示要进行截断的字节数。如果指定 size，则只保留 size 之前的内容（包括 size 对应的字节信息），删除后面的所有内容；如果不指定 size，则需在截断之前设置指针位置，然后再进行截断。它会从指针位置开始截断，删除之后的所有内容。

【实例 20-1】现有一个文件 file，对其进行截断。

（1）文件 file 中的内容如图 20.1 所示。该文件共有 6 行内容。

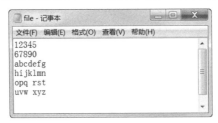

图 20.1　文件 file 中的内容

（2）以读取写入方式打开文件，代码如下：

```
>>> obj=open('file','r+')
```

（3）对文件进行截断。例如，从第 8 字节处进行截断，代码如下：

```
>>> obj.truncate(8)
8
```

输出的 8 表示，文件中的内容在第 8 字节处截断，只保留前 8 字节，删除后面的所有内容。

（4）将指针移动到内容开头，再次查看文件中的信息，代码如下：

```
>>> obj.seek(0,0)
0
>>> obj.readlines()
['12345\n', '6']
```

输出信息显示，只输出了['12345\n', '6']，其中，字符"12345"为 5 字节；换行符"\n"为 2 字节；字符"6"为 1 字节，共计 8 字节。

（5）关闭文件，代码如下：

```
>>> obj.close()
```

（6）再次打开该文件，查看内容，如图 20.2 所示。文件中只剩下 8 字节的内容了。

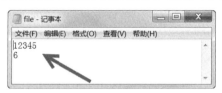

图 20.2　指定 size 截断后的文件内容

上面使用了 truncate()对文件内容进行截断，指定 size 时，size 的单位为字节，最后文件只保留 size 字节之前的内容，与文件指针的位置无关。例如，下面的代码：

```
>>> obj=open('file','r+')
>>> obj.read(3)                        #截断前，读取文件内容
'123'
>>> obj.tell()                         #获取文件指针位置
3
>>> obj.truncate(8)                    #截断文件内容
8
>>> obj.seek(0,0)
0
>>> obj.readlines()
['12345\n', '6']
```

代码中，在截断内容之前，先读取了前 3 字节的内容。此时，文件指针处于内容的 3 字节位置。截断内容时，仍然指定了 8 字节，它没有从指针的位置往后计算 8 字节进行截断，而是从内容的开头计算 8 字节进行截断。因此，指定的 size 与文件指针的当前位置无关，都将从内容的开头开始计算 size 并进行截断。

【实例 20-2】下面仍然以文件 file 为例，不指定 size 对文件进行截断。

（1）以读取写入方式打开文件，代码如下：

```
>>> obj=open('file','r+')
```

（2）设置指针位置。假设将文件指针从内容开头移动，移动 3 字节，代码如下：

```
>>> obj.seek(3,0)
3
```

（3）开始进行截断，代码如下：

```
>>> obj.truncate()
3
```

输出的 3 表示截断后文件的内容大小为 3 字节。

（4）关闭文件，代码如下：

```
>>> obj.close()
```

（5）再次打开该文件查看内容，如图 20.3 所示。文件中只剩下 3 字节的内容了。

图 20.3　不指定 size 截断后的文件内容

20.1.2　获取文件基本信息

在计算机上创建文件后，该文件本身包含了一些基本信息，如文件的创建时间、修改时间、访问时间等。为了能够获取文件相关的基本信息，Python 提供了标准 os 模块，通过该模块的 stat() 可以获取文件的这些基本信息。其语法格式如下：

```
os.stat(path)
```

其中，path 表示要获取文件基本信息的文件路径及文件名。该返回值是一个对象，该对象包含的每个属性为文件的基本信息。其对应关系及含义如下。

❏ st_mode: 权限模式。

❏ st_ino: 节点号，记录文件的存储位置。

❏ st_dev: 存储文件的设备编号。

❏ st_nlink: 文件的链接数。

❏ st_uid: 文件所有者的用户 ID。

❏ st_gid: 文件所有者的用户组 ID。

❏ st_size: 文件大小，单位为字节。

❏ st_atime: 文件的最近访问时间。

❏ st_mtime: 文件的最近修改时间。

❏ st_ctime: 文件的创建时间。

【实例 20-3】现有一个文件 file.txt，下面演示对该文件信息的获取。

（1）获取该文件的基本信息，代码如下：

```
import os
Info=os.stat('file.txt')
print(Info)
```

代码执行后，输出文件对象的相关属性，如下：

```
os.stat_result(st_mode=33206, st_ino=5910974511283404, st_dev=503604379, st_nlink=1, st_uid=0, st_gid=0,
st_size=7800, st_atime=1618563804, st_mtime=1618563758, st_ctime=1618563804)
```

输出结果只是以元组的形式输出了文件基本信息。

（2）对代码进行修改，只显示文件大小、最近访问时间、最近修改时间、创建时间。修改后的代码如下：

```
import os
Info=os.stat('file.txt')
print('文件大小：',Info.st_size,'字节')
print('最近访问时间：',Info.st_atime)
print('最近修改时间：',Info.st_mtime)
print('创建时间：',Info.st_ctime)
```

代码执行后，输出文件指定的基本信息，如下：

```
文件大小：      7800 字节
最近访问时间：  1618563804.7367785
最近修改时间：  1618563758.1843672
创建时间：      1618563758.1843672
```

输出结果中的时间是以时间戳的形式显示的，不是很直观。

（3）对时间进行格式化，以直观的形式显示时间，再次修改代码，如下：

```
import os
import time
def Format(filename):
    return time.strftime("%Y-%m-%d %H:%M:%S",time.localtime(filename))
Info=os.stat('file.txt')
print('文件大小：',Info.st_size,'字节')
print('最近访问时间：',Format(Info.st_atime))
print('最近修改时间：',Format(Info.st_mtime))
print('创建时间：',Format(Info.st_ctime))
```

代码执行后，以易读的形式显示了文件的基本信息，如下：

```
文件大小：      7800 字节
最近访问时间：  2021-04-16 17:03:24
最近修改时间：  2021-04-16 17:02:38
创建时间：      2021-04-16 17:02:38
```

20.1.3　判断文件是否存在

如果想知道当前目录中是否存在指定的文件，可以使用 os 模块的子模块 os.path 提供的 exists()，判断文件是否存在。其语法格式如下：

```
os.path.exists(File_Path)
```

其中，File_Path 表示要判断的文件路径及名称，为字符串形式。如果文件存在，则返回 True；如果文件不存在，则返回 False。

【实例 20-4】判断当前目录（Dir）下是否存在指定的文件。

（1）目录 Dir 中的信息如图 20.4 所示。该目录中有 4 个文件，如 d、e、f 等。

（2）判断指定文件是否存在，代码如下：

```
>>> os.path.exists('D:\\Dir\\d')
>>> os.path.exists('D:\\Dir\\g')
```

该代码用来判断文件 d 和文件 g 是否存在。

图 20.4　目录 Dir 中的信息

（3）执行代码查看判断结果，如下：

```
>>> os.path.exists('D:\\Dir\\d')
True
>>> os.path.exists('D:\\Dir\\g')
False
```

输出的 True 表示目录 Dir 中存在文件 d；输出的 False 表示目录 Dir 中不存在文件 g。

20.1.4　删除文件

当不再需要文件时，可以将其删除。Python 没有提供内置函数用于删除文件，但是 os 模块提供了删除文件函数 remove()。其语法格式如下：

```
os.remove(path)
```

其中，path 表示要删除文件的路径及名称。

【实例 20-5】删除当前目录（Dir）中的指定文件。

（1）删除目录 Dir 中的文件 d，代码如下：

```
>>> import os
>>> os.remove('D:\\Dir\\d')
```

代码执行后没有任何输出信息，但是会成功删除文件 d。

（2）再次查看 Dir 目录信息，如图 20.5 所示，目录 Dir 中没有了文件 d。

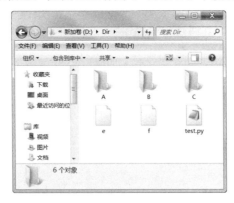

图 20.5　目录 Dir 中没有了文件 d

（3）如果要删除的文件不存在，则在删除时会抛出异常。例如，要删除的文件为 g，由于该文件不存在，因此会抛出异常，如下：

```
>>> os.remove('D:\\Dir\\g')
Traceback (most recent call last):
    File "<pyshell#58>", line 1, in <module>
        os.remove('D:\\Dir\\g')
FileNotFoundError: [WinError 2] 系统找不到指定的文件。: 'D:\\Dir\\g'
```

（4）为了避免抛出异常的情况，在删除文件时先判断文件是否存在，如果文件存在，则将其删除，并输出文件"成功被删除"；如果文件不存在，则直接显示文件"不存在"。完善代码如下：

```
import os
path1='D:\\Dir\\e'                               文件 e 的路径
path2='D:\\Dir\\g'                               文件 g 的路径
if os.path.exists(path1):
    os.remove(path1)
    print("文件",path1,'成功被删除')
else:
    print("文件",path1,'不存在')
if os.path.exists(path2):
    os.remove(path2)
    print("文件",path2,'成功被删除')
else:
    print("文件",path2,'不存在')
```

代码使用了两个 if-else 语句对文件 e 和文件 g 进行判断，并决定是否删除文件，以及如何输出。执行结果如下：

```
文件 D:\Dir\e 成功被删除
文件 D:\Dir\g 不存在
```

输出结果表示，文件 e 存在，并且被成功删除，而文件 g 不存在。

（5）再次查看目录 Dir 信息，如图 20.6 所示，目录 Dir 中没有了文件 e。

图 20.6　目录 Dir 中没有了文件 e

20.1.5　复制文件

复制文件是指将文件内容复制到另一个文件中，保留原始文件。Python 提供了 shutil 模块，该模块提供了 copy()，可以对文件进行复制。其语法格式如下：

```
shutil.copy(src,dst)
```

其中，src 表示被复制的文件路径及名称，dst 表示复制后的文件路径及名称。

【实例 20-6】下面演示将 D 盘目录 Dir 中指定的文件复制到 C 盘目录 Dir1 中。

（1）查看 D 盘目录 Dir 中的信息，如图 20.7 所示。该目录中存在一个名为 peom.txt 的文件，其大小为 58 字节。

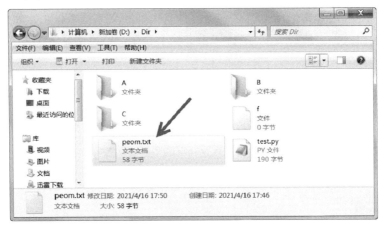

图 20.7　D 盘目录 Dir 中的信息

（2）打开 peom.txt 文件，其内容如图 20.8 所示。

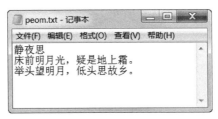

图 20.8　peom.txt 文件内容

（3）查看目录 Dir1 中的信息，如图 20.9 所示。

图 20.9　目录 Dir1 中没有任何文件

（4）将目录 Dir 中的文件 peom.txt，复制到目录 Dir1 中，并命名为 file.txt，代码如下：

```
>>> import shutil
>>> shutil.copy("D:\\Dir\\peom.txt","C:\\Dir1\\file.txt")
```

代码执行结果如下：

```
'C:\\Dir1\\file.txt'
```

（5）再次查看目录 Dir1 中的信息，如图 20.10 所示。此时，该目录中有了文件 file.txt，该文件大小也为 58 字节。

（6）打开 file.txt 文件查看内容，如图 20.11 所示。该文件中的信息与文件 peom.txt 中的信息完全一样。

图 20.10 目录 Dir1 中的信息

图 20.11 file.txt 文件内容

（7）由于是对文件进行复制，所以目录 Dir 中还存在文件 peom.txt，如图 20.12 所示。

图 20.12 目录 Dir 中的信息

提示： 在进行文件复制时，如果复制后设置的文件名（语法中的 dst）已经存在，则复制后将覆盖原来的文件及内容。如果复制后文件的存放位置与被复制的文件在同一目录下，并且复制后的名称与原文件名一样，则复制时会抛出异常。例如，复制文件代码如下所示。代码表示当前目录中的 peom.txt 文件复制到当前目录，并且名称也为 peom.txt。代码执行后抛出异常，如下：

```
>>> shutil.copy("D:\\Dir\\peom.txt","D:\\Dir\\peom.txt")
Traceback (most recent call last):
  File "<pyshell#63>", line 1, in <module>
    shutil.copy("D:\\Dir\\peom.txt","D:\\Dir\\peom.txt")
  File "C:\Users\Administrator\AppData\Local\Programs\Python\Python38\lib\shutil.py", line 418, in copy
    copyfile(src, dst, follow_symlinks=follow_symlinks)
  File "C:\Users\Administrator\AppData\Local\Programs\Python\Python38\lib\shutil.py", line 244, in copyfile
    raise SameFileError("{!r} and {!r} are the same file".format(src, dst))
shutil.SameFileError: 'D:\\Dir\\peom.txt' and 'D:\\Dir\\peom.txt' are the same file
```

20.1.6 移动文件

移动文件是指将整个文件移动到指定位置，不保留原始文件。我们可以使用 shutil 模块的 move()进行文件的移动。其语法格式如下：

```
shutil.move(src,dst)
```

其中，src 表示被移动的文件路径及名称，dst 表示移动后的文件路径及名称。

【实例 20-7】下面演示将 D 盘目录 Dir 中指定的文件移动到 C 盘目录 Dir1 中。

（1）在移动前，先来查看目录 Dir 中的文件，如图 20.13 所示。该目录中有一个名为 f 的文件。

图 20.13　目录 Dir 中的文件

（2）查看目录 Dir1 中的文件，如图 20.14 所示。该目录中只有一个名为 file.txt 的文件。

图 20.14　目录 Dir1 中的文件

（3）将目录 Dir 中的文件 f，移动到目录 Dir1 中，并命名为 file1.txt，代码如下：

```
>>> import shutil
>>> shutil.move("D:\\Dir\\f","C:\\Dir1\\file1.txt")
```

代码执行结果如下：

```
'C:\\Dir1\\file1.txt'
```

（4）查看 D 盘目录 Dir 中的信息，如图 20.15 所示。

图 20.15　目录 Dir 中的文件 f 被移走了

（5）查看 C 盘目录 Dir1 中的信息，如图 20.16 所示。该目录中有两个文件，一个是原来的文件 file.txt，另一个是刚被移过来的文件 f 命名后的 file1.txt。

图 20.16　目录 Dir1 中增加了文件 file1.txt

20.1.7　文件重命名

os 模块提供了 rename()，可以直接对文件进行重命名。其语法格式如下：

```
os.rename(src,dst)
```

其中，src 表示要重命名的文件路径及名称，dst 表示重命名后的文件路径及名称。

【实例 20-8】下面演示将目录 Dir 中指定的文件进行重命名。

（1）查看目录 Dir 中的信息，如图 20.17 所示。该目录中有一个名为 peom.txt 的文件。

图 20.17　目录 Dir 中的信息

（2）对 peom.txt 文件进行重命名，设置命名的名称为 My_Peom.txt，代码如下：

```
>>> import os
>>> os.rename('D:\\Dir\\peom.txt','D:\\Dir\\My_Peom.txt')
```

代码执行后没有任何输出信息，但是会完成文件的重命名。

（3）再次查看目录 Dir 中的信息，如图 20.18 所示。此时，文件 peom.txt 的名称变为了 My_Peom.txt。

图 20.18　peom.txt 文件被重命名为 My_Peom.txt

（4）在进行文件重命名时，如果要重命名的文件不存在，则会抛出异常。假如，对不存在的 abc.txt 文件重命名时会抛出异常，如下：

```
>>> os.rename('D:\\Dir\\abc.txt','D:\\Dir\\My_Peom.txt')
Traceback (most recent call last):
  File "<pyshell#127>", line 1, in <module>
    os.rename('D:\\Dir\\abc.txt','D:\\Dir\\My_Peom.txt')
FileNotFoundError: [WinError 2] 系统找不到指定的文件。: 'D:\\Dir\\abc.txt' -> 'D:\\Dir\\My_Peom.txt'
```

20.2　目录处理

目录也被称为文件夹，用于保存文件。Python 并没有提供直接对目录进行处理的函数。我们需要借助内置的相关模块对目录进行处理。下面介绍目录处理的相关知识。

20.2.1　获取当前工作目录

程序员在导入自定义的模块时，需要将模块放在当前目录下才能进行，否则无法导入。如果忘记了当前的工作目录，则无法操作。Python 提供了 os 模块，该模块提供了 getcwd()，可以获取当前工作目录信息。其语法格式如下：

```
os.getcwd()
```

【实例 20-9】下面演示由于模块的存放位置问题，导致无法通过 IDLE 导入模块。查看当前工作目录，并解决此问题。

（1）现有一个自定义的九九乘法表模块文件 Multiplication.py，存放在 D 盘目录 Dir 中，如图 20.19 所示。

图 20.19　定义模块所在的目录

（2）启动 IDLE，在交互模式中导入该模块，执行代码查看结果，如下：

```
>>> import Multiplication
Traceback (most recent call last):
    File "<pyshell#137>", line 1, in <module>
        import Multiplication
ModuleNotFoundError: No module named 'Multiplication'.
```

输出信息表示，在导入模块时，抛出了异常。异常信息表示在当前目录中没有找到该模块。这说明模块的存放位置与工作目录不属于同一目录。

1.　解决办法一

获取当前工作目录，将模块放在当前目录中即可。

（1）获取当前工作目录，执行代码查看结果，如下：

```
>>> import os
>>> os.getcwd()
'C:\\Users\\Administrator\\AppData\\Local\\Programs\\Python\\Python38'
```

输出信息表示，当前工作目录为 Python 的默认安装路径。

（2）将模块放在 Python 的默认安装路径目录中即可，如图 20.20 所示。

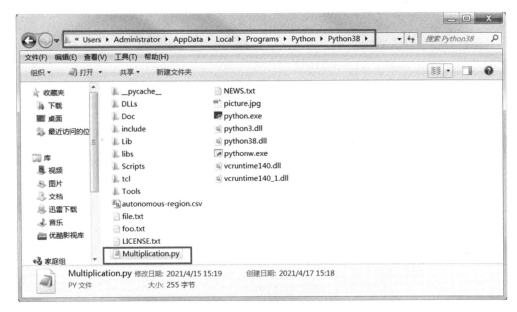

图 20.20　模块与 Python 安装路径在同一目录

（3）再次导入模块，成功执行模块，运行结果如下：

```
>>> import Multiplication
1*1= 1
1*2= 2    2*2= 4
1*3= 3    2*3= 6    3*3= 9
1*4= 4    2*4= 8    3*4=12    4*4=16
1*5= 5    2*5=10    3*5=15    4*5=20    5*5=25
1*6= 6    2*6=12    3*6=18    4*6=24    5*6=30    6*6=36
1*7= 7    2*7=14    3*7=21    4*7=28    5*7=35    6*7=42    7*7=49
1*8= 8    2*8=16    3*8=24    4*8=32    5*8=40    6*8=48    7*8=56    8*8=64
1*9= 9    2*9=18    3*9=27    4*9=36    5*9=45    6*9=54    7*9=63    8*9=72    9*9=81
```

2. 解决办法二

由于模块存放在 Dir 目录中，因此可以通过 IDLE 在 Dir 目录中创建一个 .py 文件，在该文件中编写导入模块的代码，运行即可。方法如下。

（1）在 IDLE 主窗口菜单栏中选择 File→New File 选项，打开 IDLE 的文本编辑器，在该编辑器中编写导入模块代码，如图 20.21 所示。

图 20.21　编写导入模块代码

（2）在菜单栏中选择 File→Save 选项，弹出"另存为"对话框，将其保存在 Dir 目录中，设置 .py 文件名为 test，如图 20.22 所示。

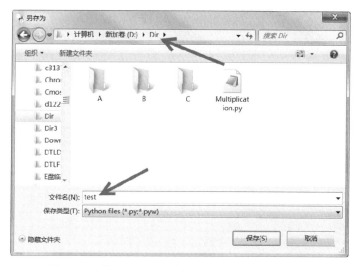

图 20.22　将 test.py 文件保存在模块所在 Dir 目录中

（3）单击"保存"按钮保存即可。此时，在 Dir 目录中会出现一个名为 test.py 的文件，如图 20.23 所示。

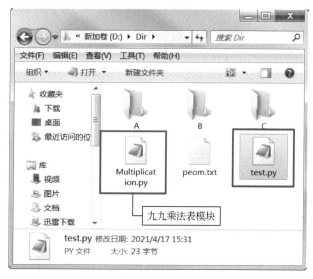

图 20.23　自定义模块与 test.py 文件在同一目录中

（4）返回到 IDLE 的文本编辑器，在标题栏中可以看到创建的 test.py 文件，如图 20.24 所示。

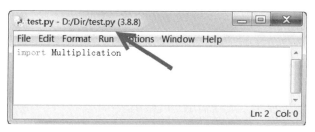

图 20.24　创建的 test.py 文件

（5）在菜单栏中选择 Run→Run Module 选项，或者使用快捷键 F5。九九乘法表模块文件 Multiplication.py 被成功执行，执行结果如图 20.25 所示。

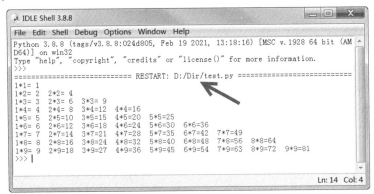

图 20.25　执行结果

20.2.2　切换目录

使用上述方法虽然解决了自定义模块与当前工作目录不在同一目录无法导入模块的问题，但是，需要移动自定义模块的位置或在自定义模块所在的目录中创建一个.py 文件，通过.py 文件导入模块并运行。这样做不是最有效的方法。

Python 提供的 os 模块的 chdir()，可以进行目录的切换。它可以将当前工作目录切换为要导入模块所在的目录，直接执行导入模块代码即可。这避免了模块的移动。chdir()的语法格式如下：

```
os.chdir(path)
```

其中，path 表示要切换到的新目录。

【实例 20-10】下面通过演示切换目录，解决上述例子中的问题。

（1）要执行的模块和当前工作目录不在同一目录下，抛出异常，如下：

```
>>> import Multiplication
Traceback (most recent call last):
    File "<pyshell#0>", line 1, in <module>
        import Multiplication
ModuleNotFoundError: No module named 'Multiplication'
```

（2）查看并切换目录，代码如下：

```
>>> import os                                              #导入 os 模块
>>> os.getcwd()                                            #查看当前工作目录
'C:\\Users\\Administrator\\AppData\\Local\\Programs\\Python\\Python38'
>>> os.chdir('D:\\Dir\')                                   #切换工作目录
>>> os.getcwd()                                            #再次查看当前工作目录
'D:\\Dir'
```

输出信息表示，当前目录为 D:\\Dir，与要执行的九九乘法表模块在同一个目录。

（3）执行九九乘法表模块，成功输出九九乘法表口诀，如下：

```
>>> import Multiplication
1*1= 1
1*2= 2    2*2= 4
```

```
1*3= 3   2*3= 6    3*3= 9
1*4= 4   2*4= 8    3*4=12   4*4=16
1*5= 5   2*5=10    3*5=15   4*5=20   5*5=25
1*6= 6   2*6=12    3*6=18   4*6=24   5*6=30   6*6=36
1*7= 7   2*7=14    3*7=21   4*7=28   5*7=35   6*7=42   7*7=49
1*8= 8   2*8=16    3*8=24   4*8=32   5*8=40   6*8=48   7*8=56   8*8=64
1*9= 9   2*9=18    3*9=27   4*9=36   5*9=45   6*9=54   7*9=63   8*9=72   9*9=81
```

20.2.3　获取目录内容

目录中既可以存放文件，也可以存放目录（子目录）。如果想了解目录中包含了哪些文件或目录，可以使用 os 模块提供的 listdir() 来获取目录内容。其语法格式如下：

os.listdir(path)

其中，path 表示目录路径及名称。

【实例 20-11】下面演示如何获取指定目录中的内容。

（1）查看 D 盘目录 Dir 中的内容，如图 20.26 所示。

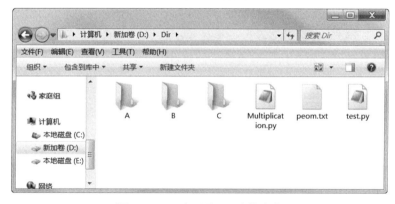

图 20.26　D 盘目录 Dir 中的内容

（2）获取目录代码，代码及执行结果如下：

```
>>> import os
>>> os.listdir('D:\\Dir\\')
['A', 'B', 'C', 'Multiplication.py', 'peom.txt', 'test.py']
```

输出信息以列表的形式输出了目录 Dir 中的内容，包含了 3 个目录和 3 个文件，与步骤（1）中的内容一致。

20.2.4　判断目录是否存在

如果想知道指定的目录是否存在，也可以使用 os 模块的子模块 os.path 提供的 exists() 进行判断。其语法格式如下：

os.path.exists(Dir_Path)

其中，Dir_Path 为字符串形式，表示要判断的目录路径及名称。如果目录存在，则返回 True；如果目录不存在，则返回 False。

【实例 20-12】下面演示判断指定路径下的指定目录是否存在。

（1）判断 D 盘目录 Dir 中是否包含目录 A，代码及执行结果如下：

```
>>> os.path.exists('D:\\Dir\\A')
True
```

输出的 True 表示目录 Dir 中包含该目录。

（2）判断 D 盘目录 Dir 中是否包含目录 D，代码及执行结果如下：

```
>>> os.path.exists('D:\\Dir\\D')
False
```

输出的 False 表示目录 Dir 中不包含该目录。

20.2.5 创建目录

Python 的内置 os 模块提供了两个创建目录的函数：一个用于在指定的路径下创建目录；另一个用于递归创建目录。下面依次进行介绍。

1. 创建目录

创建目录是指在已知的路径下创建新的目录，需要使用 os.mkdir()。其语法格式如下：

```
os.mkdir(path)
```

其中，path 表示目录路径，该路径必须是存在的。

【实例 20-13】下面演示在指定的目录中创建目录。

（1）在创建目录之前，查看目录 Dir 中的内容，代码如下：

```
>>> import os
>>> os.listdir('D:\\Dir')
['A', 'B', 'C', 'Multiplication.py', 'peom.txt', 'test.py']
```

输出信息表示，目录 Dir 中包含了 3 个目录，分别为 A、B、C，以及 3 个文件。

（2）在该目录中创建一个目录 D，代码如下：

```
>>> os.mkdir('D:\\Dir\\D')
```

代码执行后没有任何输出信息，但会成功创建目录 D。

（3）再次查看目录 Dir 中的内容，代码如下：

```
>>> os.listdir('D:\\Dir')
['A', 'B', 'C', 'D', 'Multiplication.py', 'peom.txt', 'test.py']
```

从输出信息中可以看到，目录中现在有 4 个目录了，包含了刚刚创建的目录 D。

（4）在创建目录时，如果要创建的目录已经存在，那么会抛出异常。例如，目录 Dir 中有一个目录 C，在目录 Dir 中创建目录 C 时会抛出异常，如下：

```
>>> os.mkdir('D:\\Dir\\C')
Traceback (most recent call last):
   File "<pyshell#23>", line 1, in <module>
     os.mkdir('D:\\Dir\\C')
FileExistsError: [WinError 183] 当文件已存在时，无法创建该文件。: 'D:\\Dir\\C'
```

2. 递归创建目录

递归创建目录是指在目录中继续创建一个或多个目录。例如，要在上述创建的 My-Dir 中创建一个目录 A，然后在目录 A 中继续创建目录 B，使用 mkdir()创建目录需要完成两次操作。第一次创建目录 A，指定的路径为 D:\\Dir2\\My-Dir\\A；第二次创建目录 B，指定的路径为 D:\\Dir2\\My-Dir\\A\\B。如果创建的目录很多，则要执行多次操作。为了方便目录的创建，os 模块提供了 makedirs()，可以递归创建目录。其语法格式如下：

```
os.makedirs(path)
```

其中，path 表示需要递归创建的目录。

【实例 20-14】下面演示递归创建目录。

（1）在目录 D 中递归创建目录 D1 和 D2，代码如下：

```
>>> os.makedirs('D:\\Dir\\D\\D1\\D2')
```

代码执行后没有任何输出信息，但会在目录 D 中依次成功创建目录 D1 和目录 D2。

（2）依次查看目录中的信息，代码如下：

```
>>> os.listdir('D:\\Dir\\D\\')                          #查看目录 D 中的信息
['D1']
>>> os.listdir('D:\\Dir\\D\\D1\\')                      #查看目录 D1 中的信息
['D2']
>>> os.listdir('D:\\Dir\\D\\D1\\D2\\')                  #查看目录 D2 中的信息
[]
```

输出信息表示，目录 D 中包含了新创建的目录 D1；目录 D1 中包含了新创建的目录 D2；目录 D2 中没有任何内容，是一个空目录。

20.2.6　删除目录

Python 的内置模块 os 提供了两个删除目录的函数：一个用于在指定的路径下删除目录；另一个用于递归删除目录。下面依次介绍。

1. 删除目录

如果目录为空目录时，则可以使用 rmdir() 进行删除，它可以删除指定路径下的空目录。其语法格式如下：

```
os.rmdir(path)
```

其中，path 表示要删除的目录路径及名称，该目录必须为空目录，否则将会报错。

【实例 20-15】下面演示删除指定路径下的空目录。

（1）在目录 Dir 中的 D1 目录内有一个目录 D2。验证 D2 是否是空目录，代码如下：

```
>>> import os
>>> os.listdir('D:\\Dir\\D\\D1\\D2\\')
[]
```

输出信息表示目录 D2 为空目录。

（2）将该目录删除，代码及执行结果如下：

```
>>> os.rmdir('D:\\Dir\\D\\D1\\D2')
```

代码执行后没有任何输出信息，但会成功删除空目录 D2。

（3）查看目录 D1 中的信息，如下：

```
>>> os.listdir('D:\\Dir\\D\\D1\\')
[]
```

输出信息是一个空列表，表示目录 D1 也为空目录。这说明，目录 D1 中的空目录 D2 被成功删除了。

（4）如果要删除的目录不存在，则在删除时会抛出异常。例如，删除不存在的目录 D3，如下：

```
>>> os.rmdir('D:\\Dir\\D\\D1\\D3')
Traceback (most recent call last):
  File "<pyshell#40>", line 1, in <module>
    os.rmdir('D:\\Dir\\D\\D1\\D3')
FileNotFoundError: [WinError 2] 系统找不到指定的文件。: 'D:\\Dir\\D\\D1\\D3'
```

2. 递归删除目录

使用 rmdir() 只能删除指定的一个空目录。如果空目录中包含了子空目录，甚至子空目录中又包含了空目录，则使用上述方式需要逐个进行删除。为了快速删除。os 模块提供了 removedirs()，可以递归删除空目录。其语法格式如下：

```
os.removedirs(path)
```

其中，path 表示要删除空目录的路径，如果该空目录的父目录也是空目录，也会被删除，直到上一个目录不是空目录为止。

【实例 20-16】目录 Dir2 中存在一个空目录，并且该空目录下还有其他空目录。对这些空目录一次性删除。

（1）依次查看目录 Dir2 中的信息，代码如下：

```
>>> import os
>>> os.chdir('D:\\Dir2\\')
>>> os.listdir("D:\\Dir2")                    #获取目录 Dir2 信息
['dir2', 'file.txt', 'file2.txt', 'file3.txt', 'My-Dir', 'name.txt']
>>> os.listdir("D:\\Dir2\\My-Dir")            #获取目录 Dir2 中的 My-Dir 目录信息
['A']
>>> os.listdir("D:\\Dir2\\My-Dir\\A")         #获取目录 A 中的目录 B 信息
['B']
>>> os.listdir("D:\\Dir2\\My-Dir\\A\\B")      #获取目录 B 信息
[]
```

输出信息表示，目录 Dir2 包含了子目录 My-Dir、子目录 dir2、文件 file.txt、file2.txt 等，是一个非空目录。而子目录 My-Dir 包含了子目录 A，子目录 A 包含了子目录 B，子目录 B 为空目录。

（2）删除空目录 B，代码如下：

```
>>> os.removedirs('D:\\Dir2\\My-Dir\\A\\B')
```

代码执行后没有任何输出信息。

（3）再次查看目录 Dir2 的内容，代码如下：

```
>>> os.listdir("D:\\Dir2")
['dir2', 'file.txt', 'file2.txt', 'file3.txt', 'My-Dir', 'name.txt']
```

输出信息表示，目录 Dir2 仍然包含子目录 My-Dir。

（4）再次查看目录 My-Dir 的内容，代码如下：

```
>>> os.listdir("D:\\Dir2\\My-Dir")
[]
```

输出信息表示，目录 My-Dir 为空目录。这是因为子目录 B、子目录 A 为空目录，均属于目录 My-Dir 的子目录，因此可以一次性删除。

20.2.7　目录重命名

在文件的高级处理中讲到使用 os 模块提供的 rename() 可以对文件重命名，它也可以对目录进行重命名。

【实例 20-17】下面将演示对目录 Dir 中指定的目录进行重命名。

（1）查看目录 Dir 中的内容，如图 20.27 所示。该目录中有一个名为 D 的目录。

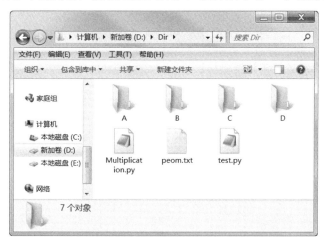

图 20.27　目录 Dir 中的内容

（2）对目录 D 进行重命名，设置名称为 F，代码如下：

```
>>> import os
>>> os.rename('D:\\Dir\\D','D:\\Dir\\F')
```

（3）再次查看目录 Dir 中的内容，如图 20.28 所示。此时，目录 D 变为了目录 F。

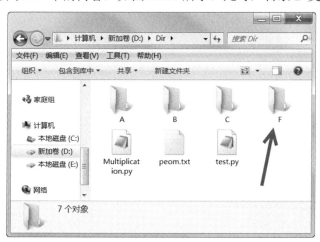

图 20.28　目录 D 被重命名为目录 F

20.2.8　遍历目录

使用 os 模块提供的 listdir() 可以获取目录内容，但它只是显示目录中的内容，而不会对内容进行区分。这样很难辨别哪些是文件，哪些是目录。为了能够辨别文件和目录，os 模块提供了 walk()，用于遍历目录，包括子目录中的内容，将内容分类输出显示。其语法格式如下：

```
os.walk(top[, topdown[, onerror[, followlinks]]])
```

语法中各参数含义如下。

❑ top：必选参数，要遍历的目录路径及名称。

❑ topdown：可选参数，用于指定遍历的顺序。如果值为 True，则表示自上而下遍历（即先遍历 top 指定的目录）；如果值为 False，则表示自下而上遍历（即先遍历最后一级子目录）。默认值为 True。

❑ onerror：可选参数，用于指定错误处理方式，默认为忽略，如果不想忽略，则可以指定一个错误处理函数。一般情况下采用默认方式。

❑ followlinks：可选参数，如果值为 True，则会遍历目录下的快捷方式（Linux 下是符号连接 symbolic link）实际所指的目录（默认关闭）；如果值为 False，则优先遍历 top 的子目录。

该函数的返回值是一个元组，包含 3 个元素，每个元素的含义如下。

❑ root：当前正在遍历的目录路径及名称，为字符串类型。

❑ dirs：当前遍历目录中包含的子目录，是一个列表。

❑ files：当前遍历目录中包含的文件，是一个列表。

【实例 20-18】下面演示遍历非空目录 Dir3。

（1）打开目录 Dir3，查看内容，如图 20.29 所示。从图中可以看到，该目录中包含了 3 个子目录 A、B、C，3 个文件 d、e、f。

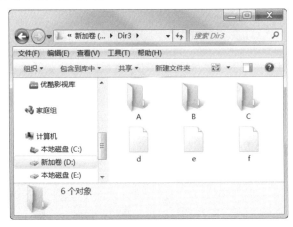

图 20.29　目录 Dir3 中的内容

（2）先使用前面学过的 listdir() 获取目录 Dir3 中的内容，代码如下：

```
>>> os.listdir('D:\\Dir3')
['A', 'B', 'C', 'd', 'e', 'f']
```

代码执行结果虽然显示了目录 Dir3 中的内容，但是无法区分哪些是目录，哪些是文件。而且，无法显示子目录中的内容。

（3）通过 IDLE 编辑器在 Dir3 目录中创建一个名称为 test.py 的文件，在该文件中编写代码，对目录进行遍历，如图 20.30 所示。通过 for in 循环输出遍历结果。

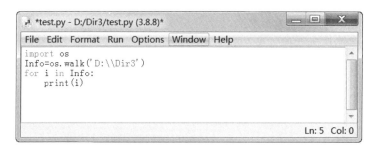

图 20.30　遍历目录代码

（4）运行该文件，即可遍历目录 Dir3 中的内容，执行结果如下：

('D:\\Dir3', ['A', 'B', 'C'], ['d', 'e', 'f', 'test.py'])
('D:\\Dir3\\A', ['user'], [])
('D:\\Dir3\\A\\user', [], [])
('D:\\Dir3\\B', ['Make'], ['test.txt'])
('D:\\Dir3\\B\\Make', [], [])
('D:\\Dir3\\C', [], ['name.txt'])

输出结果中的每行表示每个目录中的内容，由 3 部分组成：第 1 部分为目录路径；第 2 部分为该目录下包含的子目录，使用列表显示，如果不包含，则列表为空；第 3 部分为该目录下包含的文件，使用列表显示，如果不包含，则列表为空。

输出的每行结果的含义如下。

❏ 第 1 行：目录 Dir3 中包含了 3 个子目录，分别为目录 A、B、C，以及 4 个文件，分别为 d、e、f、test.py。

❏ 第 2 行：目录 Dir3 中的目录 A，只包含了一个子目录 user。

❏ 第 3 行：目录 Dir3 中的目录 A 的目录 user，没有包含任何目录和文件。

❏ 第 4 行：目录 Dir3 中的目录 B，包含了一个子目录 Make，以及一个文件 test.txt。

❏ 第 5 行：目录 Dir3 中的目录 B 的目录 Make，没有包含任何目录和文件。

❏ 第 6 行：目录 Dir3 中的目录 C，只包含了一个文件 name.txt。

20.3　小　　结

本章主要介绍了利用 Python 自带的内置函数，或者内置模块提供的相关函数对文件和目录的一系列操作，包括截断文件、获取文件基本信息、删除文件、移动文件、切换目录、创建目录、删除目录、文件/目录的重命名等。通过本章的学习，程序员需要了解以下内容。

❏ 文件可以保存文本内容，如果想删除文件内容，可以通过 Python 的内置函数 truncate() 对文件中的信息进行截断，截断时，可以设置要进行截断的字节数，则将删除该字节数之后的所有内容。

❏ 文件/目录的名称都是由用户自己定义的，借助 os 模块 rename() 可以进行重命名。

❏ 文件可以进行复制，也可以进行移动。借助 shutil 模块的 copy() 可以实现文件的复制，move() 可以实现文件的移动。

❏ 文件/目录是否存在，可以借助 os.path 模块的 exists() 进行判断。

❏ 目录往往用来存放其他文件或子目录，为了了解目录中有哪些内容，借助 os.listdir() 可以查看目录中的内容。

❑ 借助 os.mkdir()可以创建目录。

❑ 借助 os.chdir()可以实现目录的切换。

20.4 习 题

一、选择题

1. 移动 file.txt 文件的方法正确的是（ ）。

    A．os.remove('file.txt')   B．shutil.remove('file.txt')

    C．os.move('file.txt')   D．shutil.move('file.txt')

2. 下面获取文件 file.txt 的创建时间信息，正确的是（ ）。

    A．os.stat('file.txt').st_size   B．os.stat('file.txt'). st_atime

    C．os.stat('file.txt'). st_ctime   D．os.stat('file.txt'). st_matime

3. 下面在 D 盘中创建目录 Dir 的方法正确的是（ ）。

    A．os.make('D:\\Dir')   B．os. make (D:\\Dir)

    C．os.mkdir('D:\\Dir')   D．os.mkdir(D:\\Dir)

4. 下面获取目录 Dir 内容的方法不正确的是（ ）。

    A．os.listdir('D:\\Dir3')   B．os.listdir("D:\\Dir3")

    C．os.listdir('"D:\\Dir3"')   D．os.listdir(""D:\\Dir3"")

二、填空题

1. 使用_____模块的 copy()可以复制文件。

2. 使用 os 模块提供的_____对文件重命名。

3. 使用 os 模块的_____可以获取当前目录。

4. 使用 os 模块的_____进行目录的切换。

第 21 章 Pygame 游戏编程

Python 非常受欢迎的一个原因是它的应用领域非常广泛，其中就包括游戏开发。使用 Python 进行游戏开发，首选使用 Pygame 模块。它可以在 Python 程序中创建功能丰富的游戏和多媒体程序。同时，它还是一个高可移植性的模块，可以支持多个操作系统，非常适合开发小游戏。本章将对 Pygame 进行介绍。

21.1 初识 Pygame

Pygame 是跨平台的 Python 模块，专门为电子游戏设计，包含图像库和声音库等。它基于 SDL（Simple DirectMedia Layer）库进行封装，成为优秀的面向游戏开发入门的第三方库。

21.1.1 安装 Pygame

Pygame 不是 Python 自带的模块，在使用之前，需要先进行安装。这里推荐使用 pip 工具进行安装。在命令行窗口中输入如下命令：

```
pip install pygame
```

执行命令后开始安装，如图 21.1 所示。

图 21.1　安装 Pygame

图 21.1 表示成功安装了"pygame-1.9.6"。下面验证安装的 Pygame，执行 pip list 命令，如图 21.2 所示。

图 21.2 验证安装了 Pygame

21.1.2 Pygame 常用模块

　　Pygame 模块是由一系列的模块组成的集合包。在开发游戏、声音、图像、字体、图片等都需要使用这些模块。Pygame 常用模块及作用如表 21-1 所示。

表 21-1 Pygame常用模块及作用

模 块 名	作 用
pygame.cdrom	访问光驱
pygame.cursors	加载光标
pygame.display	访问显示设备
pygame.draw	绘制形状、线和点
pygame.event	管理事件
pygame.font	使用字体
pygame.image	加载和存储图片
pygame.joystick	使用游戏手柄或类似的东西
pygame.key	读取键盘按键
pygame.mixer	声音
pygame.mouse	鼠标
pygame.movie	播放视频
pygame.music	播放音频
pygame.overlay	访问高级视频叠加
pygame.rect	管理矩形区域
pygame.sndarray	操作声音数据
pygame.sprite	操作移动图像
pygame.surface	管理图像和屏幕
pygame.surfarray	管理点阵图像数据
pygame.time	管理时间和帧信息
pygame.transform	缩放和移动图像

21.2　Pygame 的基本使用

Pygame 提供了众多模块，不同的模块实现不同的功能。下面介绍部分模块可以完成的常用功能。

21.2.1　游戏窗口

在 Pygame 中，游戏的所有画面都是在一个固定的区域中进行的。游戏的所有动作都不能超过这个范围。在程序运行中，这个范围一般被称为程序的"窗口"。Pygame 提供了相关模块，用来对窗口进行创建，以及进行相关设置。

1．创建窗口

Pygame 提供了 display 模块，该模块提供了 set_mode()方法，可以用来创建并显示指定大小的窗口。其语法格式如下：

```
display.set_mode(resolution,flags=0,depth=0)
```

语法中各参数含义如下。

❑ resolution：表示窗口的宽和高，是一个二元组。如果不指定则默认为(0,0)。

❑ flags：标志，一般设置为 0，表示绘图方式，支持的方式有 pygame.FULLSCREEN
（全屏模式）、pygame.DOUBLEBUF（双缓冲模式）、pygame.HWSURFACE（在全屏模式中使用硬件加速模式）、pygame.OPENGL（使用 OpenGL 方式渲染画面）、pygame.RESIZABLE（窗口可以伸缩）、pygame.NOFRAME（没有窗口框架也没有任何窗口按钮）。

❑ depth：表示颜色深度。类似于使用多种颜色绘画。如果该值为 0，则系统会自动选择一个最优值。一般不进行设置，这个值在计算机上是指使用多少二进制数来表示颜色；如果该值是 1，那么意味着只有两种颜色，分别是 1 和 0；如果该值是 8，那么表示有 28 种颜色。

扩展：display 模块除提供了 set_mode()方法，还提供了其他方法，其常用方法及作用如表 21-2 所示。

表 21-2　display模块常用方法及作用

方　法　名	作　　用
pygame.display.init()	初始化 display 模块
pygame.display.quit()	结束 display 模块
pygame.display.get_init()	如果 display 模块已经被初始化，则返回 True
pygame.display.set_mode()	创建显示指定大小的窗口
pygame.display.get_surface()	获取当前的 Surface 对象
pygame.display.flip()	更新整个待显示的 Surface 对象到屏幕上
pygame.display.update()	更新部分内容显示到屏幕上，如果没有参数，则与 flip 的功能相同
pygame.display.get_driver()	获取 Pygame 显示后端的名字

续表

方　法　名	作　用
pygame.display.Info()	创建有关显示窗口的信息对象
pygame.display.get_wm_info()	获取关于当前窗口系统的信息
pygame.display.list_modes()	获取全屏模式下可使用的分辨率
pygame.display.mode_ok()	为显示模式选择最合适的颜色深度
pygame.display.gl_get_attribute()	获取当前显示窗口 OpenGL 的属性值
pygame.display.gl_set_attribute()	设置当前显示窗口的 OpenGL 属性值
pygame.display.set_caption()	设置当前窗口标题
pygame.display.get_active()	当前显示窗口显示在屏幕上时返回 True
pygame.display.iconify()	最小化显示的 Surface 对象
pygame.display.toggle_fullscreen()	切换全屏模式和窗口模式
pygame.display.set_icon()	设置显示窗口的图标

【实例 21-1】创建一个游戏窗口，宽和高分别设置为 320 和 240，代码如下：

```
import pygame                        #导入 pygame 模块
pygame.init()                        #进行初始化
size=width,height=320,240            #设置窗口的宽和高
screen=pygame.display.set_mode(size) #创建显示窗口
```

该代码首先导入了 pygame 模块，然后调用 init()方法初始化 pygame 模块，并设置窗口的宽和高，最后使用 set_mode()方法创建并显示窗口。代码执行后，成功创建了宽为 320、高为240 的窗口，如图 21.3 所示。

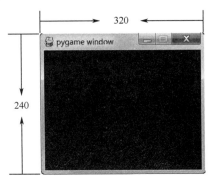

图 21.3　创建的窗口

2. 设置窗口标题

默认该窗口的标题为 "pygame window"。通过 display 模块的 set_caption()方法，可以为窗口设置标题。其语法格式如下：

```
pygame.display.set_caption(title)
```

其中，title 表示要设置的标题信息，为字符串形式。

【实例 21-2】创建窗口，并将窗口标题设置为 Game，代码如下：

```
import pygame
pygame.init()
size=width,height=320,240
```

```
screen=pygame.display.set_mode(size)
title='Game'                                    #窗口标题
pygame.display.set_caption(title)               #显示设置的窗口标题
```

代码执行后，成功弹出标题为 Game 的窗口，如图 21.4 所示。

图 21.4　设置的窗口标题

3. 窗口背景颜色

默认的窗口背景颜色为黑色。Pygame 提供了对应的方法，可以将背景颜色设置为想要的颜色。在使用 pygame.display.set_mode()方法创建窗口时，返回的是一个窗口 Surface 对象。该对象提供了 fill()方法，可以将窗口背景颜色设置为指定的颜色。其语法格式如下：

```
Surface.fill(color)
```

其中，color 表示填充 Surface 对象要使用的颜色，类型为 RGB 元组。常见的 RGB 元组对应颜色如表 21-3 所示。

表 21-3　常见的RGB元组对应颜色

RGB 元组	颜　色
(255,182,193)	浅粉红色
(255,192,203)	粉红色
(220,20,60)	猩红色
(255,20,147)	深粉色
(238,130,238)	紫罗兰色
(255,0,255)	洋红色
(139,0,139)	深洋红色
(128,0,128)	紫色
(0,0,255)	纯蓝色
(0,0,139)	深蓝色
(0,0,128)	海军蓝色
(176,196,222)	淡钢蓝色
(112,128,144)	石板灰色
(135,206,250)	淡蓝色
(135,206,235)	天蓝色
(0,191,255)	深天蓝色

RGB 元组	颜 色
(173,216,230)	淡蓝色
(240,255,255)	蔚蓝色
(225,255,255)	淡青色
(0,255,255)	青色
(212,242,231)	水绿色
(0,139,139)	深青色
(64,224,208)	绿宝石色
(60,179,113)	春天绿色
(46,139,87)	海洋绿色
(144,238,144)	淡绿色
(143,188,143)	深海洋绿色
(0,128,0)	纯绿色
(0,100,0)	深绿色
(124,252,0)	草坪绿色
(173,255,47)	绿黄色
(245,245,220)	米色
(255,255,224)	浅黄色
(255,255,0)	纯黄色
(255,215,0)	金色
(255,165,0)	橙色
(255,140,0)	深橙色
(210,105,30)	巧克力色
(255,127,80)	珊瑚色
(255,69,0)	橙红色
(255,99,71)	番茄色
(255,250,250)	雪花色
(255,0,0)	纯红色
(165,42,42)	棕色
(139,0,0)	深红色
(128,0,0)	栗色
(255,255,255)	纯白色
(220,220,220)	亮灰色
(211,211,211)	浅灰色
(192,192,192)	银白色
(169,169,169)	深灰色
(128,128,128)	灰色
(0,0,0)	纯黑色

扩展: Surface 对象除了提供了 fill()方法，还提供了其他方法，其方法及作用如表 21-4 所示。

表 21-4 Surface对象方法及作用

方 法 名	作 用
Surface.blit()	将一个图像绘制到另一个图像上
Surface.convert()	转换图像的像素格式
Surface.convert_alpha()	转换图像的像素格式，包含 alpha 通道的转换
Surface.copy()	创建一个 Surface 对象的复制品
Surface.scroll()	移动 Surface 对象
Surface.set_alpha()	设置整个图像的透明度
Surface.get_at()	获取一像素的颜色值
Surface.set_at()	设置一像素的颜色值
Surface.get_size()	获取 Surface 对象的尺寸
Surface.get_width()	获取 Surface 对象的宽度
Surface.get_height()	获取 Surface 对象的高度
Surface.get_rect()	获取 Surface 的矩形区域
Surface.get_bitsize()	获取 Surface 对象像素格式的位深度
Surface.get_bytesize()	获取 Surface 对象每像素使用的字节数
Surface.get_flags()	获取 Surface 对象的附加标志
Surface.get_pitch()	获取 Surface 对象每行占用的字节数

【实例 21-3】创建一个白色的游戏窗口，代码如下：

```
import pygame
pygame.init()
size=width,height=320,240
screen=pygame.display.set_mode(size)
color=(255,255,255)
screen.fill(color)                          #将窗口颜色设置为白色
pygame.display.flip()
```

该代码创建了窗口 Surface 对象 screen，使用 RGB 元组(255,255,255)作为背景颜色填充 screen。然后，使用 display 模块的 flip()方法更新整个待显示的 Surface 对象到屏幕上。代码执行后，显示背景颜色为白色的窗口，如图 21.5 所示。

图 21.5 背景颜色为白色的窗口

21.2.2 游戏图片

游戏往往离不开图片的存在。在游戏中使用图片，需要将事先准备好的图片加载到窗口中，然后就可以使图片在窗口中来回移动了。下面介绍 Pygame 对图片的相关操作。

1. 加载图片

加载图片是指将一张图片添加到窗口中，添加时也可以指定位置。Pygame 的 image 模块提供了 load()方法用来加载图片。其语法格式如下：

```
pygame.image.load(path)
```

其中，path 表示图片路径。该语法返回的是图片的 Surface 对象，对 Surface 对象的操作就是对图片进行操作。而创建窗口时，也会创建一个窗口 Surface 对象。将图片加载到窗口内，就是要将图片 Surface 对象放在窗口 Surface 对象中，这需要使用 blit()方法，该方法可以将图片放在窗口 Surface 对象中。其语法格式如下：

```
surface.blit(source,(x,y),rect)
```

语法中各参数含义如下。

❑ surface: 创建的窗口 Surface 对象。

❑ source: 要加载的图片 Surface 对象。

❑ (x,y): 图片在窗口中的位置，x 为横坐标，y 为纵坐标。如果不指定，则默认为左上角。

❑ rect: 绘制的截面框。

【实例 21-4】下面演示将图片加载到游戏窗口中。

（1）要加载的图片为 pkq.png，如图 21.6 所示。

图 21.6　要加载的图片

（2）将图片添加到窗口中，代码如下：

```
import pygame
pygame.init()
size=width,height=600,540
screen=pygame.display.set_mode(size)
ball = pygame.image.load('pkq.png')          #加载图片
ballrect = ball.get_rect()                    #获取矩形区域
screen.blit(ball,ballrect)                    #将图片加载到窗口上
pygame.display.flip()
```

　　代码中使用了 image 模块的 load()加载了图片，返回值 ball 是一个图片 Surface 对象。使用 blit()方法将 ball 的 Surface 对象加载到了窗口 Surface 对象 screen 中。代码执行后，在窗口中可以看到该图片，如图 21.7 所示。图片位于窗口的左上角，即窗口的左上角坐标(0,0)处。这是由于使用 blit()方法加载图片时，没有设置位置，使用了默认位置(0,0)。

图 21.7　成功加载了图片

（3）下面可以将图片加载到指定的位置。例如，加载到坐标(150,150)处，代码如下：

```
import pygame
pygame.init()
size=width,height=600,540
screen=pygame.display.set_mode(size)
ball = pygame.image.load('pkq.png')
ballrect = ball.get_rect()
screen.blit(ball,(150,150),ballrect)                    #将图片加载到(150,150)处
pygame.display.flip()
```

代码执行后，图片被成功加载到坐标(150,150)处，如图 21.8 所示。

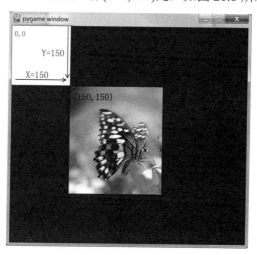

图 21.8　成功将图片加载到指定坐标位置

2. 移动图片

Pygame 不仅可以将图片添加到窗口指定位置，还可以让窗口中的图片移动。图片 Surface 对象的 get_rect()方法用于获取矩形区域，它返回的是一个 Rect 对象，该对象有一个 move()方法可以用于移动矩形。其语法格式如下：

```
Rect.move(x,y)
```

其中，x 和 y 可以是正数，也可以是负数，用于指定移动时偏移距离。x 表示在 X 轴的距离，y 表示在 Y 轴的距离。

说明：Rect 对象除了提供了 move()方法，还提供了其他方法，其方法及作用如表 21-5 所示。

表 21-5　Rect对象的方法及作用

方　法　名	作　用
Rect.copy()	复制 Rect 对象
Rect.move()	移动 Rect 对象
Rect.inflate()	放大和缩小 Rect 对象
Rect.clamp()	将一个 Rect 对象移动到另一个 Rect 对象的中心
Rect.clip()	获取两个 Rect 对象互相重叠的部分
Rect.union()	将两个 Rect 对象合并
Rect.unionall()	将多个 Rect 对象合并
Rect.fit()	按照一定的宽高比调整 Rect 对象
Rect.normalize()	翻转 Rect 对象
Rect.contains()	检测一个 Rect 对象是否完全包含在该 Rect 对象内
Rect.collidepoint()	检测一个点是否包含在该 Rect 对象内
Rect.colliderect()	检测两个 Rect 对象是否重叠
Rect.collidelist()	检测该 Rect 对象是否与列表中的任何一个矩形有交集
Rect.collidelistall()	检测该 Rect 对象与列表中的每个矩形是否有交集
Rect.collidedict()	检测该 Rect 对象是否与字典中的任何一个矩形有交集
Rect.collidedictall()	检测该 Rect 对象与字典中的每个矩形是否有交集

【实例 21-5】下面演示移动窗口中的图片，代码如下：

```
import pygame
from random import *
pygame.init()
size=width,height=600,540                        #窗口大小为 600×540
screen=pygame.display.set_mode(size)
color=(0,0,0)
ball = pygame.image.load('pkq.png')
ballrect = ball.get_rect()
X=randint(1,1)                                   #随机产生在 X 轴上移动的距离
Y=randint(1,1)                                   #随机产生在 Y 轴上移动的距离
while True:
    ballrect=ballrect.move(X,Y)                  #移动图片
```

```
        if ballrect.left < 0 or ballrect.right > 600:          #对左右边缘的碰撞检测
            X=-X
        if ballrect.top < 0 or ballrect.bottom > 540:          #对上下边缘的碰撞检测
            Y=-Y
    screen.fill(color)
    screen.blit(ball,ballrect)
    pygame.display.flip()
```

该代码中导入了 random 模块，并使用该模块的 randint()方法来随机生成图片要移动的距离。为了实现图片的不停移动，将移动的代码放在 while 语句中。然后，通过 if 语句判断图片是否与窗口边缘发生碰撞。如果碰到左右边缘，则更改图片在 X 轴上的移动方向为相反方向，如果碰到上下边缘，则更改 Y 轴数据为相反方向。代码执行后实现图片的移动，图片会从窗口的坐标(0,0)处开始移动，如图 21.9 所示。

图 21.9　移动的图片示意图

说明：在加粗的代码中，get_rect()方法用来获取图片的矩形区域，并将结果赋值给 ballrect。然后，获取 ballrect 相关的属性判断与窗口的距离，检查是否与窗口边缘发生碰撞。相关的属性及与窗口边缘的距离如图 21.10 所示。

外面的大方框代表窗口，里面的小方框表示图片。其中，窗口左上角的坐标为(0,0)，x 和 y 分别表示图片边缘某个点距离 Y 轴和 X 轴的距离。各属性及含义如下。

❑ left：矩形区域左侧边缘距离窗口 Y 轴的距离。
❑ right：矩形区域右侧边缘距离窗口 Y 轴的距离。
❑ top：矩形区域上部边缘距离窗口 X 轴的距离。
❑ bottom：矩形区域下部边缘距离窗口 X 轴的距离。
❑ topleft(x,y)：矩形区域左上角顶点的坐标。
❑ bottomleft(x,y)：矩形区域左下角顶点的坐标。
❑ midleft(x,y)：矩形区域左侧边缘中间点的坐标。
❑ topright(x,y)：矩形区域右上角顶点的坐标。
❑ bottomright(x,y)：矩形区域右下角顶点的坐标。

❑ midright(x,y)：矩形区域右侧边缘中间点的坐标。

❑ width：矩形区域的宽。

❑ height：矩形区域的高。

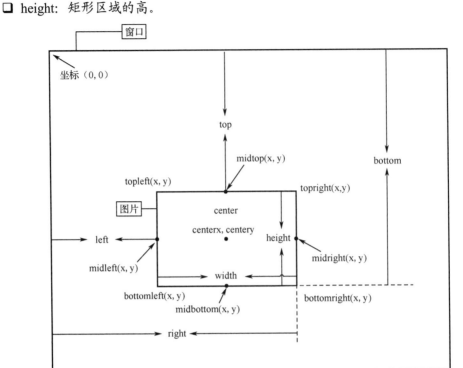

图 21.10　相关属性及与窗口边缘的距离

21.2.3　帧速率

　　帧速率是指程序每秒在屏幕中绘制图像的数目。一般的计算机都能达到每秒 60 帧。如果把帧速率降得比较低，那么游戏看上去会卡顿。Pygame 提供了 time 模块，该模块提供了 Clock() 方法，可以创建一个"时钟"对象，帮助我们确定程序要以多少帧速率运行。Clock() 方法的语法格式如下：

```
pygame.time.Clock()
```

　　该代码执行后，即创建了一个"时钟"对象。"时钟"对象的方法及作用如表 21-6 所示。

表 21-6　"时钟"对象的方法及作用

方 法 名	作　　用
tick()	更新时钟
get_time()	在上一个 tick 中使用的时间
get_rawtime()	在上一个 tick 中使用的实际时间
get_fps()	计算时钟帧速率

　　扩展：time 模块除提供了 Clock() 方法，还提供了其他方法。其常用方法及作用如表 21-7 所示。

表 21-7　time模块常用方法及作用

方　法　名	作　　用
pygame.time.get_ticks()	获取以毫秒为单位的时间
pygame.time.wait()	将暂停给定的秒数
pygame.time.delay()	将暂停给定的秒数
pygame.time.set_timer()	在事件队列上重复创建一个事件

【实例 21-6】下面使图片以指定的帧速率移动。

```
import pygame
from random import *
pygame.init()
size=width,height=600,540
screen=pygame.display.set_mode(size)
color=(0,0,0)
ball = pygame.image.load('pkq.png')
ballrect = ball.get_rect()
X=randint(1,3)
Y=randint(1,6)
clock=pygame.time.Clock()                              #创建时钟
while True:
    clock.tick(100)                                    #图片每秒执行 100 帧
    ballrect=ballrect.move(X,Y)
    if ballrect.left < 0 or ballrect.right > 600:
        X=-X
    if ballrect.top < 0 or ballrect.bottom > 540:
        Y=-Y
    screen.fill(color)
    screen.blit(ball,ballrect)
    pygame.display.flip()
```

代码中创建了时钟对象 clock，然后使用 tick()方法，设置了每秒 100 帧的帧速率，表示图片每秒执行 100 帧。帧速率越大，移动的速度越快。

21.2.4　绘制图形

Pygame 还提供了绘制图形功能，它可以在窗口 Surface 对象中绘制一些简单的图形，如点、直线、矩形、圆、弧等。Pygame 的 draw 模块提供了很多方法用于实现简单的绘制功能。下面依次介绍这些方法。

1. 绘制矩形

pygame.draw.rect()方法可以在窗口 Surface 对象中绘制矩形。其语法格式如下：

pygame.draw.rect(Surface, color, Rect, width=0)

语法中各参数含义如下。

❏ Surface: 窗口 Surface 对象，在它的上面进行绘制。

❏ color: 绘制时使用的线条颜色。

❑ Rect：表示绘制的矩形的位置和尺寸，格式为(x,y,width,height)，其中，x、y 表示矩形左上角的坐标，width 表示矩形的宽度，height 表示矩形的高度。

❑ width：表示线条的粗细，值为 0 时，表示填充矩形内部。

【实例 21-7】下面绘制一个大的空心矩形，边框颜色为黑色，再绘制一个小的红色实心矩形。实心矩形放在空心矩形里面，代码如下：

```
import pygame
pygame.init()
size=width,height=600,540
screen=pygame.display.set_mode(size)
BLACK = ( 0, 0, 0)
WHITE = (255, 255, 255)
RED = (255, 0, 0)
screen.fill(WHITE)
pygame.draw.rect(screen, BLACK, (180, 180, 300, 200), 3)          #绘制空心矩形
pygame.draw.rect(screen, RED, (280, 210, 105, 130), 0)            #绘制实心矩形
pygame.display.flip()
```

代码执行后，绘制的矩形如图 21.11 所示。

图 21.11　绘制的矩形

2. 绘制圆形

pygame.draw.circle()方法可以在窗口 Surface 对象中绘制圆形。其语法格式如下：

pygame.draw.circle(Surface, color, pos, radius, width=0)

语法中各参数含义如下。

❑ Surface：窗口 Surface 对象。

❑ color：绘制时使用的线条颜色。

❑ pos：圆心的坐标。

❑ radius：圆的半径。

❑ width：表示线条的粗细，当值为 0 时，表示填充内部。

【**实例 21-8**】下面绘制一个靶盘，该靶盘由 6 个同心圆组成，并且颜色不同，代码如下：

```
import pygame
pygame.init()
size=width,height=640,480
screen=pygame.display.set_mode(size)
WHITE = (255, 255, 255)
PURPLE=(128,0,128)
GREEN=(0,255,0)
BLUE=( 0,0,255)
RED=(255,0,0)
PINK=(255,192,203)
FUCHSIA=(255,0,255)
ORANGE=(255,165,0)
screen.fill(WHITE)
pygame.draw.circle(screen, RED, [300, 230], 180,6)          #外 1 层的同心圆
pygame.draw.circle(screen, BLUE, [300, 230], 150,5)         #外 2 层的同心圆
pygame.draw.circle(screen, FUCHSIA, [300, 230], 120,4)      #外 3 层的同心圆
pygame.draw.circle(screen, PURPLE, [300, 230], 90,3)        #外 4 层的同心圆
pygame.draw.circle(screen, GREEN, [300, 230], 60,2)         #外 5 层的同心圆
pygame.draw.circle(screen, PINK, [300, 230], 30,1)          #外 6 层的同心圆
pygame.draw.circle(screen, ORANGE, [300, 230], 10,0)        #外 7 层的同心圆
pygame.display.flip()
```

代码执行后，绘制的靶盘如图 21.12 所示。

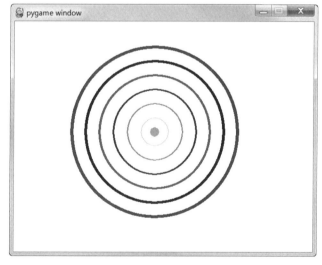

图 21.12　绘制的靶盘

3. 绘制多边形

pygame.draw.polygon()方法可以在窗口 Surface 对象中绘制任意边数的多边形。其语法格式如下：

```
pygame.draw.polygon(Surface, color, pointlist, width=0)
```

语法中各参数含义如下。

❑ Surface：窗口 Surface 对象。

❑ color：绘制时使用的线条颜色。

❑ pointlist：一个列表，列表的每个元素也是列表，该元素列表为多边形每个顶点的坐标。

❑ width：表示线条的粗细，值为 0 时，表示填充内部。

【实例 21-9】下面演示绘制鱼外形，代码如下：

```python
import pygame
pygame.init()
size=width,height=640,480
screen=pygame.display.set_mode(size)
WHITE = (255, 255, 255)
GREEN = (0, 255, 0)
screen.fill(WHITE)
#绘制
points = [(200, 175), (300, 125), (400, 175), (450, 125), (450, 225), (400, 175), (300, 225)]
pygame.draw.polygon(screen, GREEN, points, 0)
pygame.display.flip()
```

代码执行后，绘制的鱼外形如图 21.13 所示。

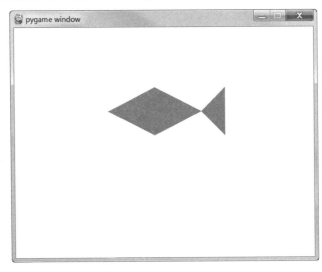

图 21.13　绘制的鱼外形

4. 绘制椭圆

pygame.draw.ellipse()方法可以在窗口 Surface 对象中绘制椭圆，该椭圆根据限定的矩形进行绘制，是该矩形的内接椭圆。其语法格式如下：

pygame.draw.ellipse(Surface, color, Rect, width=0)

语法中各参数含义如下。

❑ Surface：窗口 Surface 对象。

❑ color：绘制时使用的线条颜色。

❑ Rect：矩形的位置和尺寸，格式为(x,y,width,height)。其中，x、y 表示矩形左上角的坐标，width 表示矩形的宽度，height 表示矩形的高度。

❑ width：表示线条的粗细，值为 0 时，表示填充内部。

【实例 21-10】下面绘制椭圆，代码如下：

```
import pygame
pygame.init()
size=width,height=640,640
screen=pygame.display.set_mode(size)
WHITE = (255, 255, 255)
BLACK = (0, 0, 0)
screen.fill(WHITE)
pygame.draw.ellipse(screen, BLACK, (100, 320, 440, 100), 1)
pygame.draw.ellipse(screen, BLACK, (220, 275, 200, 200), 1)
pygame.display.flip()
```

代码执行后，绘制的椭圆如图 21.14 所示。

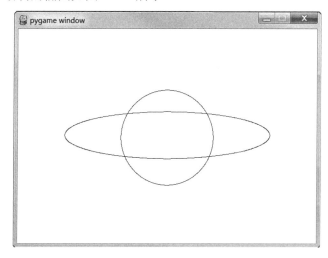

图 21.14　绘制的椭圆

5. 绘制弧线

pygame.draw.arc()方法可以在窗口 Surface 对象中绘制弧线，该弧线可以认为是椭圆的一部分。其语法格式如下：

pygame.draw.arc(Surface, color, Rect, start_angle, stop_angle, width=1)

语法中各参数含义如下。

- ❏ Surface：窗口 Surface 对象。
- ❏ color：绘制时使用的线条颜色。
- ❏ Rect：指定弧线所在的椭圆外围的限定矩形，格式为(x,y,width,height)，其中，x、y表示矩形左上角的坐标，width 表示矩形的宽度，height 表示矩形的高度。
- ❏ start_angle：弧线的起始角度，为弧度制。
- ❏ stop_angle：弧线的终止角度，为弧度制。
- ❏ width：表示线条的粗细。

【实例 21-11】下面绘制弧线，组成一个微笑表情，代码如下：

```
import pygame
import math
pygame.init()
size=width,height=640,480
screen=pygame.display.set_mode(size)
```

```
WHITE = (255, 255, 255)
WHITE=(255,255,255)
RED=(255,0,0)
screen.fill(WHITE)
pygame.draw.arc(screen,BLACK,(200,100,80,40),0,math.pi,3)          #绘制左眼弧线
pygame.draw.arc(screen,BLACK,(380,100,80,40),0,math.pi,3)          #绘制右眼弧线
pygame.draw.arc(screen,RED,(240,120,180,100),math.pi,math.pi*2,2)  #绘制嘴巴弧线
pygame.display.flip()
```

代码执行后，绘制的弧线如图 21.15 所示。

图 21.15　绘制的弧线

6. 绘制线段

pygame.draw.line()方法可以在窗口 Surface 对象中绘制线段。其语法格式如下：

pygame.draw.line(Surface, color, start_pos, end_pos, width)

语法中各参数含义如下。

❑ Surface：窗口 Surface 对象。

❑ color：绘制时使用的线条颜色。

❑ start_pos：线段的起始点坐标。

❑ end_pos：线段的终止点坐标。

❑ width：表示线条的粗细。

【实例 21-12】下面绘制线段，代码如下：

```
import pygame
pygame.init()
size=width,height=640,480
screen=pygame.display.set_mode(size)
ORANGE=(255,165,0)
BLACK=(0,0,0)
WHITE=(255,255,255)
RED=(255,0,0)
GREEN =(0,255,0)
```

```
BLUE=(0,0,255)
screen.fill(WHITE)
pygame.draw.line(screen,BLACK,[275,100],[325,100],2)          #从上往下的第 1 条线段
pygame.draw.line(screen,BLUE,[250,150],[350,150],3)           #从上往下的第 2 条线段
pygame.draw.line(screen,ORANGE,[200,200],[400,200],4)         #从上往下的第 3 条线段
pygame.draw.line(screen,GREEN,[150,250],[450,250],5)          #从上往下的第 4 条线段
pygame.draw.line(screen,RED,[100,300],[500,300],6)            #从上往下的第 5 条线段
pygame.display.flip()
```

代码执行后，绘制的 5 条线段如图 21.16 所示。

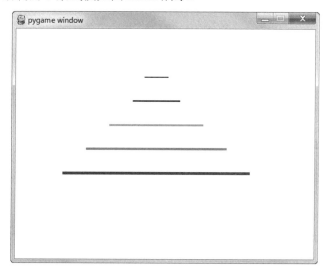

图 21.16　绘制的 5 条线段

7. 绘制折线

pygame.draw.lines()方法可以在窗口 Surface 对象中绘制折线。其语法格式如下：

pygame.draw.lines(Surface, color, closed, pointlist, width=1)

语法中各参数含义如下。

❑ Surface：窗口 Surface 对象。

❑ color：绘制时使用的线条颜色。

❑ closed：一个布尔值，当值为 False 时，折线的起始顶点不与终止顶点进行连接；当值为 True 时，折线的起始顶点与终止顶点进行连接。

❑ pointlist：一个折线每个顶点的坐标列表。

❑ width：表示线条的粗细。

【实例 21-13】下面使用折线绘制大写字母 Z，代码如下：

```
import pygame
pygame.init()
size=width,height=640,480
screen=pygame.display.set_mode(size)
BLACK=(0,0,0)
WHITE=(255,255,255)
screen.fill(WHITE)
pygame.draw.lines(screen,BLACK,False,[[300,100],[350,100],[300,200],[350,200]],5)     #绘制大写字母 Z
```

pygame.display.flip()

代码执行后，绘制的大写字母如图 21.17 所示。

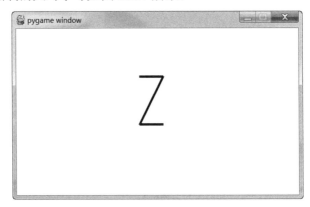

图 21.17　绘制的大写字母 Z

21.2.5　绘制文本信息

Pygame 也提供了在窗口 Surface 对象中绘制文本信息的功能，需要两个步骤：第一步，选择字体类型文件作为文本信息显示的字体类型，如楷体、宋体等；第二步，绘制字体。

第一步需要使用 pygame.font.SysFont()方法来实现，其语法格式如下：

Font=pygame.font.SysFont(filename, size, bold=False ,italic=False)

语法中各参数含义如下。

❏ filename：字体文件的路径及文件名。

❏ size：字体的大小。

❏ bold：一个布尔值，表示是否加粗字体。当值为 True 时，表示加粗字体；当值为 False 时，表示不加粗字体。

❏ italic：一个布尔值，表示字体是否为斜体。当值为 True 时，表示字体为斜体；当值为 False 时，表示字体不为斜体。

pygame.font.SysFont()方法可以创建一个字体对象 Font，有了字体对象，字体类型和大小也就确定了。

第二步，在窗口 Surface 对象中绘制字体，需要使用 render()方法。其语法格式如下：

Font.render(text, antialias, color, background=None)

语法中各参数含义如下。

❏ Font：表示字体对象。

❏ text：文本字符串。

❏ antialias：一个布尔值，表示是否开启抗锯齿。当值为 True 时，表示开启抗锯齿；当值为 False 时，表示不开启抗锯齿。

❏ color：字体颜色。

❏ background：背景颜色。

【实例 21-14】下面绘制文本信息 Python 和 Pygame，其中，Python 字体颜色为橙色，背景颜色为绿色，Pygame 字体颜色为红色，背景颜色为蓝色，代码如下：

```
import pygame
```

```
pygame.init()
size=width,height=640,480
screen=pygame.display.set_mode(size)
WHITE = (255, 255, 255)
BLUE=( 0,0,255)
RED=(255,0,0)
ORANGE=(255,165,0)
BLACK=(0,0,0)
GREEN =(0,255,0)
screen.fill(WHITE)
Font_Obj=pygame.font.SysFont('1.TTF',100,bold=True,italic=True)        #设置文本信息 Python 的字体
Text_Obj = Font_Obj.render('Python',True,ORANGE,GREEN)                 #绘制 Python
screen.blit(Text_Obj,(200,100))
Font_Obj2=pygame.font.SysFont('1.TTF',160,bold=False,italic=True)      #设置文本信息 Pygame 的字体
Text_Obj2 = Font_Obj2.render('Pygame',True,RED,BLUE)                   #绘制 Pygame
screen.blit(Text_Obj2,(110,200))
pygame.display.flip()
```

代码执行后，绘制的文本信息 Python 和 Pygame 如图 21.18 所示。

图 21.18　绘制的文本信息 Python 和 Pygame

21.2.6　播放音乐

一个游戏不仅需要有图片，还需要有好听的音乐。Pygame 提供了 pygame.mixer.music 模块，可以用于控制音乐播放。要完成音乐的播放，需要两个步骤。

步骤 1，播放音乐需要拥有音乐文件（MP3 音乐文件），该音乐文件必须事前下载。加载音乐需要使用 pygame.mixer.music.load()方法。其语法格式如下：

```
pygame.mixer.music.load(filename)
```

其中，filename 表示音乐文件路径及名称。

步骤 2，播放加载的音乐，需要使用 pygame.mixer.music.play()方法。其语法格式如下：

```
pygame.mixer.music.play(loops=0, start=0.0)
```

语法中各参数含义如下。

❑ loops：重复播放音乐的次数，如果值设置为-1，则表示无限重复播放。

❑ start：表示音乐开始播放的位置，单位为秒。

pygame.mixer.music 模块除提供了加载音乐方法 load()和播放音乐方法 play()外，还提供了其他方法，其常用方法及作用如表 21-8 所示。

表 21-8　pygame.mixer.music模块常用方法及作用

方 法 名	作 用
pygame.mixer.music.rewind()	重新开始播放音乐
pygame.mixer.music.stop()	结束音乐播放
pygame.mixer.music.pause()	暂停音乐播放
pygame.mixer.music.unpause()	恢复音乐播放
pygame.mixer.music.fadeout()	淡出的效果结束音乐播放
pygame.mixer.music.set_volume()	设置音量
pygame.mixer.music.get_volume()	获取音量
pygame.mixer.music.get_busy()	检查是否正在播放音乐
pygame.mixer.music.set_pos()	设置播放的位置
pygame.mixer.music.get_pos()	获取播放的位置
pygame.mixer.music.queue()	将一个音乐文件放入队列中，并排在当前播放的音乐之后
pygame.mixer.music.set_endevent()	当播放结束时发出一个事件
pygame.mixer.music.get_endevent()	获取播放结束时发送的事件

【实例 21-15】现有一个 MP3 音乐文件 music.mp3，加载该音乐并进行播放，代码如下：

```
import pygame
pygame.init()
size=width,height=640,480
screen=pygame.display.set_mode(size)
BLACK=(0,0,0)
WHITE=(255,255,255)
screen.fill(WHITE)
pygame.mixer.init()
pygame.mixer.music.load('music.mp3')          #加载音乐文件
pygame.mixer.music.play(-1, 0.0)              #播放音乐
pygame.display.flip()
```

代码执行后，开始播放音乐文件 music.mp3 对应的音乐。

21.2.7　事件监听

对于任何游戏而言，事件监听是必不可少的。所谓的"事件"是指计算机能知道发生了什么，例如，单击按钮就是一个单击事件。Pygame 提供了 event 模块，该模块提供了相关方法用于处理事件与事件队列。其常用方法及作用如表 21-9 所示。

表 21-9　event模块常用方法及作用

方　法　名	作　　用
pygame.event.pump()	让 Pygame 内部自动处理事件
pygame.event.get()	从队列中获取事件
pygame.event.poll()	从队列中获取一个事件
pygame.event.wait()	等待并从队列中获取一个事件
pygame.event.peek()	检测某类型事件是否在队列中
pygame.event.clear()	从队列中删除所有事件
pygame.event.event_name()	通过 ID 获得该事件的字符串名字
pygame.event.set_blocked()	控制哪些事件禁止进入队列
pygame.event.set_allowed()	控制哪些事件允许进入队列
pygame.event.get_blocked()	检测某一类型的事件是否被禁止进入队列
pygame.event.set_grab()	控制输入设备与其他应用程序的共享
pygame.event.get_grab()	检测程序是否共享输入设备
pygame.event.post()	放置一个新的事件到队列中
pygame.event.Event()	创建一个新的事件对象
pygame.event.EventType	代表 SDL 事件的 Pygame 对象

1. 关闭事件

上述讲到的所有代码成功运行创建的游戏窗口，当不再使用该窗口时，是无法将其关闭的。这是因为在代码中没有用到事件监听。要实现游戏窗口的关闭，需要使用 pygame.event.get() 方法，获取使窗口关闭功能的事件，关闭窗口是指通过单击关闭按钮所触发的事件。在代码中添加关闭窗口事件，代码如下：

```
import pygame
import sys
from pygame.locals import *
pygame.init()
size=width,height=480,320
screen=pygame.display.set_mode(size)
while True:
    for event in pygame.event.get():          #获取事件
        if event.type == QUIT:                 #判断事件是否为关闭事件
            pygame.quit()                      #为关闭事件，退出 pygame
            sys.exit()                         #退出系统
    pygame.display.flip()
```

代码使用 pygame.event.get()方法来获取用户接下来的事件，它返回的是一个事件对象 EventType，该对象拥有不同的事件类型，其中，关闭窗口使用的事件类型为 QUIT，它支持的事件类型及作用如表 21-10 所示。

表 21-10　事件类型及作用

事 件 类 型	作　　用
QUIT	按下关闭按钮
ACTIVEEVENT	Pygame 被激活
KEYDOWN	键盘按下
KEYUP	键盘放开
MOUSEMOTION	鼠标移动
MOUSEBUTTONUP	鼠标放开
MOUSEBUTTONDOWN	鼠标按下
JOYAXISMOTION	游戏手柄移动
JOYBALLMOTION	游戏球移动
JOYBUTTONDOWN	游戏手柄按下
JOYBUTTONUP	游戏手柄放开
VIDEORESIZE	Pygame 窗口缩放
VIDEOEXPOSE	重绘窗口的一部分
USEREVENT	触发一个用户事件

上述代码执行后，创建的窗口可以通过单击右上角的关闭按钮进行关闭，如图 21.19 所示。

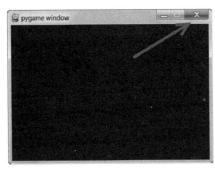

图 21.19　通过关闭按钮关闭窗口

2.键盘事件

除了关闭事件，用户常用到的就是键盘事件，用于键盘控制行为。事件类型中的 **KEYDOWN** 类型用来监听用户按下了键盘上的哪个键。在 Pygame 中，使用 enent.key 来判断用户具体按下了哪个键。其语法格式如下：

```
enent.key==Key
```

其中，Key 表示按键常量，该常量是 Pygame 给所有按键定义好的，所有按键常量及描述如表 21-11 所示。

表 21-11　所有按键常量及描述

按 键 常 量	ASCII	描　　述
K_BACKSPACE	\b	退格键（Backspace）
K_TAB	\t	制表键（Tab）

续表

按 键 常 量	ASCII	描　　述
K_CLEAR		清除键（Clear）
K_RETURN	\r	回车键（Enter）
K_PAUSE		暂停键（Pause）
K_ESCAPE	^[	退出键（Escape）
K_SPACE		空格键（Space）
K_EXCLAIM	!	感叹号（exclaim）
K_QUOTEDBL	"	双引号（quotedbl）
K_HASH	#	井号（hash）
K_DOLLAR	$	美元符号（dollar）
K_AMPERSAND	&	and 符号（ampersand）
K_QUOTE	'	单引号（quote）
K_LEFTPAREN	(	左圆括号（left parenthesis）
K_RIGHTPAREN	)	右圆括号（right parenthesis）
K_ASTERISK	*	星号（asterisk）
K_PLUS	+	加号（plus sign）
K_COMMA	,	逗号（comma）
K_MINUS	−	减号（minus sign）
K_PERIOD	.	句号（period）
K_SLASH	/	斜杠（forward slash）
K_0	0	数字 0
K_1	1	数字 1
K_2	2	数字 2
K_3	3	数字 3
K_4	4	数字 4
K_5	5	数字 5
K_6	6	数字 6
K_7	7	数字 7
K_8	8	数字 8
K_9	9	数字 9
K_COLON	:	冒号（colon）
K_SEMICOLON	;	分号（semicolon）
K_LESS	<	小于号（less-than sign）
K_EQUALS	=	等于号（equals sign）
K_GREATER	>	大于号（greater-than sign）
K_QUESTION	?	问号（question mark）
K_AT	@	at 符号（at）

按 键 常 量	ASCII	描 述
K_LEFTBRACKET	[	左方括号（left bracket）
K_BACKSLASH	\	反斜杠（backslash）
K_RIGHTBRACKET	]	右方括号（right bracket）
K_CARET	^	脱字符（caret）
K_UNDERSCORE	_	下画线（underscore）
K_BACKQUOTE	`	重音符（grave）
K_a	a	字母 a
K_b	b	字母 b
K_c	c	字母 c
K_d	d	字母 d
K_e	e	字母 e
K_f	f	字母 f
K_g	g	字母 g
K_h	h	字母 h
K_i	i	字母 i
K_j	j	字母 j
K_k	k	字母 k
K_l	l	字母 l
K_m	m	字母 m
K_n	n	字母 n
K_o	o	字母 o
K_p	p	字母 p
K_q	q	字母 q
K_r	r	字母 r
K_s	s	字母 s
K_t	t	字母 t
K_u	u	字母 u
K_v	v	字母 v
K_w	w	字母 w
K_x	x	字母 x
K_y	y	字母 y
K_z	z	字母 z
K_DELETE		删除键（Delete）
K_KP0		0（小键盘）
K_KP1		1（小键盘）
K_KP2		2（小键盘）

按 键 常 量	ASCII	描　　述
K_KP3		3（小键盘）
K_KP4		4（小键盘）
K_KP5		5（小键盘）
K_KP6		6（小键盘）
K_KP7		7（小键盘）
K_KP8		8（小键盘）
K_KP9		9（小键盘）
K_KP_PERIOD	.	句号（小键盘）
K_KP_DIVIDE	/	除号（小键盘）
K_KP_MULTIPLY	*	乘号（小键盘）
K_KP_MINUS	−	减号（小键盘）
K_KP_PLUS	+	加号（小键盘）
K_KP_ENTER	\r	回车键（小键盘）
K_KP_EQUALS	=	等于号（小键盘）
K_UP	↑	向上箭头
K_DOWN	↓	向下箭头
K_RIGHT	→	向右箭头
K_LEFT	←	向左箭头
K_INSERT		插入符（Insert）
K_HOME		Home 键（Home）
K_END		End 键（End）
K_PAGEUP		上一页（Page up）
K_PAGEDOWN		下一页（Page down）
K_F1		F1
K_F2		F2
K_F3		F3
K_F4		F4
K_F5		F5
K_F6		F6
K_F7		F7
K_F8		F8
K_F9		F9
K_F10		F10
K_F11		F11
K_F12		F12
K_F13		F13

按 键 常 量	ASCII	描　　述
K_F14		F14
K_F15		F15
K_NUMLOCK		数字键盘锁定键（NumLock）
K_CAPSLOCK		大写字母锁定键（CapsLock）
K_SCROLLOCK		滚动锁定键（ScrLK）
K_RSHIFT		右边的 Shift 键（right Shift）
K_LSHIFT		左边的 Shift 键（left Shift）
K_RCTRL		右边的 Ctrl 键（right Ctrl）
K_LCTRL		左边的 Ctrl 键（left Ctrl）
K_RALT		右边的 Alt 键（right Alt）
K_LALT		左边的 Alt 键（right Alt）
K_RMETA		右边的元键（right meta）
K_LMETA		左边的元键（left meta）
K_LSUPER		左边的 Windows 键（left Windows key）
K_RSUPER		右边的 Windows 键（right Windows key）
K_MODE		模式转换键（Shift）
K_HELP		帮助键（Help）
K_PRINT		打印屏幕键（Print Screen）
K_SYSREQ		魔术键（sysrq）
K_BREAK		中断键（break）
K_MENU		菜单键（menu）
K_POWER		电源键（power）
K_EURO		欧元符号

21.3　小　　结

本章主要介绍了如何安装 Pygame 模块，以及该模块的基本使用，包括如何创建游戏窗口、如何加载图片、如何移动图片、如何绘制图形和文本信息，以及播放音乐等。通过本章的学习，程序员需要了解以下内容。

❑ 任何一款游戏少不了窗口，使用 display 模块的 set_mode()方法可以创建游戏窗口，用于游戏在该窗口中运行。

❑ 各种各样的游戏，往往存在很多图片来显示效果，使用 image 模块的 load()方法可以加载图片，并通过 move()方法移动图片。

❑ 游戏往往带有一些背景音乐，使用 pygame.mixer.music.load()方法可以加载音乐，并通过 pygame.mixer.music.play()方法来播放音乐。

21.4　习　　题

一、选择题

1. 设置游戏窗口背景颜色使用的方法是（　　　）。
   A．blit()　　　　　　B．fill()　　　　　　C．set_caption()　　　　　　D．set_mode()

2. 方法 pygame.draw.circle(screen, GREEN, [300, 200], 50,10)执行效果是（　　　）。
   A．绘制一个圆心坐标为(300,200)，半径为 50 的实心圆，颜色为绿色
   B．绘制一个圆心坐标为(300,200)，直径为 50 的实心圆，颜色为绿色
   C．绘制一个圆心坐标为(300,200)，半径为 50 的空心圆，圆弧线为绿色
   D．绘制一个圆心坐标为(300,200)，半径为 50 的实心圆，圆弧线为绿色

二、填空题

1. 加载图片使用的方法是_____。
2. 加载音乐文件使用的方法是_____。

三、简答题

实现屏幕保护动态效果，效果为：一个彩色气泡在窗口中运动，碰到边缘，进行反弹继续运动，如图 21.20 所示。

图 21.20　运动的彩色气泡示意图

第4篇 案例开发

第 22 章 开发 Flappy Bird 游戏

Flappy Bird 是一款鸟类飞行游戏，它是由越南的独立游戏开发者 Dong Nguyen 开发的。在游戏中，玩家需要通过单击鼠标来控制小鸟，单击鼠标后小鸟进行跳跃，并不断地飞行。游戏中会出现管道，我们要让小鸟躲避管道。如果小鸟撞上管道，则游戏结束。

22.1　游戏设计分析

在 Flappy Bird 游戏中，主要有两个角色：小鸟和管道。因此，完成该游戏，需要创建小鸟类和管道类。

- 小鸟在游戏中表现的动作有跳跃和下落。我们可以在小鸟类中创建一个成员函数，完成这两个动作。只要通过类对象调用成员函数，就可以实现小鸟的运动。
- 管道在游戏中的动作主要是管道移动。我们可以在管道类中创建一个成员函数，实现管道的移动。

除了小鸟类和管道类，还需要创建 3 个函数。

- 第 1 个函数用来在游戏窗口中绘制小鸟和管道。
- 第 2 个函数用来判断小鸟是否与管道发生碰撞。
- 第 3 个函数用来获取总得分。

最后，在主逻辑中实例化类并调用相关函数，即可实现 Flappy Bird 游戏。

22.2　搭建主框架

下面先来编写实现 Flappy Bird 游戏的主框架代码,具体的实现方法是使用 pass 语句代码。主框架代码如下：

```python
import pygame
import sys
import random
from pygame.locals import *
class Bird():                                   #小鸟类
    def __init__(self):
        pass
    def Bird_Move(self):                        #实现小鸟移动
        pass
class Pipeline():                               #管道类
```

```
        def _ _init_ _(self):
            pass
        def Pipeline_Move(self):              #实现管道移动
            pass
    def Draw_Map():                           #绘制图
        color=(255,255,255)
        screen.fill(color)                    #将窗口颜色设置为白色
        screen.blit(background,(0,0))         #将背景图片加载到窗口的(0,0)位置
        pygame.display.update()               #更新显示
    if _ _name_ _ == '_ _main_ _':
        pygame.init()
        size=width,height=800,600
        screen=pygame.display.set_mode(size)
        clock=pygame.time.Clock()
        Bird_Obj=Bird()                       #实例化小鸟类
        Pipeline_Obj=Pipeline()               #实例化管道类
        while True:
            clock.tick(60)
            for event in pygame.event.get():
                if event.type == QUIT:
                    pygame.quit()
                    sys.exit()
            background=pygame.image.load('a2.jpg')   #加载背景图片
            Draw_Map()
        pygame.quit()
```

代码中，创建了小鸟类 Bird，该类中定义了成员函数 Bird_Move()用来实现小鸟的移动；创建了管道类 Pipeline，该类中定义了成员函数 Pipeline_Move()用来实现管道的移动。定义完类以后，定义了 Draw_Map()，该函数用来绘制游戏图。这里，先绘制了游戏的背景图。代码执行后，成功绘制了 Flappy Bird 背景图，如图 22.1 所示。

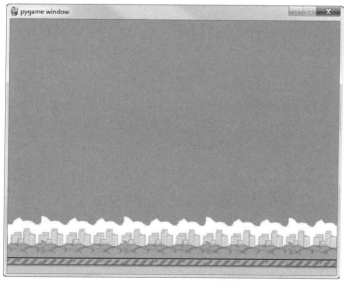

图 22.1　Flappy Bird 背景图

22.3 创 建 小 鸟

本节开始在主框架代码中来完成具体代码。下面创建小鸟类。

（1）小鸟拥有飞行的状态、小鸟位置、小鸟的飞行速度、跳跃高度等。这些都是小鸟的初始值，因此可以在 __init__ 中进行定义。

```
def __init__(self):
    self.Bird_Rect=pygame.Rect(50,45,40,40)              #创建小鸟的矩形对象
    self.Bird_Status=pygame.image.load('bird2.png')      #加载小鸟图片
    self.status=0                                         #默认飞行状态
    self.Bird_X=100                                       #小鸟横坐标
    self.Bird_Y=300                                       #小鸟纵坐标
    self.jump=False                                       #默认，小鸟自动下落
    self.height=10                                        #跳跃高度
    self.gravity=1                                        #重力
```

（2）在成员函数 Bird_Move() 中实现小鸟的跳跃和下落。

```
def Bird_Move(self):                          #实现小鸟移动
    if self.jump:                             #小鸟跳跃
        self.height-=1                        #高度递减
        self.Bird_Y-=self.height
    else:                                     #小鸟下落
        self.gravity+=0.2                     #重力递增，下落越来越快
        self.Bird_Y+=self.gravity             #小鸟下落
    self.Bird_Rect[1]=self.Bird_Y
```

（3）在主逻辑中实现事件响应。单击鼠标，小鸟向上跳跃，松开鼠标，小鸟自由下落。

```
while True:
    clock.tick(60)
    for event in pygame.event.get():
        if event.type == QUIT:
            pygame.quit()
            sys.exit()
        if event.type ==MOUSEBUTTONDOWN and not Bird_Obj.life:
            Bird_Obj.jump=True
            Bird_Obj.gravity=5
            Bird_Obj.height=10
```

（4）在 Draw_Map() 中显示小鸟。

```
def Draw_Map():
    color=(255,255,255)
    screen.fill(color)
    screen.blit(background,(0,0))
    screen.blit(Bird_Obj.Bird_Status,(Bird_Obj.Bird_X,Bird_Obj.Bird_Y))    #显示小鸟
    Bird_Obj.Bird_Move()
    pygame.display.update()
```

代码执行后，在游戏窗口中成功绘制了小鸟，如图 22.2 所示。

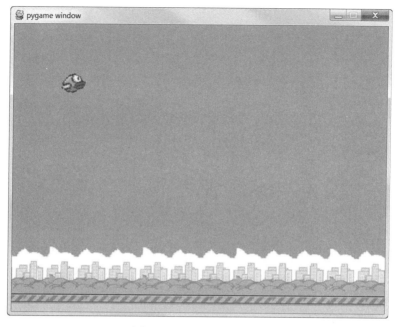

图 22.2　成功绘制了小鸟

22.4　创 建 管 道

本节创建管道类，在游戏中添加管道，并实现管道的移动。

（1）管道分为上管道、下管道。这取决于管道在窗口中出现的初始位置，即管道的坐标。这些都是管道的初始值。因此可以在管道类的 __init__ 中进行定义，代码如下：

```
def __init__(self):
    self.Pipe_X=600                              #管道横坐标
    self.Pipe_Up=pygame.image.load('Pipe1.png')  #加载上管道图片
    self.Pipe_Down=pygame.image.load('Pipe2.png') #加载下管道图片
```

（2）成员函数 Pipeline_Move()实现管道的移动，定义管道向左移动的速度，并且当管道移出游戏窗口后，重新绘制新的管道，代码如下：

```
def Pipeline_Move(self):
    self.Pipe_X-=5          #管道向左移动
    if self.Pipe_X<-80:     #移出窗口左侧
    self.Pipe_X=400         #重新出现在窗口右侧
```

（3）在 Draw_Map()中显示管道，代码如下：

```
def Draw_Map():
    color=(255,255,255)
    screen.fill(color)
    screen.blit(background,(0,0))
    screen.blit(Pipeline_Obj.Pipe_Up,(Pipeline_Obj.Pipe_X,-50))   #显示上管道
    screen.blit(Pipeline_Obj.Pipe_Down,(Pipeline_Obj.Pipe_X,450)) #显示下管道
```

代码执行后，在游戏窗口中成功绘制了管道，管道向左移动，如图 22.3 所示。

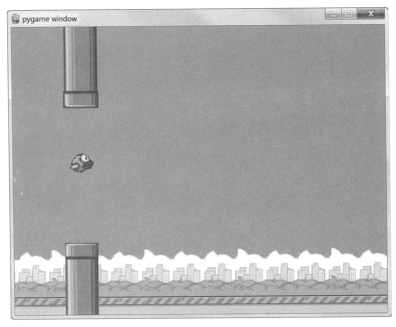

图 22.3　成功绘制了管道

22.5　计 算 得 分

有了小鸟和管道后，为了确定小鸟飞过几次管道，可以通过分数来确定。小鸟飞过 1 次管道记 1 分。本节实现计算得分。

（1）当管道移出窗口后，表示小鸟飞过 1 次管道，记作 1 分，并将分数显示在窗口中。由于分数与移动的管道有关，因此，在成员函数 Pipeline_Move()中实现记分，代码如下：

```
def Pipeline_Move(self):
    self.Pipe_X-=5
    if self.Pipe_X<-80:
        global score
        score+=1                                        #分数加 1
        self.Pipe_X=400
```

（2）在 Draw_Map()中，实现分数的显示，代码如下：

```
def Draw_Map():
    screen.blit(font.render(str(score),-1,(255,0,255)),(200,50))    #显示分数
```

（3）在主逻辑中，设置分数字体样式，并设置分数的初始值，代码如下：

```
if __name__ == '__main__':
    pygame.init()
    pygame.font.init()
    font=pygame.font.SysFont(None,50)                   #设置分数字体
    size=width,height=800,600
    screen=pygame.display.set_mode(size)
    clock=pygame.time.Clock()
    Bird_Obj=Bird()
    Pipeline_Obj=Pipeline()
    score=0                                             #分数初始值为 0
```

```
    while True:
        clock.tick(60)
        for event in pygame.event.get():
            if event.type == QUIT:
                pygame.quit()
                sys.exit()
            if event.type ==MOUSEBUTTONDOWN and not Bird_Obj.life:
                Bird_Obj.jump=True
                Bird_Obj.gravity=5
                Bird_Obj.height=10
        background=pygame.image.load('a2.jpg')
        Draw_Map()
    pygame.quit()
```

代码执行后，在游戏中显示了分数值，初始值为 0。当小鸟飞过 1 次管道后，分数值加 1，小鸟飞过 2 次管道后，分数值为 2，如图 22.4 所示。

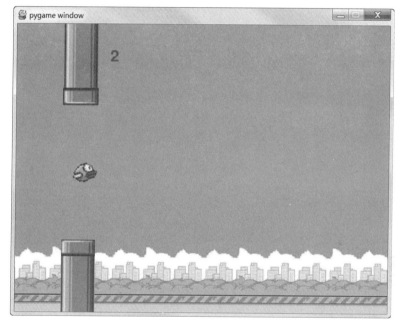

图 22.4　显示分数

22.6　碰　撞　检　测

当小鸟与管道发生碰撞时，游戏结束，并给出最终的分数。因此，这里需要先检测碰撞。

（1）定义一个判断碰撞函数 Judge()。在该函数中，可以获取上下管道的矩形区域对象。通过 colliderect() 方法可以判断管道矩形区域是否与小鸟矩形区域重叠。如果重叠，则说明发生碰撞，即小鸟的生命状态为不存活（self.life 的值为 True），游戏结束，代码如下：

```
    def Judge():                                                    #判断碰撞函数
        Up_Rect=pygame.Rect(Pipeline_Obj.Pipe_X,0,Pipeline_Obj.Pipe_Up.get_width()-10,Pipeline_Obj.Pipe
_Up.get_height()-50)                                                #获取上管道矩形区域
        Down_Rect=pygame.Rect(Pipeline_Obj.Pipe_X,400,Pipeline_Obj.Pipe_Down.get_width()-10,Pipeline_
```

```
Obj.Pipe_Down.get_height()- 50)                                        #获取下管道矩形区域
        if Up_Rect.colliderect(Bird_Obj.Bird_Rect) or Down_Rect.colliderect(Bird_Obj.Bird_Rect): #碰撞检测
            Bird_Obj.life=True
            return True
```

（2）定义一个最终分数函数 Resutl()，并将最终分数显示在窗口中，代码如下：

```
def Resutl():
    text1='Game Over'                                                   #游戏结束
    text2='score: '+str(score)                                          #显示分数
    font1=pygame.font.SysFont(None,80)
    colour1=font.render(text1,1,(139,0,0))
    font2=pygame.font.SysFont(None,80)
    colour2=font.render(text2,1,(255,215,0))
    screen.blit(colour1,(350,50))
    screen.blit(colour2,(350,80))
    pygame.display.flip()
```

（3）在主逻辑中，判断小鸟是否与管道发生碰撞，如果碰撞，则游戏结束，代码如下：

```
if __name__ == '__main__':
    pygame.init()
    pygame.font.init()
    font=pygame.font.SysFont(None,50)
    size=width,height=800,600
    screen=pygame.display.set_mode(size)
    clock=pygame.time.Clock()
    Bird_Obj=Bird()
    Pipeline_Obj=Pipeline()
    score=0
    while True:
        clock.tick(60)
        for event in pygame.event.get():
            if event.type == QUIT:
                pygame.quit()
                sys.exit()
            if event.type ==MOUSEBUTTONDOWN and not Bird_Obj.life:
                Bird_Obj.jump=True
                Bird_Obj.gravity=5
                Bird_Obj.height=10
        background=pygame.image.load('a2.jpg')
        if Judge():                                                      #判断是否碰撞
            Resutl()                                                     #绘制最终分数
        else:
            Draw_Map()                                                   #更新界面
    pygame.quit()
```

代码执行后，游戏开始运行。通过单击鼠标让小鸟跳跃，使其不下落。当有管道过来时，通过跳跃，让小鸟躲避管道。如果小鸟碰到管道，则游戏结束，给出最终的分数，如图 22.5 所示。图中，小鸟碰到了上管道，游戏结束，最终的分数为3。

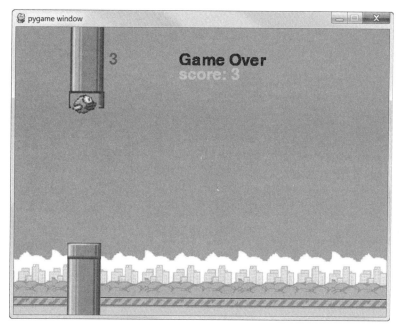

图 22.5 游戏结束

零基础学Python程序设计

配套视频讲解，学习方便高效

作者专门录制了大量的配套多媒体语音教学视频，以便让读者更加轻松、直观地学习本书内容，提高学习效率。

知识全面系统，案例丰富实用

本书涵盖Python语言的各个知识点，同时，书中添加了400多个案例，让你快速掌握Python的核心技术和编程技巧。

内容由浅入深，讲解循序渐进

本书从Python的基础知识开始讲解，让你一步一步进入Python的编程世界，循序渐进的教学方式，让你快速具备编程思维，领略编程的乐趣。

上架建议：计算机/Python

ISBN 978-7-121-42185-3

责任编辑：雷洪勤

封面设计：李 玲

9 787121 421853 >

定价：89.80元